人工智能导论

Introduction to Artificial Intelligence

哈渭涛　奚建荣　孙萧寒　编著

西安交通大学出版社
XI'AN JIAOTONG UNIVERSITY PRESS

图书在版编目(CIP)数据

人工智能导论 / 哈渭涛，奚建荣，孙萧寒编著．
西安：西安交通大学出版社，2025.8. -- ISBN 978 - 7
- 5693 - 2893 - 6

Ⅰ. TP18

中国国家版本馆 CIP 数据核字第 2025V1Q407 号

书　　名	人工智能导论	
	RENGONG ZHINENG DAOLUN	
编　　著	哈渭涛　奚建荣　孙萧寒	
责任编辑	郭鹏飞	
责任校对	李　佳	
封面设计	任加盟	
出版发行	西安交通大学出版社	
	（西安市兴庆南路 1 号　邮政编码 710048）	
网　　址	http://www.xjtupress.com	
电　　话	（029)82668357　82667874(市场营销中心)	
	（029)82668315(总编办)	
传　　真	（029)82668280	
印　　刷	陕西思维印务有限公司	
开　　本	787 mm×1092 mm　1/16　　印张 16　　字数 392 千字	
版次印次	2025 年 8 月第 1 版　　2025 年 8 月第 1 次印刷	
书　　号	ISBN 978 - 7 - 5693 - 2893 - 6	
定　　价	49.80 元	

如发现印装质量问题，请与本社市场营销中心联系。

订购热线：(029)82665248　(029)82667874

投稿热线：(029)82668818

读者信箱：465094271@qq.com

前　言

我们正处在一个被人工智能(Artificial Intelligence，AI)深刻塑造的时代。从日常生活的便捷服务到科学研究的重大突破，从产业升级的核心引擎到社会治理的创新工具，AI 技术正以前所未有的广度和深度融入人类社会的方方面面。理解人工智能，不再仅仅是计算机科学家的专业追求，而日益成为现代公民、跨领域从业者乃至政策制定者所必须具备的核心素养。正是在这样的时代背景下，我们编写了这本《人工智能导论》，旨在为读者提供一幅清晰、系统、兼具基础性与前沿性的 AI 知识图谱。

本教材的核心目标：不仅传授人工智能的核心概念、基本原理和关键技术，更致力于培养读者的"计算思维"和"数据智能思维"，使其能够理解 AI 如何工作、洞悉其潜力与局限，并在各自领域内理性地思考和应用 AI 技术。我们相信，扎实的理论基础与开阔的应用视野相结合，是应对 AI 时代挑战与机遇的关键。

在内容编排上，本教材独具匠心，分为"基础理论篇"与"技术应用篇"两大部分，形成循序渐进、理论与实践紧密结合的学习路径。

基础理论篇(第 1～5 章)：为构建坚实的 AI 知识大厦奠定根基。

计算思维启航(第 1 章)：从计算的本质与自动计算的实现入手，深入阐释计算思维的内涵及其在理解和驾驭智能技术中的核心价值。数制转换和数据表示是理解计算机运作逻辑的基石，不可或缺。

系统平台支撑(第 2 章)：全面介绍支撑 AI 运行的硬件、软件(特别是操作系统)、网络环境以及至关重要的信息安全保障，帮助读者理解 AI 技术赖以生存的"土壤"。

数据驱动基石(第 3 章)：深入剖析大数据的概念、思维方式及核心技术栈(采集、存储、处理、分析)。明确大数据作为 AI"燃料"和"驱动力"的核心地位，理解"无数据，不智能"的深层逻辑。

人工智能概览(第 4 章)：系统梳理 AI 的发展脉络、核心概念和知识体系。特别强调对 AI 伦理困境、风险治理与法律法规的探讨，引导读者在技术热潮中保持冷静的批判性思考，并前瞻性地审视 AI 的未来发展与社会影响。

核心技术解析(第 5 章)：聚焦人工智能的核心使能技术，包括模式识别、知识表示、机器学习，以及当前取得突破性进展的神经网络与深度学习，揭示 AI 实现"智能"的核心机制。

技术应用篇(第 6～7 章)：展现 AI 技术如何从理论走向实践，深刻变革各行各业。

关键技术应用场景(第 6 章)：深入探讨自然语言处理(NLP)、计算机视觉(CV)、机器人与自主系统等 AI 核心技术在现实世界中的典型应用实例，展示技术落地的具体形态。

"AI＋"融合创新(第 7 章)：全景式扫描人工智能与各主要行业的深度融合与创新实践，涵盖互联网、生物医学、商业、教育、制造、娱乐、安全、交通等领域，生动呈现"AI＋"赋能百业、重塑生态的巨大能量与无限可能。

本教材力求体现以下特色。

体系完整，逻辑清晰：从计算思维、系统基础、数据基石到 AI 核心原理，再到应用场景，构建了层次分明、环环相扣的知识体系。

基础扎实，前沿兼顾：在确保基础知识讲解透彻的同时，涵盖了深度学习、大数据技术、生成式 AI 等前沿热点，以及伦理、治理等关键议题。

强调思维，注重素养：不仅传授知识，更着力培养计算思维、数据思维和批判性思维，提升读者的 AI 素养。

案例丰富，应用导向：技术应用篇通过大量实际案例，直观展示 AI 如何解决现实问题、创造价值，激发学习兴趣和创新意识。

伦理贯穿，责任为先：将伦理、风险、治理等社会性议题融入教学内容，强调技术发展的社会责任。

本书适用于：高等院校计算机科学与技术、人工智能、数据科学与大数据技术、软件工程、智能科学与技术等相关专业的本科生，作为"人工智能导论"或"人工智能基础"课程的教材；希望系统学习人工智能基础知识，了解其应用前景的非计算机专业学生(如经管、社科、医学、工程等)；对人工智能领域有浓厚兴趣，希望建立系统性认知的自学者和社会各界人士。

学习建议：建议读者按章节顺序学习"基础理论篇"，以建立稳固的知识阶梯。"技术应用篇"(第 6、7 章)可根据兴趣或专业需求灵活选学或参考。鼓励读者在学习过程中勤于思考，联系实际，积极动手实践(可结合配套实验或项目)，并时刻保持对技术伦理和社会影响的关注。

人工智能的浪潮奔涌向前，其发展日新月异。我们深知，一本教材难以穷尽 AI 的所有细节与最新进展。我们力求在有限的篇幅内，为读者勾勒出人工智能领域最核心、最稳定、最具启发性的知识框架和思维方法。希望这本《人工智能导论》能够成为您探索人工智能广阔天地的一块坚实垫脚石，助您开启充满智慧与创新的未来之旅。

在编写过程中，我们参考了大量国内外优秀文献、研究成果和实践案例，并力求表述准确、深入浅出。限于编者水平和时间，书中的疏漏或不足之处，恳请广大读者、专家和同行不吝批评指正，以便我们在未来修订中不断完善。

谨以此书，献给所有对人工智能充满好奇与热忱的探索者！

作 者

2025 年 6 月

目　录

基础理论篇

第1章 计算思维

1.1 计算与自动计算

简单的计算,如我们从小开始学习和训练的算术运算:$2+5=7,3\times6=18,9-3=6,6+2=8$,是由数值和运算符形成运算式,按运算符的计算规则对数值进行计算并获得结果。我们不断学习和训练以下两方面的内容:一是用各种运算符及其组合来表达对数值的变换,即熟悉各种运算式;二是能按照运算符的计算规则对前述的运算式进行计算并得到正确的结果。这种运算式的计算是需要人来完成的,可称为人计算。

实际应用中,计算规则本身可以被学习和掌握,但规则的执行过程可能超出人类能力范围——即人们知晓规则却无法得出结果。解决此问题有两种途径:一是数学家致力于研究复杂计算的简化等效方法,使其可被人力计算求解;二是计算机科学家探索如何设计简单规则,使机器能重复执行以实现自动计算,即用机器替代人工执行规则。

1.1.1 计算机的早期历史

人类对计算工具的发明与改进贯穿整个人类历史,从古老的"结绳计数"到算盘、计算尺、手摇计算机,直至1946年首台电子计算机诞生,经历了漫长历程,推动了计算技术的演进。总体而言,计算技术发展可分为计算工具、计算机器和现代计算机三个阶段。

1. 计算工具

人的手指与脚趾可能是人类最早的计算工具,因其天然具备且无须辅助。然而,其只能进行有限计算($0\sim20$),无法存储结果。

1937年,在摩拉维亚(捷克东部)地区,人们发现了一根40万年前(旧石器时代)幼狼的前肢骨,有7英寸长,上面"逢五一组",有55道很深的刻痕,这是迄今为止所发现的人类发展史上最早的计数工具。1963年,在山西朔州峙峪旧石器遗址出土了一些2.8万年前的兽骨,这些兽骨上刻有条痕,并且有"分组"的特点,说明当时的人们对数目已经有了一定的认识。

(1)十进制计数法。在人类古代计数体系中,除巴比伦文明的楔形数字为十六进制,玛雅文明为二十进制外,几乎全部为十进制。公元前3000年前后,古埃及已有十进制计数法,但是只有 1~10 的数字符号,没有"位值"(数符位置不同,表示的值不同)的概念。

在陕西半坡遗址(距今 6000 年以上)出土的陶器上,已经辨认的数字符号有"一""二""三"等,如图 1-1 所示。

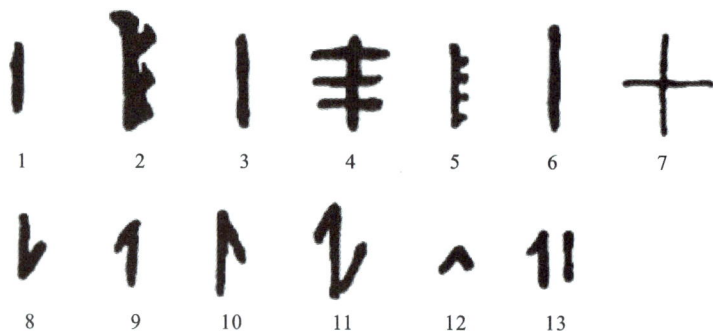

图 1-1　半坡陶符

商朝时,已经有了比较完备的文字记数系统。在商代甲骨文中,已经有了一、二、三、四、五、六、七、八、九、十、百、千、万这 13 个记数单字。在商代的一片甲骨文上可以看到,"547 天"记为"五百四旬又七日",这是最早表明中国人使用十进制计数法和"位值"概念的典型案例。

(2)算筹。算筹是中国古代最早的计算工具之一,成语"运筹帷幄"中的"筹"就是指算筹。算筹最早出现于何时已不可考,但据史料推测,算筹最晚出现于春秋晚期战国初年(公元前 722 年至公元前 221 年),此时算筹的使用已非常普遍。筹算在我国从周代到元代应用了约两千年,对中国古代数学的发展功不可没,南北朝数学家祖冲之计算圆周率应该就是用算筹完成的,数字的算筹表示方法如图 1-2(a)所示。但算筹也有严重缺点:运算时需要较大的地方摆算筹,位数越多,问题越难,需要摆放的面积越大,用起来不大方便。另一个重要问题是运算过程不保留。它的运算过程实际上就是挪动算筹,运算了下一步,上一步就看不到了。这样有了错误不好检查,学习者学习起来也很困难。元朝数学家朱世杰,能用筹算解四元高次方程,其数学水平居世界领先地位,但是他的方法太难懂,因而后继无人。中国古代数学不能发展为现代数学,筹算方法的限制是一个重要原因。

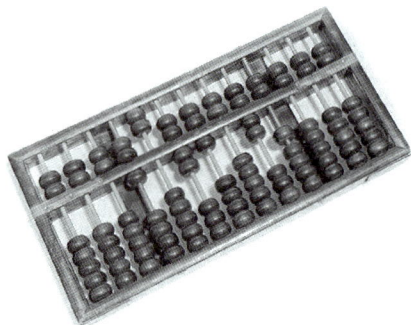

(a) 数字的算筹表示法　　　　　　　　(b) 算盘

图 1-2　算筹与算盘

（3）九九乘法口诀。中国使用"九九乘法口诀"（简称"九九表"）的时间较早,在《荀子》《管子》《战国策》等古籍中,能找到"三九二十七""六八四十八""四八三十二""六六三十六"等语句。可见早在春秋战国时期,九九表已经开始流行了。九九表广泛用于算筹中进行乘法、除法、开方等运算,到明代改良用在算盘上。中国发现最早的九九表实物是湖南湘西出土的秦简木牍,上面详细记录了九九乘法口诀。与今天的乘法口诀不同,秦简上的九九表不是从"一一得一"开始,而是从"九九八十一"开始,到"二半而一"结束。

九九表是早期算法之一,它的特点是只用一到十这 10 个数符;九九表包含了乘法的交换性,如只需要"八九七十二",不需要"九八七十二";九九表只有 45 项口诀。

（4）算盘。"算盘"一词并不专指中国的穿珠算盘,如图 1-2(b)所示。从文献资料看,许多文明古国都有过各种形式的算盘,如古希腊的算板、古印度的沙盘等。但是,它们的影响和使用范围都不及中国发明的穿珠算盘。从计算角度看,算盘主要有以下进步。

①建立了一套完整的算法规则,如"三下五去二"。

②具有临时存储功能（类似于计算机中的内存）,能连续运算。

③出现了五进制,如上档一珠当五。

④使用方便,工作可靠。

2013 年,中国珠算被联合国教科文组织正式列入人类非物质文化遗产名录。

2. 计算机器

算盘作为主要计算工具流行了相当长的一段时间,直到 18 世纪,欧洲科学家兴起研究计算机器的热潮。当时,法国数学家笛卡儿预言:"总有一天,人类会造出一些举止与人一样的'没有灵魂的机械'来。"

（1）机器计算的萌芽。1614 年,苏格兰的数学家约翰·纳皮尔发明了对数,对数能够将乘法运算转换为加法运算（他还发明了简化乘法运算的纳皮尔运算）。

1623 年,德国的谢克卡德教授在给天文学家开普勒的信中,设计了一种能做四则运算的机器（注:没有实物佐证）。

1630 年,英国的威廉·奥特雷德发明了圆形计算尺。

（2）帕斯卡加法器。1642 年,法国数学家帕斯卡制造了一台能进行 6 位十进制加法运算的机器,如图 1-3(a)所示。这台机器在巴黎博览会展出期间引起了轰动。

加法器发明的意义远远超出了机器本身的使用价值,它证明了以前认为需要人类思维的计算过程,完全能够由机器自动化实现。从此欧洲兴起了制造"思维工具"的热潮,帕斯卡的加法器没有存储器,用现在的观点来看,它是不可编程的机器。

故宫博物院收藏有 6 台帕斯卡型加法器,估计是康熙年间来华的法国传教士与我国科学家共同研制的。清代对计算器有很大的改进,它可以做四则运算（与莱布尼茨计算机相似）,并且将最初帕斯卡加法器的 6 位数计算扩展到了 12 位数计算。

(a)   (b)

图 1-3 帕斯卡发明的加法器和莱布尼茨发明的四则运算器

(3)莱布尼茨的二进制思想。1964年,德国科学家莱布尼茨研制了一台机器,这台机器能够驱动轮子和滚筒执行更复杂的加减乘除运算,如图1-3(b)所示。莱布尼茨描述了一种能够解代数方程的机器,并且能够利用这种机器生成逻辑上的正确结论。他希望这台机器能够使科学知识的产生变成全自动的推理演算过程,这反映了现代数理逻辑演绎和证明的思想。

1679年,莱布尼茨在《1与0,一切数字的神奇渊源》的论文手稿中断言:"二进制是具有世界普遍性的、最完美的逻辑语言。"1701年,他写信给北京的神父闵明我和白晋(Bouvet,法国),告知自己发明的二进制可以解释中国《周易》中的阴阳八卦,莱布尼茨希望这能够引起他心目中"算术爱好者"康熙皇帝的兴趣。莱布尼茨的二进制具有四则运算功能,而八卦则没有这项功能,因此它们本质上并不相同。

(4)巴贝奇自动计算机器。18世纪末,法国数学界调集了大批数学家组成人工手算流水线,经过长期的艰苦工作,终于完成了17卷《数学用表》的编制。但是手工计算的数据表格出现了大量错误,这极大地刺激了英国剑桥大学的著名数学家查尔斯·巴贝奇(Charles Babbage)。巴贝奇经过整整10年的反复钻研,终于在1822年研制出第一台差分机。差分机由英国政府出资,工匠克里门打造,有约25 000个零件,重达4 t。1862年,伦敦世博会展出了巴贝奇的差分机,如图1-4所示。差分机是现代计算机设计的先驱。

巴贝奇的设计思想是利用"机器"将计算到表格印刷的过程全部自动化,全面消除人为错误(如计算错误、抄写错误、校对错误、印刷错误等)。差分机是一种专门用来计算特定多项式函数值的机器,"差分"的含义是将函数表的复杂计算转化为差分运算,用简单的加法代替平方运算。差分机专用于编辑三角函数表、航海计算表等。

1837年,巴贝奇开始专心设计一种由程序控制的通用分析机。他先后提出过大约30种不同的分析机设计方案,并对各种方案都绘出了图纸,图纸上零件数量多达几万个。巴贝奇希望分析机能自动计算有100个变量的复杂算题,每个数达25位,速度达到每秒钟运算一次。巴贝奇的朋友爱达(Ada)女士在描述分析机时说:"我们可以毫不过分地说,分析机编织的代数图案就像杰卡德(Jacquard)提花机编织的鲜花和绿叶一样。在我们看来,这里蕴含了比差分机更多的创造性。"

图 1 - 4　伦敦世博会展出的巴贝奇的差分机

分析机是第一台通用型计算机,它具备现代计算机的基本特征。分析机采用蒸汽机作为动力,驱动大量齿轮结构进行计算工作。分析机由四部分组成。

①存储器,巴贝奇将其称为"堆栈"(store),采用齿轮式寄存器保存数据,存储器大约可以存储 1000 个 50 位的十进制数。

②运算器,巴贝奇将其命名为"工场"(Mill),它包含一个算术运算单元,可以进行四则运算、比较、求平方根等运算,为了加快运算速度,巴贝奇设计了进位机制。

③输入和输出部分,分析机采用穿孔卡片读卡器进行程序输入,采用打孔输出数据。

④进行程序控制穿孔卡片,分析机采用与杰卡德提花机类似的穿孔卡片作为程序载体,用穿孔卡片上有孔或无孔来表示一个位的值,它可以运行"条件""转移""循环"等语句,程序类似于今天的汇编语言。

分析机的设计思想非常具有前瞻性,在当今计算机系统中依然随处可见,如采用通用型计算机设计,而非专用机器(差分机是专用机器);核心引擎采用数字式设计,而非模拟式设计;软件与硬件分离设计(通过穿孔卡片变成),而非一体化设计(如 ENIAC 通过导线和开关编程)。图灵在《计算机器与智能》一文中评价道:"分析机实际上是一台万能数字计算机。"巴贝奇以他天才的思想,划时代地提出了类似于现代计算机的逻辑结构,他也因此被人们称为"计算机之父"。分析机将抽象的代数关系看成可以由机器实现的实体,而且可以机械地操作这些实体,最终通过机器得出计算结果。这实现了最初由亚里士多德和莱布尼茨描述的"形式的抽象和操作"。

在多年研究和制造实践中,巴贝奇创作了世界上第一部计算机专著《分析机概论》。分析机的设计理论非常先进,它是现代程序控制计算机的雏形。但遗憾的是,这台分析机直到巴贝奇去世也没有制造出来。

(5)布尔与数理逻辑。英国数学家布尔终身没有接触过计算机,但他的研究成果却为现代计算机设计提供了重要的数学方法。布尔在《逻辑的数学分析》和《思维规律的研究——

逻辑与概率的数学理论基础》两部著作中,建立了一个完整的二进制代数理论体系。

布尔的贡献在于:

①将亚里士多德的形式逻辑转化成一种代数运算,实现了莱布尼茨对逻辑进行代数演算的设想。

②用0和1构建了二进制代数系统(布尔代数),为现代数字计算机提供了数学方法。

③用二进制语言描述和处理各种逻辑命题,将人类的逻辑思维简化为二进制代数运算,推动了现代数理逻辑的发展。

3. 现代计算机

现代计算机是指利用电子技术代替机械或机电技术的计算机,经历了许许多多科学家70多年的接力发展,其中最重要的代表人物有英国科学家阿兰·麦席森·图灵和美籍匈牙利科学家冯·诺依曼,图灵是计算机科学理论的创始人,而冯·诺依曼则是计算机工程技术的先驱人物。

美国计算机协会(ACM)于1966年设立了"图灵奖",目的是奖励对计算机事业做出重要贡献的个人;国际电子和电气工程师协会(IEEE)于1990年设立了冯·诺依曼奖,目的是表彰在计算机科学和技术领域具有杰出成就的科学家。

(1)ENIAC计算机。第二次世界大战时期,宾夕法尼亚大学莫尔学院36岁的莫克利(John Mauchly)教授和他的学生埃克特(Presper Eckert)成功地研制出了ENIAC计算机。ENIAC采用大约18 000个电子管,10 000个电容器,7000个电阻,1500个继电器,功率150 kW,重达30 t,占地面积170 m²,如图1-5所示。

图1-5 ENIAC

(2)冯·诺依曼与EDVAC计算机。1944年,冯·诺依曼专程到莫尔学院参观了还未完成的ENIAC计算机,并参加了为改进ENIAC而举行的一系列专家会议。他提出了ED-VAC计算机设计方案。

1945年,冯·诺依曼发表了计算机史上著名的 *First Draft of a Report on the EDVAC* (EDVAC计算机报告的第一份草案)论文,这篇101页的论文被称为"101报告"。在101报告中,冯·诺依曼提出计算机的五大结构,以及存储程序的设计思想,奠定了现代计算机的设计基础。

1952 年，EDVAC 计算机投入运行，它主要用于核武器理论计算。EDVAC 的改进主要有以下两点：

①为充分发挥电子元件的高速性能，采用了二进制。

②将指令和数据都存储起来，让机器自动执行程序。

现代计算机诞生后，基本元器件经历了电子管、晶体管、中小规模集成电路、大规模和超大规模集成电路等发展阶段（有专家认为它们是四代计算机）。计算机运算速度显著提高，存储容量大幅增加。同时，软件技术也有了较大发展，出现了操作系统、编译系统、高级程序设计语言、数据库等系统软件，计算机应用开始进入许多领域。

1.1.2 电子计算机

1946 年，世界上第一台电子计算机在美国宾夕法尼亚大学诞生。之后短短的几十年里，电子计算机经历了几代的演变，并迅速渗透到人类生活和生产的各个领域，在科学计算、工程设计、数据处理及人们的日常生活中发挥着巨大的作用。电子计算机被公认为是 20 世纪最重大的工业革命成果之一。

计算机是一种能够存储程序，并按照程序自动、高速、精确地进行大量计算和信息处理的电子机器。科技的进步促使计算机的产生和迅速发展，而计算机的迅速发展又反过来促进了科学技术和生产水平的提高。电子计算机的发展和应用水平，已经成为衡量一个国家科技水平和经济实力的重要标志。

1. 电子计算机的发展

计算机的发展阶段通常以构成计算机的电子器件来划分，至今已经历了四代，目前正在向第五代过渡。每一个发展阶段在技术上都是一次新的突破，在性能上都是一次质的飞跃。电子计算机的分代如表 1-1 所示。

表 1-1　计算机的分代

阶段	特征	图例
第一代 电子管计算机 （1946—1958）	(1)采用电子管元件，体积庞大，耗电量高，可靠性差，维护困难； (2)计算速度慢，一般为每秒一千次到一万次运算； (3)使用机器语言，几乎没有系统软件； (4)采用磁鼓、小磁芯作为存储器，存储空间有限； (5)输入/输出设备简单，采用穿孔纸带或卡片； (6)主要用于科学计算	

续表

阶段	特征	图例
第二代 晶体管计算机 (1958—1964)	(1)采用晶体管元件,体积大大缩小,可靠性增强,寿命延长; (2)计算速度加快,达到每秒几万次到几十万次运算; (3)提出了操作系统的概念,出现了汇编语言,产生了 Fortran 和 COBOL 等高级程序设计语言和批处理系统; (4)普遍采用磁芯作为内存储器,磁盘、磁带作为外存储器,容量大大提高; (5)计算机应用领域扩大,除科学计算外,还用于数据处理和实时过程控制	
第三代 集成电路 计算机 (1965—1970)	(1)采用中小规模集成电路软件,体积进一步缩小,寿命更长; (2)计算速度加快,可达每秒几百万次运算; (3)高级语言进一步发展,操作系统的出现使计算机功能更强,计算机开始广泛应用在各个领域; (4)普遍采用半导体存储器,存储容量进一步提高,且体积更小、价格更低; (5)计算机应用范围扩大到企业管理和辅助设计等领域	
第四代 大规模及 超大规模 集成电路 计算机 (1971 至今)	(1)采用大规模(large scale integration,LSI)和超大规模集成电路(very large scale integration,VLSI)元件,与第三代计算机相比体积进一步缩小,在硅半导体上集成了几十万甚至上百万个电子元器件,可靠性更好,寿命更长; (2)计算速度加快,可达每秒几千万次到几十亿次运算; (3)软件配置丰富,软件系统工程化、理论化,程序设计部分自动化; (4)发展了并行处理技术和多机系统,微型计算机大量进入家庭,产品更新速度加快; (5)计算机在办公自动化、数据库管理、图像处理、语言识别和专家系统等各个领域大显身手,计算机的发展进入了以计算机网络为特征的时代	

20 世纪 80 年代曾提出第五代计算机的概念:用超大规模集成电路和其他新型物理元件组成的可以把信息采集、存储、处理、通信与人工智能结合在一起的智能计算机系统。

这种计算机能面向知识处理,具有形式化推理、联想、学习和解释的能力,并能直接处理声音、文字、图像等信息。目前,已经在研究的有超导计算机、光子计算机、量子计算机、生物计算机、纳米计算机、神经计算机、智能计算机等。

2. 电子计算机的分类

科学技术的发展带动了计算机类型的不断变化,形成了不同种类的计算机。不同的应用需要不同类型的计算机支持。最初计算机按照结构原理分为模拟计算机、数字计算机和混合式计算机三类,按用途又可以分为专用计算机和通用计算机两类。专用计算机是针对某类应用而设计的计算机系统,具有经济、实用、有效等特点(例如铁路、飞机、银行使用的专用计算机)。通常所说的计算机是指通用计算机,例如学校教学、企业会计做账和家用计算机都是通用计算机。

对于通用计算机而言,通常按照计算机的运行速度、字长、存储容量等综合性能进行分类,有以下几种。

(1)超级计算机。超级计算机就是常说的巨型机,主要用于科学计算,运算速度在每秒亿万次以上,数据存储容量很大,结构复杂、价格昂贵。超级计算机是国家科研的重要基础工具,在军事、气象、地质等诸多领域的研究中发挥着重要的作用。目前,国际上对高性能计算机最权威的评测是 TOP500 组织发布的 TOP500 榜单,每年公布一次世界 500 强排行榜。2022 年 5 月 30 日,第 59 届国际超算大会发布的最新 TOP500 榜单中,我国的神威太湖之光位列第六,天河二号位列第九,共 173 台超级计算机进入 TOP500 榜单。

(2)微型计算机。大规模集成电路与超大规模集成电路的发展是微型计算机得以产生的前提。日常使用的台式计算机、笔记本型计算机、掌上型计算机等都是微型计算机。目前微型计算机已经广泛应用于科研、办公、学习、娱乐等社会生产、生活的方方面面,是发展最快、应用最为广泛的计算机。

(3)工作站。工作站也是微型计算机的一种,它是一种高档的微型计算机。工作站通常配置有容量很大的内存储器和外存储器,主要面向专业应用领域,具备强大的数据运算与图形、图像处理能力。工作站主要是为了满足工程设计、科学研究、软件开发、动画设计、信息服务等专业领域而设计开发的高性能微型计算机。需要注意:这里所说的工作站不同于计算机网络系统中的工作站,后者是网络中的任一用户节点,可以是网络中的任何一台普通微型机或终端。

(4)服务器。服务器是指在网络环境下为网上众多用户提供共享信息资源和各种服务的高性能计算机。服务器上需要安装网络操作系统、网络协议和各种网络服务软件,主要用于为用户提供文件、数据库、应用及通信方面的服务。

(5)嵌入式计算机。嵌入式计算机是嵌入对象体系中,实现对象体系智能化控制的专用计算机系统。例如车载控制设备、智能家居控制器,以及日常生活中使用的各种家用电器都采用了嵌入式计算机。嵌入式计算机系统以应用为中心,以计算机技术为基础,并且软硬件可裁剪,适用于对应系统的功能、可靠性、成本、体积、功耗有严格要求的场合。

3. 计算机的发展方向

随着科技的进步,计算机的发展已经进入了一个快速而崭新的时代。计算机已经由原来的功能单一、体积较大发展到功能复杂、体积微小、资源网络化等,并朝着不同的方向延伸。当前计算机技术正向着微型化、网络化、智能化和巨型化的方向发展。

1.1.3 量子计算机

量子计算机是一类遵循量子力学规律进行高速数学和逻辑运算、存储,以及处理量子信息的物理装置。当某个装置处理和计算的是量子信息,运行的是量子算法时,它就是量子计算机。

在传统的计算机中,信息是用一串 0 和 1 形成的比特编码。10 比特可以给出 2^{10} 或 1024 种 0 和 1 组合,代表 0 到 1023 的一个数。相比之下,一个量子位能够同时代表 0 和 1(即叠加态),因此,10 个量子位能同时编码全部 1024 个数字。量子位可从具有不同量子态的物理学系统中产生。用激光或微波操纵这些系统,能产生两个或更多个的量子叠加态。将许多量子连接起来即可编码大量数据,如图 1-6 所示。

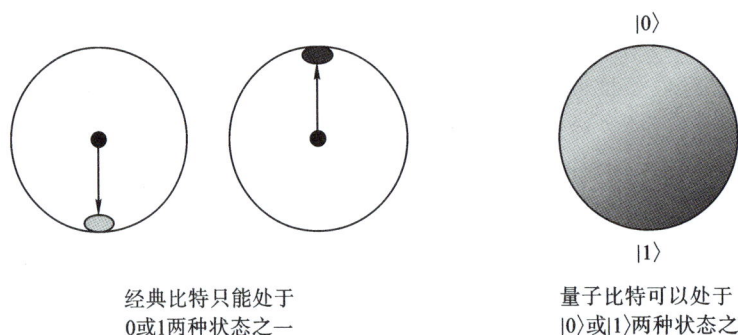

经典比特只能处于
0或1两种状态之一

量子比特可以处于
$|0\rangle$或$|1\rangle$两种状态之

图 1-6　经典比特和量子比特

经典计算机以单个比特为基础运行,得出或为 0 或为 1 的结果。相比之下,量子比特调用所有量子位的整个叠加态,将之转化为两个依然能编码所有数字的叠加态。在这些操作中,量子系统必须被保护起来不受干扰,避免量子态以外的改变而导致叠加态错误或消失,如图 1-7 所示为经典逻辑门与量子逻辑门的对比。

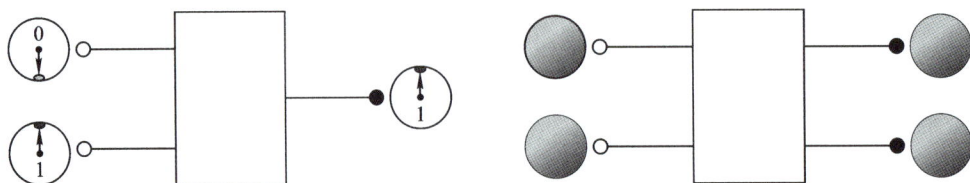

图 1-7　经典逻辑门和量子逻辑门

众所周知,经典计算机采用二值(0 和 1)代码来传递和加工信息。数字 0 和 1 只表示两种不同状态(叫作 Boolean 态),而不表示数值大小,称为逻辑值。一个经典数据位(bit)取 0 或取 1,只能取两者之一。经典逻辑门可由几种最简单、最基础的逻辑门(叫作基本逻辑门)组成。由基本逻辑门可构成复合逻辑门,进而组成逻辑门网络。

目前,量子计算机仍采用二值代码,仍用二进制数据,相应地量子数据位(qubit)采用二

能级量子系统,二能态分别代表 0 和 1,如原子核的两个不同自旋方向、离子的基态与激发态、光子的水平与竖直两个偏振方向等。所以,可以说经典数据位(bit)是用宏观系统的参量表示,而量子数据位(qubit)是用微观系统的不同状态表示。二者最大的区别是一个经典 bit 只能取 0 或 1 中的一个,而一个 qubit 却可同时取 0 和 1,这个 qubit 处于两个态的叠加态。一个 qubit 可用二维希尔伯特(Hilbert)空间的一个单位矢量来描述,基矢便是作为量子数据位的微观系统的两个本征态,分别用 $|0\rangle$ 和 $|1\rangle$ 表示。这样,一个 qubit 的状态可表为 $|\Psi\rangle=\alpha|0\rangle+\beta|1\rangle$ 且 $|\alpha|^2+|\beta|^2=1$。公式中表示 $|0\rangle$ 态的几率为 $|\alpha|^2$,$|1\rangle$ 态的几率为 $|\beta|^2$,α、β 为复数,代表几率幅,可连续取值。α、β 不同,则量子位储存的信息不同,所以一个量子位能表征的信息量远多于一个经典位。n 个经典位只能储存 n 个一位二进制数或者一个 n 位二进制数,而 n 个量子位却可以同时储存 $2n$ 个 n 位二进制数,储存能力提高了 $2n$ 倍。

算法是为解决一个问题而进行的一系列操作。量子算法能够利用叠加态带来的平行性,这意味着它可以同时分析所有可能性,而不是一个一个分析,就像能同时扫描多张名片来寻找某个名字一样。量子算法给出每张名片为"正确"名片的概率。迭代几次之后,目标名片的累积概率将会比别的名片都高。即使需要运行多次,这种算法也比经典搜索快得多。数据库越大,其优势也越大,如图 1-8 所示。

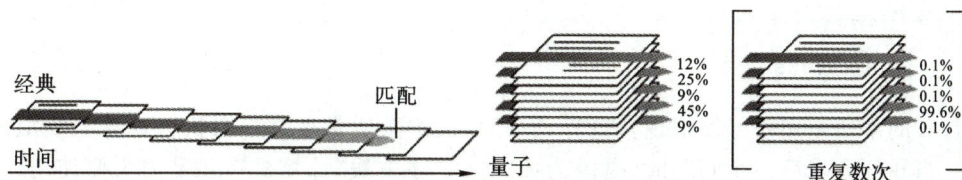

图 1-8　扫描多张名片来寻找某个名字

目前,量子计算机还不会取代经典计算机,但量子计算机在执行对经典计算机来说太过复杂的任务方面表现出众,比如在巨大的数据库中展开搜索,或者对大数进行质因数分解。后者难度极高,因此成为保护人们在线活动的加密技术的基础。最简短的经典计算机要花数千年才能求出的质因数,一台量子计算机只需要数周即可求出。量子态也可用于构建更安全的通信系统。应用量子计算机的一种方式是用它来计算其他量子系统的行为。例如,量子计算机可被用于全面理解分子的化学性质,要做到这一点,需要了解其电子的量子力学特性;或用于寻找蛋白折叠的最优结构。

2017 年 5 月 3 日,中国科学院潘建伟团队构建的光量子计算机实验样机的计算能力已超越早期计算机。此外,中国科研团队完成了 10 个超导量子比特的操纵,成功打破了目前世界上最大位数的超导量子比特的纠缠和完整的测量纪录。

2020 年 6 月 18 日,中国科学院宣布,中国科学技术大学的潘建伟、苑震生等在超冷原子量子计算和模拟研究中取得重要进展——在理论上提出并实验实现原子深度冷却新机制的基础上,在光晶格中首次实现了 1250 对原子高保真度纠缠态的同步制备,为基于超冷原子光晶格的规模化量子计算与模拟奠定了基础。这一成果于 2020 年 6 月 19 日在线发表于学术期刊《科学》上。

2020 年 12 月 4 日,中国科学技术大学宣布本校潘建伟等成功构建了 76 个光子的量子计算原型机"九章",求解数学算法高斯玻色取样只需 200 s,而目前世界最快的超级计算机要用 6 亿年。这一突破使中国成为全球第二个实现"量子优越性"的国家。12 月 4 日,国际学术期刊《科学》发表了该成果，审稿人评价这是"一个最先进的实验""一个重大成就"。

2021 年 2 月 8 日，中科院量子信息重点实验室的科技成果转化平台合肥本源量子科技公司，发布了具有自主知识产权的量子计算机操作系统"本源司南"。

2022 年 8 月 25 日，"量见未来"量子开发者大会上，百度正式对外发布其第一台产业级超导量子计算机——"乾始"，其集量子硬件、量子软件、量子应用于一体，提供移动端、PC 端、云端等在内的全平台使用方式。

2023 年 5 月 25 日，北京量子信息科学研究院在 2023 中关村论坛正式发布 Quafu(夸父)量子计算云平台，现上线了三枚超导量子芯片，分别有 136、18 和 10 个量子比特，用户可以自主选择合适的芯片运行量子计算任务，其运行稳定高效。

2023 年 10 月 11 日，中国科学家宣布成功构建量子计算原型机"九章三号"，它 1 μs 可算出的最复杂样本，当前全球最快的超级计算机约需 200 亿年才能完成。"九章三号"实现了对 255 个光子的操纵能力，极大提升了计算的复杂度。

2024 年 1 月 6 日，我国第三代自主超导量子计算机"本源悟空"上线运行。"本源悟空"搭载了 72 位自主超导量子芯片"悟空芯"，共有 198 个量子比特，其中包含 72 个工作量子比特和 126 个耦合器量子比特，是目前先进的可编程、可交付超导量子计算机。

1.2　计算的本质

计算的本质是用符号模拟现实世界，而计算机的本质是通过不断执行计算来模拟现实世界。当我们要求解一个问题时，是因为要"计算"才去找"计算机"，还是因为要使用"计算机"才考虑如何"计算"？ 当然是前者。计算才是根本，因为计算机是没有生命的，人需要考虑它能做和不能做的事情。

1.2.1　计算的概念

人类的进化促成了计算的产生，社会的进步和科学技术的发展推动着计算的不断演变和发展。计算存在于人们的学习和生活中，一直伴随着我们，例如计算路径有多远、花了多少钱……这些现象的本质有一个共同点：凡是可计算的前提是事物之间存在某种关系。

通常我们对计算的感觉只是个抽象的数学概念，而实施计算又是非常具体的规则，那么，计算的科学定义是什么？

1. 计算的定义

计算是构建在一套公理体系上的、不断向上演化的规则，例如四则运算 $3+2=5$，$3\times4=12$，$8+4=12$，$9-(2\times4)=1$，……，它的公理体系应该是由数字、基本运算符、组合规则三部分组成。

抽象地描述计算应该是基于规则的符号集合的变换过程，即从一个按规则组织的符号集合开始，再按照既定的规则一步步地改变这些符号集合，经过有限步骤之后得到一个确定的结果。

从熟悉的函数概念来理解计算，一个任意的函数变换就是一个计算。例如，对于函数 $y=f(x)$，当给出一个 x 值，通过按规则的计算就可以得到结果 y 值。从数学的意义上说，这个函数是一系列可能的输入和输出的二元组，通过确定的函数计算使每一个输入值得到相应的输出结果。

又如：①两数求和的函数，它的输入是成对的数值，通过求和计算，它的输出就是两个输入数值的和；②排序函数，对于每一个输入表，通过排序计算，会得到有相同条目的但已经按照预定的规则排好序的输出表。

由此可见，计算的形式是相同的，但计算的内容则与所解决的问题相关。所以计算永远是面向问题的，不存在任何一种包揽万物的计算。所以说"计算思维是人的，而不是计算机的思维"。

2. 计算的分类

在计算这个问题上有两种范式：①计算理论的研究，侧重于从数学角度证明表达能力和正确性，比较典型的图灵机、Lambda 演算、Pi 演算都属于这个范畴；②计算模型的研究，侧重于对真实系统的建模和刻画，比如冯·诺依曼模型、BSP 模型、LogP 模型等。

计算与人类总是在同步前进。曾经，人们对计算的理解只是传统的算术行为或者单纯的数值计算，所有计算工具也只为完成数值计算而产生。随着科学技术的发展和社会需求的牵引，计算的概念被极大地泛化，由于现代学科包罗万象、分类繁多，每个学科都需要进行大量的计算，使得冠以"计算"的词语层出不穷。计算不再仅仅指数值计算，还包括非数值计算以及各种应用推动的数据处理的过程。例如，从技术的角度有云计算及大数据、数据库、多媒体数据处理等；从应用的角度有生物计算、量子计算、网格计算、仿真计算、社会计算、情感计算等。

3. 计算的过程

在图灵机模型中，计算就是计算者（人或机器）对一条无限长的纸带上的号串执行指令，一步步地改变纸带上某位置的符号（见图 1-9），经过有限步骤，最后得到一个满足预先规定的符号串的变换过程。这个模型的关键是形式化方法，即用"纸带符号串→控制有限步骤→读/写头→结果"这一形式成功地表述了计算这一过程的本质。

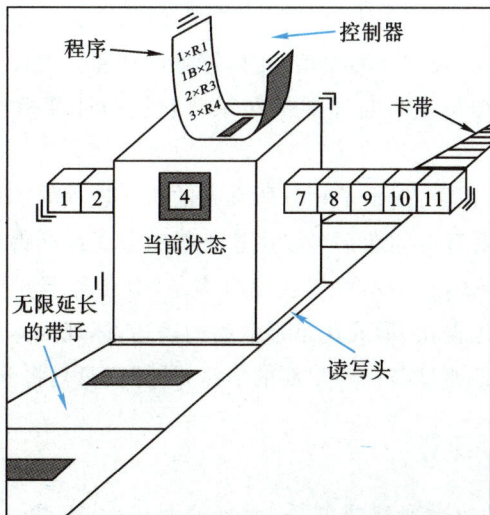

图 1-9 图灵机的工作原理

以计算机下棋为例说明,一个简单的井字棋如图1-10所示。计算机的计算主要是建立在一个状态空间树(博弈树)的搜索方式上。在博弈过程中,计算机需要操作的数据对象是每走一步棋后形成的新的棋盘状态(格局),对每一个格局来说,它的下一步棋都有若干不同的走法,这样一层一层就形成了一个状态空间树。计算机按照事先约定的判断规则(算法)就可以得到自己的选择,这就是计算机下棋的形式化描述过程。

从计算机下棋的例子可见,计算很像一个解释器,我们将数据和代码放入其中,经过解释器的运行,最后得到一个结果。下棋对弈过程中每一步的计算,其输入就是前一步棋完成后形成的棋盘状态,而输出就是行动决策,如图1-11所示。这个过程中最重要的是建立解释器的计算模型,而这个模型就是一种建立在数学描述之上的形式化方法,和图灵机的"纸带符号串→控制有限步骤→读/写头→结果"一样。

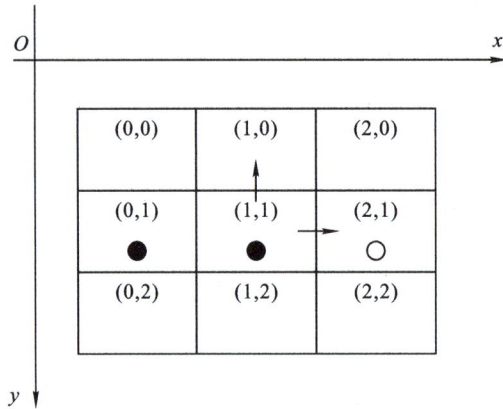

图1-10 井字棋示意图

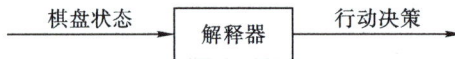

图1-11 计算解释器

不同的解释器对应着不同的计算模型,比如符号计算和数值计算,就各自对应自己的解释器,通过不同的计算模型得出各自需要的结果。它们的计算模型不同,但是本质是相同的:计算过程符号化。

图灵论题的另一意义在于:揭示了计算所具有的执行过程的本质特征,或者说计算思维的过程性特征,因为并非所有的问题都可以用这种机械方式最终得到解决。

无论计算的本质是什么,一个不可忽视的事实是,对各种不同计算的实现,首先是人的计算思维活动,是计算的过程化、形式化思维活动的表达,体现为算法、程序或软件。

其实,计算的本质就是通过演化产生新的信息,计算机只是将演化规则实现而已。

1.2.2 可计算与不可计算

理论思维是科学方法的重要组成部分,而理论源于数学,数学的定义是理论思维的灵魂,定理和证明则是它们的精髓。

1. 什么问题不可计算

由图灵的研究结论可以引出一个关于"可计算性"的定义:一个可计算问题是"当且仅当它在图灵机上经过有限步骤之后可以得到正确的结果",这一结论就是著名的图灵论题。根据这一论题,通常人们把所面临的问题分为可计算问题与不可计算问题两大类。那么什么问题不可计算?

例如,图灵"停机"问题就是不可计算的:给定一段计算机程序和一个特定的输入,判断该程序最终是否能够停机。事实上,如果该问题可计算,那么编译程序可以在运行程序之前判断该程序是否存在死循环,而计算机无法分辨死循环程序和一个只是"运行很慢"的程序。

实际上,无法用计算机解决的问题有无穷多,"停机"问题只是其中一个。例如,"判断一台计算机是否有病毒程序"这个问题也是不可计算的。因为到目前为止,所有的病毒检测程序都是对比和查找已有的病毒,对于不断出现的新病毒并没有确切的算法能够检测。

这就如同医生只能对已有的疾病做出诊断,而对未来可能出现的新型疾病以及疾病的变化却无法预知。

2. 问题的可计算性判断

与不可计算问题一样,可计算问题也有无穷多种。判断哪些问题可计算,这是计算机科学中的一个基本问题。在数学与计算机科学中,有一个"能行过程"的概念,它主要是针对所要解决的问题是否存在能行方法,以此来判断可计算问题是否实际可解。

无论是在数学上还是工程上,解决问题的过程就是问题状态发生变化的过程。如果以参数形式来描述问题状态,那么解决问题的过程就可以看作是一个参数变化的过程,如表1-2所示。这个过程中,如果输入参数和输出结果的对应关系是明确的,则说明这个过程是可行的,也就是说这个问题是可计算的。

表 1-2　解决问题的参数变化过程

过程时间	问题状态	参数形式
开始	初始状态	输入参数
结束	结束状态	输出结果

对于某些问题,允许存在一些输入参数,但却不存在明确的输出结果。在这种情况下考虑其能行方法,只针对有效输入即可。如果存在针对有效输入的能行方法,那么该问题也是可计算的。

通常,如果要说明一个问题是可计算的,就必须给出该类问题存在能行过程的证明。

例如,设 m 和 n 是两个正整数,且 $m>n$。求 m 和 n 的最大公约数的欧几里得算法,可以通过以下过程表示。

步骤1:以 n 除 m 得余数 r。//求余数

步骤2:若 $r=0$,则输出答案 n,过程终止;否则转到步骤3。//判断余数是否为0

步骤3:把 m 的值变为 n,n 的值变为 r,重复上述步骤。//变换参数值

上述过程由3个步骤组成,输入参数为正整数 m 和 n;每个步骤后的描述是明确的,并

且可以证明过程终止时输出数据为 m 和 n 的最大公约数。过程的每一个步骤都可以通过一些可实现的基本运算(判断)完成,整个过程经过有穷步后终止。因此,求 m 和 n 的最大公约数的欧几里得算法是一个能行的过程,即求 m 和 n 的最大公约数的问题是可计算的。

1.2.3 计算的复杂性

对于数学和计算机应用科学来说,平常我们关心的是计算机需要花多长时间去解决一个问题,即可计算且能在有限时间有解。换句话说,就是这个问题有多复杂?

可计算未必能有完全解。因为这里的可计算问题仅仅是来自理论思维上的可计算,图灵机模型中的"有限步骤"是一个过于宽松的限制,它甚至包括了需要计算好几百年才能完成的问题。所以图灵机模型只能看作是概念模型,却不是实际上的"通用机"。因此,还需对可计算问题的复杂性进行判断。

20 世纪 70 年代,库克将可计算问题进一步分为可解和难解两类:一个问题是实际可计算的,当且仅当它能够在图灵机上经过多项式步骤得到正确结果。这就是著名的库克论题,它界定了计算机的实际计算能力限度。超过这个限度的问题一般被认为是难解问题,其中一个典型的难解问题是汉诺塔问题。

印度有一个古老的传说:在贝拿勒斯(位于印度北部)的圣庙里,有一块黄铜板上插着三根宝石针,如图 1-12 所示。印度教的主神梵天在创造世界的时候,在最左侧一根针上从下到上地穿好了由大到小的 64 片金片,这就是汉诺塔。

不论白天黑夜,总有一个僧侣按照下面的法则移动金片:一次只移动一片,不管在哪根针上,小片必须在大片上面。

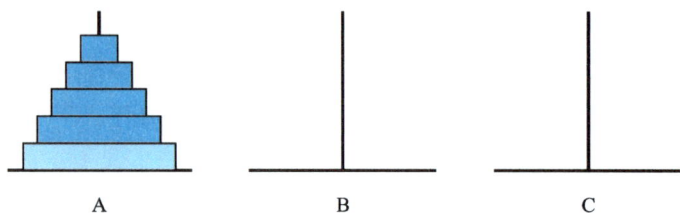

图 1-12 汉诺塔问题

考虑一下把 64 片金片由一根针上移动到另一根针上,并且始终保持上小下大的顺序,那么需要多少次移动呢? 这里需要用递归的方法,假设有 n 片金片,移动次数是 $f(n)$,显然有

$$f(1)=1, f(2)=3, f(3)=7, 且 f(k+1)=2f(k)+1。$$

此后不难证明 $f(m)=2^n-1$。假设有 64 片,即当 $n=64$ 时,共需多长时间或者说共需要移动多少次? 按每秒钟移动一次计算,一个平年 365 天有 31 536 000 s,闰年 366 天有 31 622 400 s,平均每年有 31 556 952 s,总共需要 18 446 744 073 709 551 615 s,即 5 845.54 亿年以上。而地球存在至今也不过 45 亿年,太阳系的预期寿命据说也就百亿年,真的过了那么久,地球上的一切生命,连同梵塔、庙宇可能都已经不知去向了。

由上面的例子可见,衡量可解问题的复杂度是计算机运行程序时要执行的运算数量,这个数量是决定所用时间的关键。例如,用程序对一个数列排序,这个问题可计算,但是问题复杂度却依赖于数列中元素的个数,如果元素个数也有 5000 多亿,就很难有解了。

1.3 计算思维

人们尝试在许多学科领域应用计算思维解决问题。当人们提出易被计算机解决或者通过大数据分析探寻内部规律的难题时,表明他们正在运用计算思维进行思考。计算思维带动了计算生物学、计算化学等领域的发展,同时也带来了能够运用在文学、社会研究和艺术方面的全新技术。计算思维很早就已来到我们身边,存在于我们生活各处。

例如,计算尺的发明是受到人们将复杂运算转换为简单计算的思维的启发,也就是把乘法变为加法来计算,如图 1-13 所示。

```
    3 0 8
  ×   2 4
  ─────────
  1 2 3 2
  6 1 6
  ─────────
  7 3 9 2
```

图 1-13 乘法变加法

又如,图灵提出用机器来模拟人们用纸笔进行数学运算的过程,他把这样的过程看成两个简单的动作:①在纸上写或擦除某一个符号;②把注意力从纸上的一个位置移动到另一个位置。图灵构造出这台假想的、被后人称为"图灵机"的机器可用十分简单的装置模拟人类所能进行的任何计算过程。

1.3.1 什么是计算思维

如何绘制人类完整的 DNA 序列?威廉·莎士比亚的著作是否全部是亲笔所著?是否能编写出可自主作曲的智能电脑程序?以上这三个现实问题有什么共性吗?要想回答这些问题,需要使用所谓的计算思维。那么,什么是计算思维呢?

1. 计算思维的定义

2006 年 3 月,美国卡内基梅隆大学(CMU)周以真教授在美国计算机权威期刊 *Communications of the ACM* 上提出并定义了计算思维(computational thinking)。

周以真认为,计算思维是运用计算机科学的基础概念进行问题求解、系统设计及人类行为理解等涵盖计算机科学之广度的一系列思维活动。

国际教育技术协会(ISTE)和计算机科学教师协会(CSTA)在 2011 年给计算机思维做了一个可操作性的定义,即计算机思维是一个问题解决的过程,该过程有以下几个特点。

(1)拟定问题,并能够利用计算机和其他工具的帮助来解决问题。

(2)符合逻辑地组织和分析数据。

(3)通过抽象(如模型、仿真等)再现数据。

(4)通过算法思想(一系列有序的步骤),支持自动化的解决方案。

(5)分析可能的解决方案,找到最有效的方案,并且有效地应用这些方案和资源。

(6)将该问题的求解过程进行推广,并移植到更广泛的问题中。

2. 计算思维的特征

周以真教授对计算思维的基本特征进行了如下描述。

(1)计算思维是人的,不是计算机的思维方式。计算思维是人类求解问题的思维方法,而不是要使人类像计算机那样思考。

(2)计算思维是数学思维和工具思维的相互融合。计算机科学本质上源于数学思维,但是受计算设备的限制,迫使计算机科学家必须进行工程思考,不能只是数学思考。

(3)计算思维建立在计算过程的能力和限制之上。需要考虑哪些事情人类比计算机做得好?哪些事情计算机比人类做得好?最根本的问题是,什么是可计算的?

(4)为了有效地求解一个问题,我们可能要进一步问:一个近似解是否就够了呢?是否允许漏报和误报?计算思维就是通过简化、转换和仿真等方法,把一个看似困难的问题,重新阐述成一个我们知道如何解决的问题。

(5)计算思维采用抽象和分解的方法,将一个庞杂的任务分解成一个适合计算机处理的问题。计算思维选择合适的方式对问题进行建模,使其易于处理。在我们不必理解系统每一个细节的情况下,就能够安全地使用或调整一个大型的复杂系统。

由此可以看出:计算思维以设计和构造为特征,是运用计算机科学的基本概念,进行问题求解、系统设计的一系列思维活动。

1.3.2 计算思维的应用

计算思维是一个高度跨学科的内容,我们可以在任何学科中找到其相关的应用,如表1-3所示。

表1-3 计算思维在各个领域中的应用

计算思维概念	应用领域
将问题分解为多个部分或步骤	文学:通过对韵律、韵文、意象、结构、语气、措施和含义的分析来分析诗歌
识别并发现模式或趋势	经济:寻找国家经济增长和下降的循环模式
开发解决问题或任务步骤的指令	烹饪艺术:撰写供他人使用的菜谱
将模式和趋势归纳至规则、原理或见解中	数学:找出二阶多项式分解法则
	化学:找出化学键(类型)及(分子间)相互作用规律

在表1-3中,所有技能都是计算思维涉及的技能或概念,这些技能被应用到文学、经济、烹饪艺术和音乐中。就本质来说,计算思维是计算机科学家的基本技能和思维方式。然而我们可以将它应用在任何学科领域或主题,并且,可以在设计流程或算法以解决问题过程中,随时应用这些思维技巧。

那么如何绘制人类基因序列呢?答案是借助算法与电脑程序给DNA中数以百万计的碱基对进行排序。如何破解莎士比亚著作之谜呢?答案是通过计算机分析莎士比亚作品的词汇、主题和风格,能够确认莎士比亚确实编著了自己名下所有的作品,实至名归。

至于如何实现智能作曲的问题,则可以通过计算思维发现已有音乐作品的存在方式与规律,编写程序,生成全新的音乐作品。今天的人类所面临的全球重大问题,都需要跨学科来解决。

在计算机科学中,抽象是一种被广泛使用的计算思维方法。本书中介绍的冯·诺依曼体系结构就是对现代计算机体系结构的一种抽象认识。在冯·诺依曼体系结构中,计算机由内存、处理单元、控制单元、输入设备和输出设备等五部分组成。这一体系结构屏蔽了实现上的诸多细节,明确了现代计算机应该具备的重要组成部分及各部分之间的关系,是计算机系统的抽象模型,为现代计算机的研制奠定了基础。

此外,借助于数学抽象(即数学模型),我们可以编写程序。程序设计就是把客观世界问题的求解过程映射为计算机的一组动作。用计算机能接受的形式符号记录我们的设计,然后运行实施。动作完成,得出的数据往往也不是问题解的形式,而是解的映射。例如,在交通控制程序中用高级语言输出的红、绿、黄信号灯多半是1、2、3这样的数字信号。

第2章 信息的表示及计算机系统

2.1 数 制

2.1.1 常用数字编码

数制也叫"进位计数制",一般用一组固定的数字符号线性排列,按照由低位向高位进位计数的规则来表示数目。在人们的社会生产活动和日常生活中,大量使用着各种进位计数制,除了使用最普遍的十进制外,还常用到七进制(7 天为 1 周)、十二进制(12 个月为 1 年)、六十进制(60 秒为 1 分,60 分为 1 小时)等。在数字计算机中数据在存储、处理和传送时采用二进制数,为了书写方便,还引入了八进制、十六进制和十进制等。

进位计数制涉及两个基本要素:基数和各个数位的位权。如果在一个采用进位计数制的数字系统中只使用了 R 个基本符号$(0,1,2,\cdots,R-1)$来表示数值,则称其为 R 进制数制,R 称为该数制的基数,而每一个数码所在位置对应的数值则称为位权。简言之,基数就是该进制中所允许选用的基本数码的个数,例如,十进制是逢十进一,每个数位上允许使用的数码是 $0,1,2,\cdots,9$ 共 10 个数码,所以十进制的基数为 10;位权的大小就是以基数为底,数码所在位置的序号为指数的整数次幂,例如,十进制数的个位数位置的位权为 $10^0=1$,十位数位置的位权为 $10^1=10$,百位数位置的位权为 $10^2=100$,小数点后第 2 位的位权为 $10^{-2}=0.01$。

一般来说,任意一个具有 n 位整数和 m 位小数的 R 进制数 N 都可以按位权展开表示为

$$(N)_R=d_{n-1}\times R^{n-1}+d_{n-2}\times R^{n-2}+\cdots+d_1\times R^1+d_0\times R^0+d_{-1}\times R^{-1}+\cdots+d_{-m}\times R^{-m}$$

计算机中的数是采用二进制表示的。为了书写和读取方便,有时还用到八进制和十六进制。

1. 二进制

二进制是逢二进一,每一位上的数码只能用 0 或 1 表示。例如$(01)_{10}=(001)_2$,$(02)_{10}=(010)_2$,$(03)_{10}=(011)_2$。即十进制数 $1,2,3$ 用二进制可以表示分别为 $001,010,011$。

计算机采用二进制的原因在于:①0 和 1 两个数可分别用物理器件中两种状态来表示,很容易用电器元件来实现。如开关的接通为 1,断开为 0;高电平为 1,低电平为 0 等,而要用

电路的状态来表示我们已熟悉的十进制等,就要制作出具有十个稳定状态的元件,这是相当困难的;②二进制的运算公式简单,计算机很容易实现;③0,1 可以和逻辑值"真""假"分别对应,方便计算机进行逻辑运算。

2. 八进制

二进制的缺点是表示一个数时需要的位数多,书写、读取数据和指令不方便。为了方便起见,通常将二进制数从低向高每三位组成一组,然后用相应的八进制规则表示的数据替换。例如有一个二进制$(100100001100)_2$,若将该数据从低向高每三位组成一组,即表示为$(100,100,001,100)_2$,它所对应的八进制数为$(4414)_8$。八进制数每个数位上允许使用的数码为 0~7,且逢八进一。

3. 十六进制

若将二进制数从低向高每四位组成一组,即$(1001,0000,1100)_2$,则每个数位上允许使用的数码为 $0(0000)$~$15(1111)$,且逢十六进一,即为十六进制。在十六进制中,大于 9 的数字为了和十进制区分,分别用 A、B、C、D、E、F 代表 10 到 15 这 6 个数,则上面的二进制数可以表示成十六进制数$(90C)_{16}$。

二进制、八进制、十六进制和十进制之间的对应关系如表 2-1 所示。

表 2-1　十进制、二进制、八进制、十六进制对照表

十进制	二进制	八进制	十六进制	十进制	二进制	八进制	十六进制
0	0000	000	0000	8	1000	10	8
1	0001	001	0001	9	1001	11	9
2	0010	010	0010	10	1010	12	A
3	0011	011	0011	11	1011	13	B
4	0100	100	0100	12	1100	14	C
5	0101	101	0101	13	1101	15	D
6	0110	110	0110	14	1110	16	E
7	0111	111	0111	15	1111	17	F

4. 有关的概念

(1)位也称比特,记为 bit 或 b,是最小的信息单位,表示 1 个二进制数位,它只具有"0"和"1"两个状态。

(2)字节记为 Byte 或 B,8 位二进制代码为一个字节,它是衡量信息数量或存储设备容量的单位。CPU 向存储器存取信息时,是以字(或字节)为单位的。

(3)字(Word)由字节构成,一般为字节的整数倍。也是表示存储容量的单位。

(4)字长是指参与一次运算的数的位数,它与指令长度有着对应关系。字长的大小还是衡量计算机精度和运算速度的一项技术指标。目前计算机字长一般为 64 位。

在计算机领域,为了便于二进制数的表示和处理,还有几个衡量数据容量的度量单位:K、M、G、T。

$$1K = 1024 = 2^{10}$$
$$1M = 1024K = 2^{20}$$
$$1G = 1024M = 2^{30}$$
$$1T = 1024G = 2^{40}$$

1K 字节为 1 KB,1M 字节记为 1 MB,1G 字节记为 1 GB,1T 字节记为 1 TB。

【例 2-1】把 1 962 934 272 bit 转换为 B、KB、MB 的表示形式

【解】1 962 934 272 bit = (1 962 934 272÷8)B = 245 366 784B

$$= (245\ 366\ 784 \div 2^{10})\text{KB} = 239\ 616\ \text{KB}$$

$$= (239\ 616 \div 2^{10})\text{MB} = 234\ \text{MB}$$

2.1.2 数值之间的相互转换

1. 二、八、十六进制数转换为十进制数

转换方法:把要转换的数按位权展开,然后进行相加计算。

【例 2-2】把 $(10101.101)_2$、$(2345.6)_8$ 和 $(2EF.8)_{16}$ 转换成十进制数。

【解】$(10101.101)_2 = 1×2^4 + 0×2^3 + 1×2^2 + 0×2^1 + 1×2^0 + 1×2^{-1} + 0×2^{-2} + 1×2^{-3} = 21.625$

$(2345.6)_8 = 2×8^3 + 3×8^2 + 4×8^1 + 5×8^0 + 6×8^{-1} = 1253.75$

$(2EF.8)_{16} = 2×16^2 + 14×16^1 + 15×16^0 + 8×16^{-1} = 751.5$

2. 十进制数转换为二、八、十六进制数

转换分两步:整数部分用 2(或 8、16)一次次地去除,直到商为 0 为止,将每次得到的余数按出现的逆顺序写出;小数部分用 2(或 8、16)一次次地去乘,直到小数部分为 0 或达到有效的位数为止,将得到的整数按出现的顺序写出。

【例 2-3】把 13.6875 转换为二进制数。

【解】

整数部分(13):

$$13 \div 2 = 6 \cdots\cdots 1$$
$$6 \div 2 = 3 \cdots\cdots 0$$
$$3 \div 2 = 1 \cdots\cdots 1$$
$$1 \div 2 = 0 \cdots\cdots 1$$
$$13 = (1101)_2$$

$$13.6875 = (1101.1011)_2$$

小数部分(0.6875):

$$0.6875 \times 2 = \underline{1}.375$$
$$0.375 \times 2 = \underline{0}.75$$
$$0.75 \times 2 = \underline{1}.5$$
$$0.5 \times 2 = \underline{1}.0$$
$$0.6875 = (0.1011)_2$$

【例 2-4】把 654.3 转换为八进制数,小数部分精确到 4 位。

【解】

整数部分(654):

$$654 \div 8 = 81 \cdots\cdots 6$$
$$81 \div 8 = 10 \cdots\cdots 1$$
$$10 \div 8 = 1 \cdots\cdots 2$$
$$1 \div 8 = 0 \cdots\cdots 1$$
$$654 = (1216)_8$$

$$654.3 \approx (1216.2314)_8$$

小数部分(0.3):

$$0.3 \times 8 = \underline{2}.4$$
$$0.4 \times 8 = \underline{3}.2$$
$$0.2 \times 8 = \underline{1}.6$$
$$0.6 \times 8 = \underline{4}.8$$
$$0.3 \approx (0.2314)_8$$

【例 2-5】把 6699.7 转换为十六进制数,小数部分精确到 4 位。

【解】

整数部分(6699):

$$6699 \div 16 = 418 \cdots\cdots 11(B)$$
$$418 \div 16 = 26 \cdots\cdots 2$$
$$26 \div 16 = 1 \cdots\cdots 10(A)$$
$$1 \div 16 = 0 \cdots\cdots 1$$
$$6699 = (1A2B)_{16}$$

$$6699.7 \approx (1A2B.B333)_{16}$$

小数部分(0.7):

$$0.7 \times 16 = \underline{11}.2(B)$$
$$0.2 \times 16 = \underline{3}.2$$
$$0.2 \times 16 = \underline{3}.2$$
$$0.2 \times 16 = \underline{3}.2$$
$$0.7 \approx (0.B333)_{16}$$

3. 二进制数转换为八、十六进制数

因为 $2^3 = 8$、$2^4 = 16$,所以 3 位二进制数对应 1 位八进制数,4 位二进制数对应 1 位十六进制数。二进制数转换为八、十六进制数时,以小数点为中心分别向两边按 3 位或 4 位分组,最后一组不足 3 位或 4 位时,用 0 向分组方向补足,然后把每 3 位或 4 位二进制数用相对应的八进制数或十六进制数替换即可。

【例 2-6】把 $(1010101010.1010101)_2$ 转换为八进制数和十六进制数。

【解】

$$001\ 010\ 101\ 010.\ 101\ 010\ 100$$
$$1\quad 2\quad 5\quad 2\ .\ 5\quad 2\quad 4$$

即
$$(1010101010.1010101)_2 = (1252.524)_8$$

$$\underline{0010}\ \underline{1010}\ \underline{1010}.\ \underline{1010}\ \underline{1010}$$
$$2\quad A\quad A.\quad A\quad A$$

即
$$(1010101010.1010101)_2 = (2AA.AA)_{16}$$

4. 八、十六进制数转换为二进制数

八、十六进制数转换为二进制数是"3."内容的逆过程,1 位八进制数对应 3 位二进制数,1 位十六进制数对应 4 位二进制数。

【例 2 - 7】把 $(1357.246)_8$ 和 $(147.9BD)_{16}$ 转换为二进制数。

【解】

$$\begin{array}{ccccccc} 1 & 3 & 5 & 7. & 2 & 4 & 6 \\ 001 & 011 & 101 & 111 \ . & 010 & 100 & 110 \end{array}$$

即 $\qquad (1357.246)_8 = (1011101111.01010011)_2$

$$\begin{array}{ccccccc} 1 & 4 & 7. & 9 & B & D \\ 0001 & 0100 & 0111 \ . & 1001 & 1011 & 1101 \end{array}$$

即 $\qquad (147.9BD)_{16} = (101000111.100110111101)_2$

2.2 数字信息的编码

在计算机中处理的数据分为数值型数据和非数值型数据两类。数值型数据指数学中的代数值,分为无符号数、带符号数、整数和实数,如 127、−123.45 等。那么数值数据中的正号、负号、小数点在计算机中如何表示呢?

由于计算机采用二进制,所以一切信息都要由 0 和 1 两个数字的组合,即二进制数字化编码来表示。

2.2.1 机器数和真值

在计算机中,对带符号数的正号和负号,也必须用"0"和"1"进行编码。通常把一个数的最高位定义为符号位,用 0 表示正,用 1 表示负,称为数符。其余位表示数值。把在机器(计算机)内存放的正、负号数码化的数称为机器数,而把机器外部由"+""−"号表示的数称为真值。真值一般用十进制表示。例如,真值为 +7 的 8 位机器数为 00000111;真值为 −7 的 8 位机器数为 10000111。

对无符号数,如用来表示年龄、内存地址等的数据,由于不涉及符号问题,所以在计算机中用一个数的全部有效位来表示数的大小。例如,真值为无符号整数 150 的 8 位二进制机器数为 10010110。

8 位机器数 11001101 若看作带符号数,则其真值为 −77;若看作无符号数,则其真值为 2050。

2.2.2 原码、反码和补码

带符号数的数值和符号都用二进制数码来表示,那么计算机对数据进行运算时,符号位应如何处理呢?是否也同数值位一起参加运算呢?为了妥善地处理好这个问题,就产生了把符号位和数值位一起进行编码的各种方法,这就是原码、反码和补码。

1. 原码

正数的符号位用"0"表示,负数的符号位用"1"表示,数值部分用真值的绝对值来表示的二进制机器数称为原码。用 $[X]_原$ 表示,设 X 为整数。例如:

$$X_1 = +77 = +1001101B \quad [X_1]_原 = 0 \ 1001101$$

$$X_2 = -77 = -1001101B \quad [X_2]_原 = 1\ 1001101$$

原码的特点如下。

(1)用原码表示数简单、直观,与真值之间转换方便。

(2)0 的表示不唯一:$[+0]_原 = 00000000$,$[-0]_原 = 10000000$。

(3)加、减法运算复杂。不能用原码直接对两个同号数相减或两个异号数相加,而必须首先判断数的正负,再决定使用加法还是减法,才能进行具体的计算。因而使机器的结构相应地复杂化或增加机器的运算时间。例如,将十进制数"+36"与"45"的两个原码直接相加:

$$[+36]_原 + [-45]_原 = 0\ 0100100 + 1\ 0101101 = 1\ 1010001$$

其结果符号位为"1"表示是负数;数值部分为"1010001",是十进制"81",所以计算结果为"81",这显然是错误的。

因此,为运算方便,在计算机中通常将减法运算转换为加法运算,由此引入了反码和补码。

2. 反码

正数的反码与其原码相同。负数的反码符号位为"1",数值位为其原码数值位按位取反。数 0 的反码也有两种不同的形式。表 2-2 所示为部分真值的原码、反码对照关系。

表 2-2 部分真值的原码、反码对照关系

真值	原码	反码
+127	01111111	01111111
+4	00000100	00000100
+0	00000000	00000000
-0	10000000	11111111
-4	10000100	11111011
-127	11111111	10000000

3. 补码

数的补码与模有关。模是指一个计数系统的计数量程或一个计量器的容量。任何有模的计量器,均可化减法为加法运算。例如,时钟的模为 12,若准确时间为 6 点,而当前时钟却指向 10 点,这时可以使用两种方法来调整时钟时间:一是倒拨时针 4 小时,即 $10-4=6$;二是正拨时针 8 小时,即 $10+8=12+6$,仍为 6 点。可见,在以 12 为模的系统中,加 8 和减 4 的效果是一样的。因此,可以说 4 的补码为 8,或者说 4 和 +8 对模 12 来说互为补码。

一个 n 位二进制计数器,它的容量为 2^n,则它的模为 2^n,它可以表示从 0 到 2^{n-1} 的共 2^n 个数,当它已经达到最大数 2^n 时,如果再加 1,计数器在最高位将溢出并变成全 0,即 n 位二进制计数器不能表示 2^n。或者说,2^n 和 0 在以 2^n 为模时,在计数器中表示形式是相同的。

补码的定义:

$$[X]_补 = 2^n + X$$

当 $X \geqslant 0$ 时，2^n 丢掉，得 $[X]_补 = [X]_原$

所以正数的补码与其原码相同。

当 $X < 0$ 时，$[X]_补 = 2^n + X = 2^n - |X| = (2^n - 1) - |X| + 1 = [X]_反 + 1$

所以负数的补码是其真值与模数相加。具体求补时，负数补码为其反末位码加1，即

$$[X]_补 = [X]_反 + 1$$

【例 2-8】写出真值 -127 的 8 位补码机器数。

【解】将真值的绝对值转换成二进制数：$|-127|_{10} = 1111111B$

写出原码：1 1111111（符号位为 1 表示负数，数值位为真值绝对值的二进制数）

写出反码：1 0000000（符号位为不变，数值位为其原码数值位按位取反）

写出补码：1 0000001（为其反码末位加 1）。

所以，真值 -127 的 8 位补码机器数为：10000001。

表 2-3 所示为真值 ± 4、± 0、± 127、-128 的 8 位二进制原码、反码、补码对照关系。

表 2-3　真值 ± 4、± 0、± 127、-128 的 8 位二进制原码、皮码、补码对照关系

真值	原码	反码	补码
$+127$	01111111	01111111	01111111
$+4$	00000100	00000100	00000100
$+0$	00000000	00000000	00000000
-0	10000000	11111111	00000000
-4	10000100	11111011	11111100
-127	11111111	10000000	10000001
-128	—	—	10000000

补码的特点如下。

(1)0 的补码只有唯一的一个，即 $[0]_补 = 00000000$。

(2)加、减法运算方便。当负数用补码表示时，可以把减法运算转化为加法运算。

(3)8 位二进制补码表示的整数范围为 $-128 \sim +127$；16 位二进制补码表示的整数范围为 $-32768 \sim +32767$；若机器字长为 n，则补码表示的整数范围为 $-2^{n-1} \sim +2^{n-1} - 1$

(4)由补码求真值：补码最高位为 1 表示真值为负数，真值的绝对值为补码数值位"按位求反末位加 1"的和。

【例 2-9】已知 $[X]_补 = D9H$，求 X 的真值。

【解】$[X]_补 = D9H = 11011001B$

$$X = -(0100110 + 1)B = -0100111B = -39$$

表 2-4 所示为 8 位二进制机器数的原码、反码和补码的对应关系。从表 2-4 可得出以下结论。

(1)8 位二进制数的表示范围：对无符号数为 $0 \sim 255$；原码、反码为 $-127 \sim +127$；补码为 $-128 \sim 127$。

（2）原码和反码对于 0 有两种表示方法，补码只有一种表示方法，即在补码中数 0 的表示形式是唯一的。

（3）对于正数，3 种编码都是一样的，即 $[X]_原=[X]_反=[X]_补$；对于负数 3 种编码都不同。在微型计算机中，一般使用补码来表示带符号数。

表 2-4　8 位二进制数的原码、反码和补码

8 位二进制	无符号数	原码	反码	补码
00000000	0	+0	+0	+0
00000001	1	+1	+1	+1
00000010	2	+2	+2	+2
…	…	…	…	…
01111101	125	+125	+125	+125
01111110	126	+126	+126	+126
01111111	127	+127	+127	+127
10000000	128	−0	−127	−128
10000001	129	−1	−126	−127
10000010	130	−2	−125	−126
…	…	…	…	…
11111101	253	−125	−2	−3
11111110	254	−126	−1	−2
11111111	255	−127	−0	−1

2.2.3　数的定点表示与浮点表示

现实世界中的数值数据不仅带有符号，而且通常含有小数。所以还要解决数值中的小数点的表示问题。在计算机中，并不是采用某个二进制位来表示小数点，而是用隐含规定小数点的位置来表示。

在计算机中，数的表示方法可分为定点和浮点两种表示方法。所谓定点表示法，就是小数点在数中的位置是固定不变的，又分为定点整数和定点小数，所表示的数称为定点数。所谓浮点表示法，就是小数点在数中的位置是浮动的，所表示的数称为浮点数。

1. 定点小数

定点小数是指小数点隐含固定在符号位的右边、最高数值位的左边的一种表示方法，小数点本身不占位置。定点小数表示法只能表示纯小数。用 $n+1$ 位二进制位表示的带符号小数可以写成：$N=N_s N_{n-2} N_{n-3} \cdots N_2 N_1 N_0$，其中 N_s 表示符号位，表示数的范围为 $|N| \leqslant 2^{n-1}-1$。带符号定点小数在计算机中的表示格式如图 2-1 所示。定点小数表示法主要用

在早期的计算机中。

数符 S_f	.（隐含小数点）尾数 S

图 2-1　定点小数存储格式

2. 定点整数

定点整数是指小数点隐含固定在数值最低位右边的一种表示方法，小数点本身不占位置。定点整数表示法只能表示纯整数。对带符号整数，符号位定义在最高位，用 n 位二进制位表示的带符号整数可以写成：$N = N_s N_{n-2} N_{n-3} \cdots N_2 N_1 N_0$，其中 N_s 表示符号位，表示数的范围为 $|N| \leqslant 2^{n-1} - 1$。对无符号整数，所有 n 位二进制位均用来表示数值，此时数值表示范围为 $0 \leqslant N \leqslant 2^n - 1$。带符号定点整数在计算机中的表示格式如图 2-2 所示。

数符 S_f	尾数 S（隐含小数点）.

图 2-2　定点整数存储格式

定点数表示法运算简单，但表示数的范围小，精度低。在数值运算时，大多数采用浮点表示法。

3. 浮点表示

浮点表示法用来表示带小数点的实型数。任何实数用科学（指数）计数法可以表示为 2 的整数次幂和绝对值小于 1 的纯小数相乘的形式：$N = \pm S \times 2^{\pm P}$。其中，$S$ 是 N 的有效数字部分，称为 N 的尾数，尾数为纯小数；P 是指数，称为 N 的阶码。例如，数 1101.101 可表示为

$$N = 1101.101 = 0.1101101 \times 2^4$$

在计算机中，通常用带符号定点小数表示尾数，一般用原码表示；用带符号定点整数表示阶码，一般用补码表示。数的小数点的实际位置由指数 P 来确定，所以这种表示数的方法称为浮点表示法，用浮点表示法表示的数称为浮点数。浮点数在计算机中的存储格式如图 2-3 所示。

阶符	阶码 P	数符	尾数 S

图 2-3　浮点数存储格式

浮点数的格式、字长因计算机而异。为尽可能保留有效数字的位数，浮点数常采用规格化表示法。规格化表示法是使数值最高位为有效数值位，即对于用原码表示的尾数，$\times\times$ 其最高位为 1；尾数用补码表示时，应满足尾数最高位数值位与符号位不同，即 $01\times\times\times$ 和 $10\times\times\times$。

例如，某计算机用 4 个字节表示浮点数，阶码部分为 8 位补码定点整数，尾数部分为 24 位原码定点小数。浮点数 $N = 1101.101 = 0.1101101 \times 2^4$ 的存储格式如图 2-4 所示。

31	30								24	23	22										0
0	0	0	0	0	0	1	0	0	0	1	1	0	1	1	0	1	0	…			0
阶符	阶码部分									数符	尾数部分										

图 2-4　浮点数示例

这种形式的浮点数目前高档微型计算机已不再采用。

现在众多计算机厂家采用的是 IEEE 标准规定的浮点数表示方式，IEEE 浮点数格式分单精度和双精度两种，单精度为 32 位，双精度为 64 位。奔腾系列处理器采用的就是这种浮点数表示方法，即 $(-1)^S 2^E (b_0. b_1 b_2 \cdots b_{p-1})$。

其中，$(1)^S$ 是该数的符号，$S=0$ 表示正数，$S=1$ 表示负数；E 为指数（$E=E_1 E_2 \cdots E_m$），它是一个带偏移量的整数，表示成无符号数；$b_0. b_1 b_2 \cdots b_{p-1}$ 是尾数，其中的 $b_0=1$，说明尾数为 1～2 的数，在表示成规格化形式时，b_0 与小数点一起被隐含起来。

单精度数的指数 E 用 8 位表示，偏移量为 +127，尾数包括符号位共 24 位，其二进制编码格式如图 2-5 所示。

双精度数的指数 E 用 11 位表示，偏移量为 +1023，尾数包括符号位共 53 位，其二进制编码格式如图 2-6 所示。

S	$E_1 E_2 \cdots E_8$	$b_1 b_2 \cdots b_{23}$
数符	指数+127	隐去 b_0 和小数点后的尾数

图 2-5 **IEEE 单精度浮点数格式**

S	$E_1 E_2 \cdots E_{11}$	$b_1 b_2 \cdots b_{52}$
数符	指数+1023	隐去 b_0 和小数点后的尾数

图 2-6 **IEEE 双精度浮点数格式**

【例 2-10】将十进制数 75.625 表示成单精度浮点数。

【解】

(1)将十进制数转换成二进制数：75.625=1001011.101B

(2)将二进制数化成规格化形式：1001011.101B=1.001011101×2^6 指数为 6，故 $E=6+127=133=10000101$B

(3)写出二进制表示的规格化的浮点数形式，如图 2-7 所示。

0	10000101	00101110100000000000000
数符	指数+127	隐去 b_0 和小数点后的尾数

图 2-7 **75.625 的单精度浮点数表示**

单精度浮点数表示数的范围是 $-2^{128} \times (2-2^{-23}) \leqslant N \leqslant 2^{128} \times (2-2^{-23})$，大约是 -3.4×10^{38}～3.4×10^{38}。双精度浮点数表示数的范围是 -1.7×10^{308}～1.7×10^{308}。

同样的字长，浮点表示法比定点表示法表示的数的范围大、精度高。浮点运算时可以不考虑尾数溢出，但运算复杂。

2.3 字符信息编码

2.3.1 西文信息编码

计算机不仅能进行数值型数据的处理,而且还能进行非数值型数据的处理。最常见的非数值型数据是字符数据。字符数据在计算机中也是用二进制数表示的,每个字符对应一个二进制数,称为二进制编码。

字符的编码在不同的计算机上应是一致的,这样便于交换与交流。目前计算机中普遍采用的是 ASCII(American Standard Code for Information Interchange)码,中文含义是美国标准信息交换码。ASCII 码由美国国家标准局制定,后被国际标准化组织(ISO)采纳,作为一种国际通用信息交换的标准代码。

ASCII 码用 7 位二进制数来表示数字、英文字母、常用符号(如运算符、括号、标点符号、标识符等)及一些控制符等。7 位二进制数一共可以表示 128 个字符:10 个阿拉伯数字 0~9(ASCII 码为 48~57)、52 个大小写英文字母(A~Z 的 ASCII 码为 65~90,a~z 的 ASCII 码为 97~122)、32 个标点符号和运算符,1 个空格字符和 33 个控制符,如表 2-5 所示。

表 2-5　ASCII 码表

ASCII 值	控制字符	ASCII 值	控制字符	ASCII 值	控制字符	ASCII 值	控制字符
0	NUT	32	(space)	64	@	96	、
1	SOH	33	!	65	A	97	a
2	STX	34	”	66	B	98	b
3	ETX	35	#	67	C	99	c
4	EOT	36	$	68	D	100	d
5	ENQ	37	%	69	E	101	e
6	ACK	38	&	70	F	102	f
7	BEL	39	,	71	G	103	g
8	BS	40	(	72	H	104	h
9	HT	41	)	73	I	105	i
10	LF	42	*	74	J	106	j
11	VT	43	+	75	K	107	k
12	FF	44	,	76	L	108	l
13	CR	45	—	77	M	109	m

续表

ASCII 值	控制字符	ASCII 值	控制字符	ASCII 值	控制字符	ASCII 值	控制字符
14	SO	46	.	78	N	110	n
15	SI	47	/	79	O	111	o
16	DLE	48	0	80	P	112	p
17	DCI	49	1	81	Q	113	q
18	DC2	50	2	82	R	114	r
19	DC3	51	3	83	X	115	s
20	DC4	52	4	84	T	116	t
21	NAK	53	5	85	U	117	u
22	SYN	54	6	86	V	118	v
23	TB	55	7	87	W	119	w
24	CAN	56	8	88	X	120	x
25	EM	57	9	89	Y	121	y
26	SUB	58	:	90	Z	122	z
27	ESC	59	;	91	[	123	{
28	FS	60	<	92	\	124	|
29	GS	61	=	93	]	125	}
30	RS	62	>	94	ˆ	126	~
31	US	63	?	95	—	127	DEL

ASCII 码本来是为信息交换所规定的标准,由于字符数量有限,编码简单,所以在计算机中输入、存储、内部处理时也往往采用这种标准。

2.3.2 中文信息编码

汉字编码是为汉字设计的一种便于输入计算机的代码。由于电子计算机现有的输入键盘与英文打字机键盘完全兼容。因而如何输入非拉丁字母的文字(包括汉字)便成了多年来人们研究的课题。汉字信息处理系统一般包括编码、输入、存储、编辑、输出和传输。编码是关键,不解决这个问题,汉字就不能进入计算机。

汉字也是一种字符数据,同样需要解决输入、存储、显示等问题。与之对应的就出现了汉字的输入码、国标码、机内码和字形码。

1. 输入码(外码)

汉字输入码也称汉字外码,是为将汉字输入计算机设计的代码。计算机传入我国后,在其中输入、输出和存储汉字是用户必然的需求。计算机的键盘从英文打字机键盘发展而来,用户可以方便地利用键盘输入英文,却无法直接输入中文。因此产生了汉字输入码。

计算机中汉字的输入方法可以分为自然输入和键盘编码输入两大类。其中自然输入包括手写输入和语音输入,虽然自然输入更加简单,但是手写输入速度慢,语音识别需要相对安静的环境。键盘编码输入是最主流的输入方法。键盘编码输入汉字具有如下两个优点,第一,它无需添加任何外部硬件设备,手写输入通常要添加手写笔,语音输入需要麦克风和声卡结合使用,而键盘编码输入只要基于计算机的键盘;第二,输入速度快、准确率高,手写输入的速度通常较低,语音输入易受到外界声音的干扰。

汉字输入码种类较多,选择不同的输入码方案,则输入的方法及按键次数、输入速度均有所不同。综合起来,汉字输入码可分为流水码、拼音类输入法、字形类输入法和音形结合类输入法几大类。

2. 国标码

汉字国标码,创建于 1980 年,是为了使每个汉字有一个全国统一的代码而颁布的汉字编码国家标准。每个汉字有个二进制编码,叫作汉字国标码。在我国汉字代码标准 GB2312—1980 中有 6763 个常用汉字规定了二进制编码。

GB2312—1980 将代码表分为 94 个区,对应第一字节;每个区 94 个位,对应第二字节,两个字节的值分别为区号值和位号值加 32(20H)。01～09 区为符号、数字区,16～87 区为汉字区,10～15 区、88～94 区是有待进一步标准化的空白区。GB2312 将收录的汉字分成两级:第一级是常用汉字计 3755 个,置于 16～55 区,按汉语拼音字母/笔形顺序排列;第二级汉字是次常用汉字计 3008 个,置于 56～87 区,按部首/笔画顺序排列。故而 GB2312 最多能表示 6763 个汉字。

3. 机内码

汉字机内码,又称为机内码、内码,指计算机内部存储、处理加工和传输汉字时所用的由 0 和 1 组成的代码。

其实汉字国标码从理论上说可以作为汉字的机内编码,但为了避免与西文字符的编码混淆(可能会把一个汉字编码看作 2 个西文字符的编码),故需要对国标码稍加修正才能作为汉字的机内编码。

由于汉字交换码两个字节值的范围都与西文字符的基本 ASCII 码相冲突,为了兼顾处理西文字符,还要将汉字国标码的两个字节分别加上 80H(即最高位均置为 1)构成。所以,机内码与区位码的关系如下:机内码高位=国标码高位+80H=区码+A0H;机内码低位=国标码低位+80H=位码+A0H。

4. 字形码

计算机显示或打印汉字时,把每个汉字看成一个图形,这个图形用点阵信息来描述,所有汉字的点阵信息按照机内码的顺序存储起来,叫汉字库。汉字库根据不同字体通常有多套。显示或打印汉字时,根据机内码找到相应的点阵信息,再作为图形显示或打印。"你"字的字形码示意图如图 2-8 所示。

0	0	0	0	1	0	0	0	1	0	0	0	0	0	0	0
0	0	0	0	1	0	0	0	1	0	0	0	0	0	0	0
0	0	0	0	1	0	0	0	1	0	0	0	0	0	0	0
0	0	0	1	0	0	0	1	1	1	1	1	1	1	1	0
0	0	0	1	0	0	0	1	0	0	0	0	0	0	1	0
0	0	1	1	0	0	1	0	0	0	0	0	0	1	0	0
0	1	0	1	0	1	0	0	0	0	0	0	1	0	0	0
0	0	0	1	0	0	0	0	0	0	0	1	0	0	0	0
0	0	0	1	0	0	0	0	1	0	0	1	0	0	0	0
0	0	0	1	0	0	0	1	0	1	0	1	0	0	0	0
0	0	0	1	0	0	1	0	0	1	0	0	1	1	0	0
0	0	0	1	0	1	0	0	0	1	0	0	0	1	0	0
0	0	0	1	0	0	0	0	0	1	0	0	0	0	0	0
0	0	0	1	0	0	0	0	1	0	0	0	0	0	0	0
0	0	0	1	0	0	0	0	0	1	0	0	0	0	0	0
0	0	0	1	0	0	0	0	0	1	0	0	0	0	0	0

图 2-8　"你"字的字形码示意图

汉字常见的字库有以下几种。

1)GB2312—1980

GB2312—1980(GB 是"国标"二字的汉语拼音缩写),由国家标准总局发布,于 1981 年 5 月 1 日实施。GB2312—1980 习惯上被称为国标码或 GB 码,它是简化汉字的一种编码形式,通行于我国大陆地区。

GB2312—1980 包括了图形符号(序号、汉字制表符、日文和俄文字母等 682 个)和常用汉字(6763 个,其中一级汉字 3755 个,二级汉字 3008 个)。GB2312—1980 将这些字符分成 94 个区,每个区包含 94 个字符。其中 1~15 区是图形符号,16~55 区是一级汉字(按拼音顺序排列),56~87 区是二级汉字(按部首顺序排列),88~94 区没有使用,可以自定义汉字。

根据国标码,每个汉字与一个区号和位号对应,反过来,给定一个区号和位号,就可确定一个汉字或汉字符号。例如,"青"在 39 区 64 位,"岛"在 21 区 26 位。

GB2312—1980 不仅是一个编码标准,而且还是一种汉字输入方法——区位码法。现在的汉字系统中都提供了此输入法。用区位码输入汉字时,首先要记住汉字的区号与位号,记忆量非常大。除了输入特殊字符外,几乎没有人用它大量输入汉字。

2)BIG-5

BIG-5 码是通行于我国台湾地区、香港特别行政区等的一个繁体字编码方案,俗称"大五码"。BIG-5 码并不是一个法定的编码方案,但它广泛应用于计算机业,尤其是因特网中,从而成为一种事实上的行业标准。

BIG-5 码是一个双字节编码方案,其第一字节的值在十六进制的 A0~FE,第二字节在 40~7E 和 A1~FE。因此,其第一字节的最高位总是 1,第二字节的最高位可能是 1,也可能是 0。

BIG-5 码收录了 13461 个符号和汉字,包括符号 408 个、汉字 13053 个。汉字分常用字和次常用字两部分,各部分中汉字按笔画/部首排列,其中常用字 5401 个、次常用字 7652 个。

3)GBK

GBK 是另外一种汉字编码标准,全称是"汉字内码扩展规范",于 1995 年 12 月 15 日发布并开始实施。GB 即"国标",K 是"扩展"的汉语的拼音第一个字母。

GBK 是对 GB2312—1980 的扩充并且与 GB2312—1980 兼容,即 GB2312—1980 中的任何一个汉字,其编码与在 GBK 中的编码完全相同。GBK 共收入 21886 个汉字和图形符号,其中汉字(包括部首和构件)21003 个,图形符号 883 个。微软公司自 Windows 95 简体中文版开始采用 GBK 编码。

4)Unicode

每个国家都有一套自己的编码,这样在本国打开其他国家的文件时,总会产生一系列的冲突,Unicode 的诞生就是为了解决这一系列的冲突。

Unicode 通常用两个字节表示一个字符(十分少见的字符会用到 4 个字节),Unicode 一直在不断地优化发展。

Unicode 编码只是为了解决各国间文件冲突的乱码问题,而不是取代 ASCII 及其他编码,因为统一使用 Unicode 编码会增大将近一倍多的存储空间。

5)UTF-8

基于节约的原则,出现了把 Unicode 编码转化为"可变长编码"的 UTF-8 编码。UTF-8 编码把一个 Unicode 字符根据不同的数字大小编码成 1~6 个字节,常用的英文字母被编码成 1 个字节,汉字通常是 3 个字节,只有很生僻的字符才会被编码成 4~6 个字节。如果你要传输的文本包含大量英文字符,用 UTF-8 编码就能节省空间了。

2.4 多媒体信息编码

2.4.1 图形图像信息的编码

1. 图像基础知识

眼睛看到的自然景观或图像,除了本身的形状、材质等特征外,还有一个重要的因素:颜色。在计算机中颜色对于图像的获取、存储和处理起着至关重要的作用。在认识图像之前,有必要先了解颜色的有关知识。

同一种光线条件下,之所以会看到不同景物具有各种不同的颜色,这是因为物体的表面具有吸收或反射不同光线的能力。光不同,眼睛就会看到不同的色彩。因此,色彩的产生是光对人的视觉和大脑发生作用的结果,需要经过"光—眼—神经"的过程才能见到色彩,是一种视知觉。

当人的眼睛受到 380～780 nm 范围内可见光谱的刺激以后,除了有亮度的反应外,同时产生色彩的感觉。一般情况下光进入视觉通过以下 3 种形式。

(1)光源。光源发出的色光直接进入视觉,像霓虹灯、日光灯、蜡烛等的光线都可以直接进入视觉。

(2)透射光。光源穿过透明或半透明物体后再进入视觉的光线,称为透射光。透射光的亮度和颜色取决于入射光穿过被透射物体之后所达到的光透射率及波长特征。

(3)反射光。反射光是光进入眼睛的最普遍的形式。在有光线照射的情况下,眼睛能看到的任何物体都是该物体的反射光进入视觉所致。

眼睛对可见光谱的光十分敏感,波长不同所产生的色觉有别,因此能辨别五彩缤纷的世界万物。物体色彩的显示方式多种多样。一类物体的色彩是由其本身辐射的光波形成的,这类物体称为发光体,如太阳、火焰、电灯等。发光体的颜色决定于所发色光的光谱成分。而自然界中绝大多数物体并不发光,它们的颜色是通过对照射光的吸收、反射或透射来显示的,这类物体称为非发光体。

当光(包括光源光、透射光、反射光)的刺激通过瞳孔到达视网膜,视网膜上有大量的视神经体,即锥状细胞和柱状细胞,会吸收光线。其中,锥状细胞有感受红、绿、蓝三基色光的细胞,能感受色彩。柱状细胞不能识别色彩,但感受光线明暗的能力强,在弱光下锥状细胞感受迟钝,由柱状细胞以明暗深浅辨别色彩。正常色觉的人,大致能区别 750 万种色彩。视神经受到光线刺激,转化为神经冲动,通过神经纤维,将信息传达到大脑的视觉中枢,产生色彩的感觉。

通常人们在通过视觉器官感知色彩的同时,往往伴随着其他感觉器官及大脑等的活动而产生综合性的知觉和意识活动。因此,当使用色影时,不仅要依据客观的科学知识,而且要结合印象、记忆、联想、象征,经验和传统习惯等以达到良好色彩效应。

按照图像在计算机中显示时不同的生成方式可以将图像分为矢量图(图形)和点位图(图像)。所谓矢量图,是用一系列计算机指令来表示一幅图,如点、线、曲线、圆、矩形等。这种方法实际上是用数学方法来描述一幅图,然后变成许多的数学表达式。在显示图时,也往往能看到画图的过程。例如,一幅画的矢量图形实际上是由线段形成的外框轮廓,由外框的颜色及外框所封闭的颜色决定一幅画显示出的颜色。绘制和显示这种图的软件通常称为绘图程序,如 Adobe Illustrator、CorelDraw 绘图软件。

矢量图文件一般较小。矢量图文件的大小主要取决于图的复杂程度。矢量图最大的优点是当它被放大、缩小或旋转等操作时不会失真。矢量图与分辨率无关,可以将它缩放到任意大小和以任意分辨率在输出设备上打印出来,都不会影响清晰度。因此,矢量图是文字(尤其是小字)和线条图形(如徽标)的最佳选择。然而,当图变得很复杂时,计算机就要花费很长的时间去执行绘图指令。此外,对于一幅复杂的彩色照片(例如一幅真实世界的彩照),恐怕就很难用数学来描述,因此它最大的缺点是难以表现色彩层次丰富的逼真图像效果,遇到这种情况往往就要采用点位图表示。

由于矢量图在表示方式上采用数学描述,直接通过坐标和公式定义图形,而非采用下面要讲述的图像所采用的像素点阵存储。因此,其在表示、存储、处理时不需要进行数字化。

点位图简称位图,与矢量图不同,它是把一幅图分成许多像素,每个像素用若干个二进制位来指定该像素的颜色、亮度等属性。一幅图由许多描述各个像素的数据组成,而这些数据组成一个文件来存储,这种文件即位图文件。位图文件大小与分辨率有关,换句话说,它包含固定数量的像素,代表固定的图像数据。因此,如果在屏幕上以较大的倍数放大显示,或以过低的分辨率打印,位图会出现锯齿边缘,或会遗漏细节。位图文件占据的存储器空间比较大,在表现复杂的图像和丰富的色影方面有明显的优势。点位图通常用扫描仪、摄像机、录像机、激光视盘及视频信号数字化卡等设备来获取,通过这些设备可把模拟的图像信号变成数字图像数据。

矢量图和点位图之间可以用软件进行转换,由矢量图转换成点位图采用光栅化(Rasterizing)技术,这种转换也相对容易。由点位图转换成矢量图用跟踪(Tracing)技术,这种技术在理论上说很容易,但在实际中很难实现,对复杂的彩色图像尤其如此。

2. 点位图的数字化

位图图像数字化是将空间分布和亮度取值均连续分布的模拟图像经采样和量化转换成计算机能够处理的数字图像的过程。

具体来说,就是在成像过程中,将一幅连续分布的图像先经过电视摄像机、转鼓、CCD电荷耦合器件和密度计等装置进行采样来获得离散化空间位置坐标后的离散的像素,再通过量化将像素灰度转换成离散的整数值,然后进行编码的过程。

采样就是对二维空间上连续的图像进行在水平、垂直方向上等间距的分割,分割结果为矩形网状结构,其中的微小方格称为像素点。采样决定图像质量,频率影响逼真度和存储需求。它的核心在于确定用多少个点来描绘一幅图像。其结果的质量通常由图像分辨率来评判。具体来说,就是在二维空间中,将连续的图像在水平和垂直方向上以相等间距进行网格状分割,这样形成的微小方格即为像素点。通过这一过程,一幅图像便被转化为由有限像素点所组成的集合。例如,一幅 640×480 分辨率的图像,意味着它由 640 乘以 480 等于 307 200个像素点所构成。

图像采样是一个至关重要的环节。如图 2-9(a)展示的是待采样的原始物体,而图 2-9(b)则是经过采样后的图像,每个小格代表一个像素点。采样频率,即每秒采样的次数,是衡量采样点间隔大小的关键指标。采样频率越高,所得图像样本越逼真,图像质量越高,但相应的存储需求也会增加。

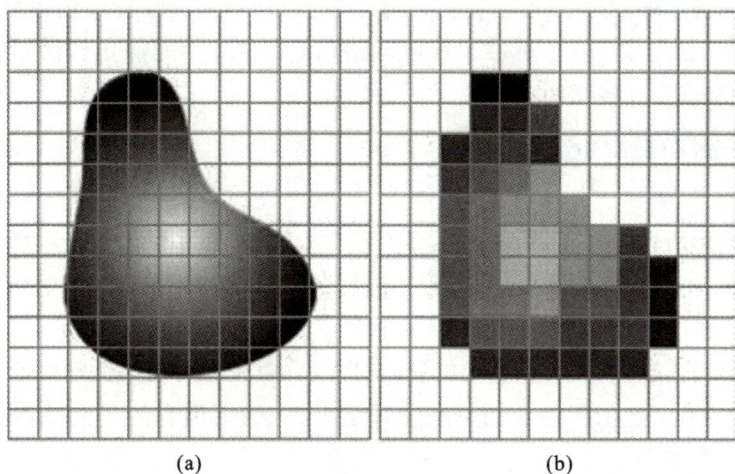

(a)　　　　　　　　　　(b)

图 2-9　图像的采样

采样点间隔的选取对图像采样的质量有着直接影响。一般来说，原图像中的画面越复杂、色彩越丰富，采样间隔应当设置得越小。根据信号采样原理，为了精确地从取样样本中复原图像，必须遵循奈奎斯特定理：图像采样的频率必须大于或等于源图像最高频率分量的两倍。图像采样的原理如图 2-10 所示。

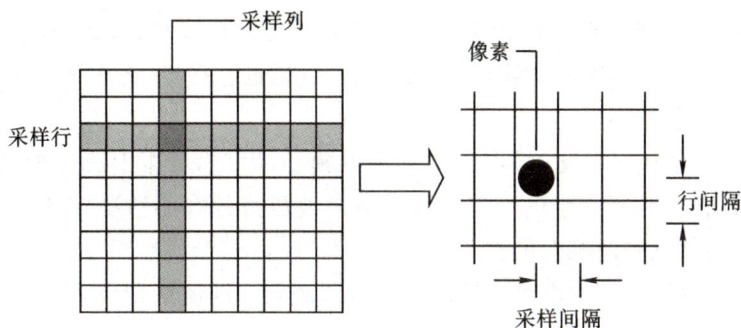

图 2-10　采样示意图

量化决定颜色总数，增加位数提升图像细节及存储需求。它涉及使用多大范围的数值来描述图像采样后的每个像素点。例如，若以 4 位数值存储一个像素点，则该图像只能展现 16 种颜色；而采用 16 位存储时，颜色数则高达 65 536 种。

经过采样和量化后，我们得到的空间上离散分布、灰度取值有限的数字图像。只要采样点数足够多，量化比特数足够大，数字图像的质量就能与原始模拟图像相媲美。

量化过程中，所确定的离散取值个数被称为量化级数。而表示这些量化色彩值（或亮度值）所需的二进制位数，则称为量化字长。常见的量化字长有 8 位、16 位、24 位等，它们决定了图像颜色的精度。

数字化后的图像数据量庞大，编码压缩技术扮演着至关重要的角色，能够有效减少存储需求。目前已存在多种编码压缩技术，如预测编码、变换编码、分形编码及小波变换图像压缩编码等。

为了推动图像压缩的标准化进程,国际电信联盟(ITU)、国际标准化组织(ISO)及国际电工委员会(IEC)制定了 JPEG 标准、MPEG 标准以及 H.261 等静止和活动图像编码的国际标准,这些标准确保了技术的兼容性。

3. 声音数据的数字化

1)音频相关概念

在日常生活语言中,一般习惯上将"音颜"和"声音"这两个概念等同起来。人之所以能感受到声音最主要的原因是耳蜗里面的听觉细胞会震动。关于声音的理解和定义有两个不同领域的表述。

物理学上,声音被看成一种波动的能量,即声波。声波是由物体振动所产生并在介质中传播的一种波,具有一定的能量。同时在物理学上,一般用声音的 3 个基本特性来描述声音,即频率、振幅和波形。

生理学上,声音是指声波作用于听觉器官所引起的一种主观感觉。声音的主观感觉是听觉的主观属性,属于心理学范畴。人的感觉不像麦克风的测试系统那样绝对化,人类对物理量的响应通常与所描述的物理单位量并不一致,因为这里存在一个心理物理量的问题。这就是为什么会出现人们对声音量的主观描述,如响度、音调、音色和音长等。

尽管这两个关于声音的理解含义有所不同,但它们之间有一定的内在联系。在物理学上声音的频率、振幅和波形 3 个基本特性,对应到人耳的主观感觉就是音调、响度和音色。具体来说,所谓频率,即发声物体在振动时,单位时间内的振动的次数,单位为赫兹(Hz)。一般来说,物体振动越快,频率就越高,人感受到的音调也越高,反之亦然。这也是为什么把声音称之为"音频"的主要原因。

振幅是指发声物体在振动时偏离中心位置的幅度,代表发声物体振动时动势能的大小。振中幅是由物体振动时所产生的声音的能量或声波压力的大小所决定的。声能或声压越大,引起人耳主观感觉到的响度也越大。

音色是指声音的纯度,它由声波的波形形状所决定。即使某种声音的振动和频率都一样,也就是说它们的音调高低、声音强弱都相同,但它们的波形不一样,听起来也会有明显的区别。例如,听音乐时,因为音色不同,人们能分辨出胡琴、小提琴和钢琴等乐器。日常生活中人们听到的多是复合音,单纯的纯音是很少的。实验室的音频发生器和耳科医生用来检查病人听觉用的音叉能发出纯音。

按照人耳可听到的频率范围,声音可分为超声、次声和正常声。人耳不是对所有物体的振动都能听得见。物体振动次数过低或过高,人耳都不能感受到。人耳可感受声音频率的范围为 20~20 000 Hz。声音高于 20 000 Hz 为超声波,低于 20 Hz 为次声波。

按照声音的来源以及作用可分为人声、乐音和响音。人声包括人物的独白、对白、旁白、歌声、啼笑、感叹等;乐音也可称为音乐,是指人类通过相关乐器演奏出来的声音,如影视作品中的背景声音,一般起着渲染气氛的作用;响音是指除语言和音乐之外电影中所有声音的统称,也称为音响,如动作音响、自然音响、背景音响、机械音响、特殊音响。

2)音频数字化

数字音频是指用一连串二进制数据来保存的声音信号。这种声音信号在存储和电路传输及处理过程中,不再是连续的信号,而是离散的。关于离散的含义,可以这样去理解,比如说某一数字音频信号中,数据 A 代表的是该信号中的某一时间点 a,数据 B 是记录的时间点 b,那么时间点 a 和时间点 b 之间可以分多少时间点,就已经固定,而不是无限制的。也就是说在坐标轴上描述信号的波形和振幅时,模拟信号是用无限个点去描述,而数字信号是用有限个点来描述,如图 2-11 所示。

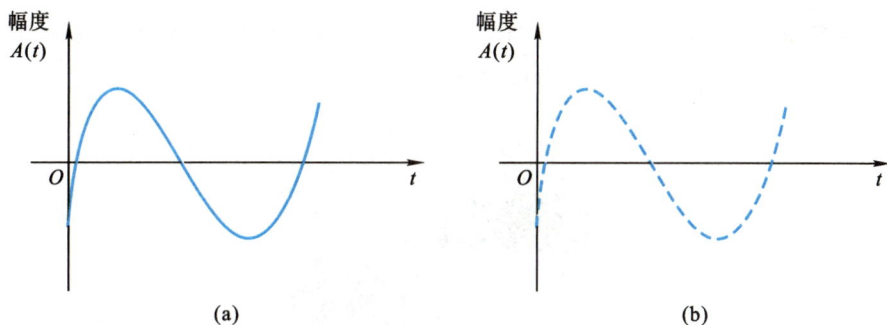

图 2-11　模拟信号和数字信号的区别

数字音频只是在存储和传输处理过程中采用离散的数据信号方式,而非全部的音频处理过程。因为在采集数字音频时的处理对象(音源信号)以及还原数字音频时所得信号其实都还是模拟信号。数字信号与模拟信号相比较而言,具有处理技术简单、传输过程中无噪声以及可多次无损复制等优点。音频处理倾向于采用数字音频技术,而且只需一台多媒体计算机和简单的配套设施,人们就可以组建起个人音频工作室。

通常情况下,要获得数字化的音频信号,可以考虑两种途径:第一种途径就是将现场声源的模拟信号或已存储的模拟声音信号通过某种方法转换成数字音频;第二种途径就是在数字化设备中创作出数字音频,如电子作曲。一般而言,第一种途径即为音频数字化,通常经过 3 个阶段,即"采样—量化—编码"。

音频数字化过程的具体步骤如下。

(1)将麦克风转化过来的模拟电信号以某一频率进行离散化的样本采集,这个过程就称为采样。

(2)将采集到的样本电压或电流值进行等级量化处理,这个过程就是量化。

(3)将等级值变换成对应的二进制表示值(0 和 1),并进行存储,这个过程就是编码。通过这 3 个环节,连续的模拟音频信号即可转换成离散的数字信号——二进制的 0 和 1。

在采样过程中,具体的操作就是每隔一定的时间去测量对应时间点的电流或电压幅度值,用这一个时间点的幅度值去代表在该点前后间隔之间的全部幅度值。例如,用 10 ms 的时间间隔去测得某一音频信号第一秒钟的幅度值为 1 V,那么也就代表在采样后第 1 秒与第 1.01 s 之间全部的幅度值都为 1 V,没有其他的变化值。而在实际模拟信号中,第 1 秒与第 1.01 s 之间,肯定还有其他的幅度变化值。

而在量化的过程中,要决定的问题是定义多少伏特为一个等级,并将 1 V 变换成对应的等级,例如可以定义 0.5 V 为一个等级,那么 1 V 的等级数值就为"2",1.6 V 就为"3",需要注意的是这里的等级都是整数,没有小数等级。

在编码的过程中,则是要将量化的等级值变换成二进制数值,便于数字处理。例如,将"2"编码形成"1","3"编码形成"11",这样就可以方便数字处理芯片进行脉冲传输和加工。量化过程中的等级也决定了编码过程中二进制数据的位数。

数字化过程中,有两个指标非常重要,直接决定了数字音频最终还原出来的声音质量,一是量化深度,也可称为量化分辨率,是指单位电压值和电流值之间的可分等级数;二是采样频率,即采样点之间的时间间隔。这两者与音质还原的关系是,采样频率越高,量化深度越大,声音质量越好。图2-12为采样与量化示意图。

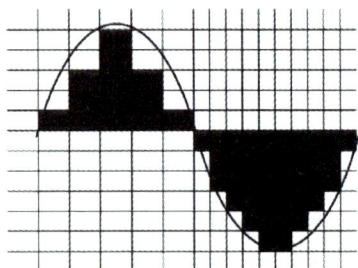

图2-12　采样与量化示意图

如图2-12所示,横坐标是时间轴(采样频率),纵坐标是幅度值(量化分辨率),曲线代表的是模拟信号对应的波动曲线,带颜色的方格是采样量化后所得结果。由图中可知,当频率越小(时间间隔越短),量化深度(量化分辨率)越大,两者的轮廓越吻合,这也说明数字化的信号能更好地保持模拟音频信号的形状,有利于保持原始声音的真实情况。在数字音频的衡量指标中,采样频率的单位是Hz,量化深度一般用比特(b)来度量。例如,某一音频的数字化指标是44.1 kHz,8 b。那么这里的44.1 kHz比较容易理解,但8 b并不是说把某一单位的电压(电流)分成8份,而是分成$2^8 = 256$份;同理16位是把纵坐标分成$2^{16} = 65\ 536$份。

通常情况下,在音频数字化的过程中,设置的采集频率可以选择3种:32 kHz、44 kHz、48 kHz。特别是在CD制作过程中,一般的采样频率是44.1 kHz,那么为什么会设置这3个档次呢?如图2-13所示,上半部分表示原始音频的波形;下半部分表示录制后的波形;点表示采样点。

大家可以发现,上下波形之所以不吻合,是因为采样点不够多,或是采样频率不够高。这种情况,称为低频失真。

关于合理的采样频率这一问题在奈奎斯特(Nyquist)定理中早已有明确的答案:要想不产生低频失真,则采样频率至少是录制的最高频率的两倍(图2-13中,采样频率只是录制频率的4/3倍),这个频率通常称为Nyquist极限。

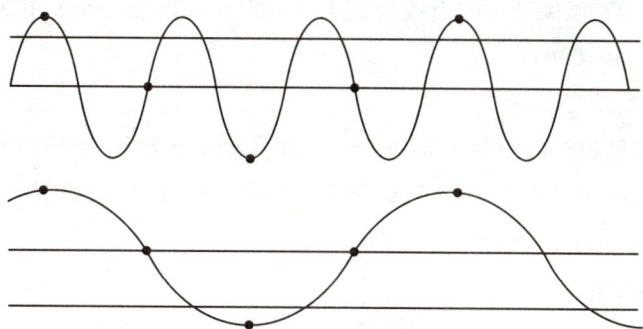

图 2 - 13　采样频率对波形的影响

2.5　信息的校验

信息在传输过程中会受到来自信道内外的干扰和噪声的影响,从而使接收端接收到的数据与发送端发送的数据出现不一致的现象,产生差错。所以信息通信系统必须具有发现和检验差错,以及对发生的差错进行纠正的功能,尽量把差错限制在数据传输所允许的尽可能小的范围内。

差错控制的核心是差错控制编码,其基本思想是对信息序列的某种变换,使原来彼此独立、没有相关性的信息码元产生相关性,接收端能据此校验和纠正传输序列中的错误。

差错控制编码分为检错码和纠错码两种。检错码采用的基本策略是在要发送的数据块上附加足够的冗余位,使接收端知道有错误发生,但不知道是什么样的差错,然后接收端发出重发请求,让发送端重发该数据块。纠错码采用的策略是在要发送的数据块上附加足够的冗余信息,使接收端能够推导出所发送的字符。常用的检错码有奇偶校验码、海明码校验方法和循环冗余校验方法(CRC 码)。

以下介绍几个名词概念。

码字:由若干代码组成的一个字,如 8421 码中 6(0110),7(0111)。

码距:一种码制中任意两个码字间的最小距离。

距离:两个码字之间不同的代码个数。8421 码中,最小的码距为 1,如 0000 和 0001、0010 和 0011 等;最大码距为 4,如 0111 和 1000。8421 码的码距为 1。

码距为 1,即不能查错也不能纠错。码距越大,查错、纠错能力越强。

1. 奇偶校验法

奇偶校验法是计算机中广泛采用的检查传输数据准确性的方法。

奇偶校验法的原理:在每组数据信息上附加一个校验位,校验位的取值(0 或 1)取决于这组信息中"1"的个数和校验方式(奇或偶校验)。如果采用奇校验,则这组数据加上校验码位后数据中"1"的个数应为奇数个;如果采用偶校验,则这组数据加上校验码位后数据中"1"的个数应为偶数个。

例如:八位信息"10101011"中共有 5 个"1",附加校验位后变为九位。若采用奇校验,则附加的校验位应取"0"值,保证 1 的个数为奇数个,即 010101011;若采用偶校验则附加的校验位应取"1"值,即 110101011。

奇偶校验的特点:

(1)奇偶校验法使数据的码距为 2,因而可检出数据传送过程中奇数个数位出错的情况;

(2)实际中两位同时出错的概率极低,奇偶校验法简便可靠易行,但它只能发现错误,却不知错在何处,因而不能自动纠正。

2. 海明码校验方法

海明码校验方法以奇偶校验法为基础,其校验位不是一个而是一组,故其码距大于 2。海明码校验方法能够检测出具体错误并纠正。原理是在数据中加入 r 个校验位,将数据的码距按照一定规则拉长。r 个校验位可以表示 2^r 个信息,除一个表示无误信息外,其余 2^r-1 个信息可以用来标明错误的具体位置,但由于校验位本身也可能在传送中出错,所以只有 2^r-1-r 个信息可用,即 r 位校验码只可标明 2^r-1-r 个错误信息。r 的取值应满足 $2^r \geqslant k+r+1$,k 是被传送数据的位数。

例如 用 4 个校验位能可靠传输 $2^4-1-4=11$ 位信息;而要校验 32 位数据则需至少 6 个校验位。

如要使用海明码校验方法来检测与自动校正一位错并发现两位错,则此时校验位的位数 r 和数据位的位数 k 应满足 $2^{r-1} \geqslant k+r$。

3. 循环冗余校验方法(CRC 码)

循环冗余校验方法的原理:在 k 位信息后加 r 位校验码,通过某种数学公式建立信息位和校验位之间的约定关系——能够校验传送信息的对错,并且能自动修正错误,该方法广泛用于通信和磁介存储器中。

1)CRC 码的编码方法

CRC 码的编码长度为 $n=k+r$ 位,故 CRC 码又叫 (n,k) 码。其编码方法如下:假设被传送的 k 位二进制信息位用 $C(x)$ 表示,系统选定的生成多项式用 $G(x)$ 表示,将 $C(x)$ 左移,左移的位数为 $G(x)$ 的最高次幂(即需要添加的校验位的位数 r),写作 $C(x) \cdot 2^r$,然后将 $C(x) \cdot 2^r$ 除以生成多项式 $G(x)$,所得商用 $Q(x)$ 表示,余数用 $R(x)$ 表示,记作

$$C(x) \cdot 2^r / G(x) = Q(x) + R(x)/G(x)$$

上式两边同时乘以 $G(x)$ 并左移 $R(x)$,得到

$$C(x) \cdot 2^r - R(x) = Q(x) \cdot G(x)$$

由于 CRC 编码采用的加、减法是按位加减法,即不考虑进位与借位,如 $0+0=0,0+1=1,1+0=1,1+1=0$。故有

$$C(x) \cdot 2^r + R(x) = Q(x) \cdot G(x)$$

等式左边即为所求的 n 位 CRC 码,其中余数表达式 $R(x)$ 就是校验位(r 位)。且等式两边都是 $G(x)$ 的倍数。发送信息时将等式左边生成的 n 位 CRC 码送给对方。当接收方接收到 n 位编码后,同样除以 $G(x)$,如果传输正确,则余数为 0;否则,则可以根据余数的数值

确定是哪位数据出错。

【例 2 - 11】有一个(7,4)码(即 CRC 码为 7 位,信息码为 4 位),已确定生成多项式为

$$G(x)=x^3+x+1=1011$$

被传输的信息为 $C(x)=1001$,求 $C(x)$ 的 CRC 码。

【解】$C(x)$ 左移 $r=n-k=3$ 位,即

$$C(x) \cdot 2^r=1001 \cdot 2^3$$

将上式做模 2 除,除以给定的 $G(x)$

$$1001000/1011=1010+110/1011$$

得到余数表达式 $R(x)=110$。所求 CRC 码为

$$C(x) \cdot 2^3+R(x)=1001000+110=1001110$$

将接收到的 CRC 码除以约定的生成多项式 $G(x)$,如果余数为 0,则传输无误;否则传输错误,根据所得余数值就可找出错误并取反纠正。

2)生成多项式 $G(x)$ 的确定

$G(x)$ 是一个约定的除数,用来产生校验码。$G(x)$ 不是随意选择的,而要从检错和纠错的要求出发,并应满足下列要求:

(1)任何一位发生错误都应使余数不为 0;

(2)不同位发生错误应使余数不同;

(3)余数继续做模 2 除,应使余数循环。

3)CRC 的译码与纠错

首先将收到的循环校验码用约定的生成多项式 $G(x)$ 去除,如果码字无误则余数应为 0;如某一位出错,则余数不为 0,不同位数出错余数不同。

如果循环码有一位出错,用 $G(x)$ 作模 2 除将得到一个不为 0 的余数。如果对余数补 1 个 0 继续除下去,我们将发现一个现象:各次余数将会按一定顺序循环。如果在求出余数不为 0 后,一边对余数补 0 继续做模 2 除,一边让被检错的校验码字循环左移,就得到一个纠正后的码字。这样我们就不必像海明码校验方法那样用译码电路对每一位提供纠正条件,尤其当位数增多时,循环码校验能有效降低硬件成本。

2.6　计算机系统组成、实现及工作过程

本节首先介绍冯·诺依曼计算机组成结构,然后从硬件系统和软件系统两个方面介绍计算机系统的实现,最后介绍计算机系统的基本工作过程,即程序的执行过程和指令的执行过程。

2.6.1　计算机系统组成

1945 年 6 月,美籍匈牙利数学家冯·诺依曼等提出了"存储程序控制"的计算机系统组成结构,即冯·诺依曼结构,这在计算机发展史中是一个里程碑式的事件,其奠定了现代计

算机的基础。此后的计算机系统组成结构虽经不断发展,但总体上都采用了冯·诺依曼结构。冯·诺依曼结构概括起来主要有以下特点。

(1)指令和数据均采用二进制来表示。

(2)计算机由运算器、控制器、存储器、输入设备和输出设备5大功能部件组成。

(3)编好的程序和原始数据事先存入存储器中,然后再执行。

最早的冯·诺依曼结构以运算器为核心,这种结构存在一些固有的缺陷,此后经多次改进,现代计算机采用以存储器为核心的组成结构,如图2-14所示。

图2-14所示为5大功能部件之间的连接关系,还显示了计算机中数据和控制信息的流动,反映了计算机的基本工作原理,简单来说,就是程序、数据从输入设备输入到存储器中,再通过运算器进行运算处理并回送到存储器中,最后数据经输出设备输出。需要强调的是,这一系列的动作都是在控制器的控制下自动进行的。

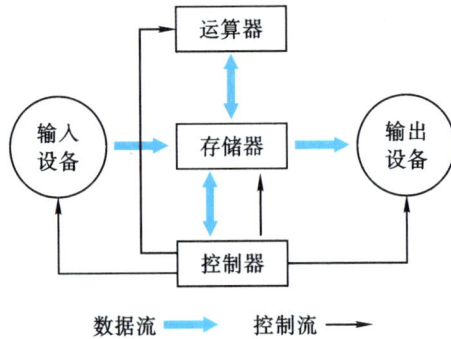

图2-14 以存储器为核心的计算机组成结构

1. 运算器

运算器是对数据进行处理和运算的部件。运算器的主要部件是算术逻辑单元(Arithmetic Logic Unit,ALU),另外还包括一些寄存器。它的基本操作是进行算术运算和逻辑运算。算术运算是按算术规则进行的运算,如加、减、乘、除等;逻辑运算一般指非算术性质的运算,如比较大小、移位、逻辑"与"、逻辑"或"、逻辑"非"等。在计算机中,一些复杂的运算往往是通过大量简单的算术运算和逻辑运算来完成的。图2-15所示为一个简单的运算器的示意图。

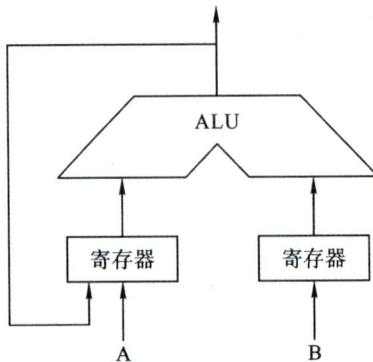

图2-15 简单的运算器的示意图

2. 存储器

存储器是用来存储程序和数据的部件,它存储的内容是当前要执行的程序、数据及中间结果和最终结果。存储器又按照是否可以被 CPU 直接访问可分为内部存储器和外部存储器。常见的存储器的分级情况如图 2-16 所示,其中高速缓冲存储器(Cache)、内存均属于内部存储器。硬盘属于外部存储器。

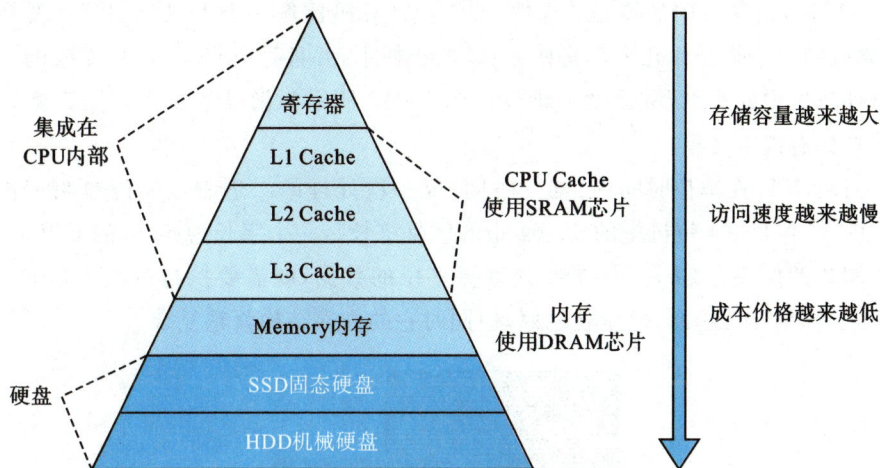

图 2-16　常见的存储器分级机制

3. 控制器

控制器是计算机的指挥中心,其主要功能是指挥计算机各部件协调工作。控制器一般由程序计数器(Program Counter,PC)、指令寄存器(Instruction Register,IR)、指令译码器(Instruction Decoder,ID)和操作控制器组成。程序计数器(PC)用来存放当前要执行的指令地址,它有自动加 1 的功能。指令寄存器(IR)用来存放当前要执行的指令代码。指令译码器(ID)用来识别 IR 所存放的将要执行指令的性质。操作控制器根据指令译码器对将要执行的指令的译码结果,产生出实现该指令的全部动作的控制信号。

4. 输入设备

输入设备是将用户的程序、数据和命令输入计算机内存储器(内存)的设备,常见的输入设备有鼠标、键盘、扫描仪等。

5. 输出设备

输出设备是显示、打印或保存计算机运算和处理结果的设备。常见的输出设备有显示器、打印机等。

通常把运算器、控制器、高速缓冲存储器、内部总线、寄存器合称为中央处理单元(Central Processing Unit,CPU),它是计算机的核心部件。将 CPU 和内存合称为"主机",把输入设备和输出设备及其他辅助设备合称为外部设备(外设)。

2.6.2　计算机系统的实现

一个完整的计算机系统由硬件系统和软件系统组成。下面以微型计算机系统为例,介绍计算机的硬件系统和软件系统。

1. 计算机硬件系统

微型计算机硬件系统中常见的部件有 CPU、内存储器、外存储器、输入/输出设备、主板等,下面分别对这些部件进行介绍。

1)CPU

CPU 是计算机硬件中最核心的部件,如果把计算机比作一个人,那么 CPU 就是人体的大脑,计算机的每一个操作几乎都是在 CPU 的指挥下,并且是由 CPU 执行完成的。通常把用在微型计算机中的 CPU 称为微处理器。图 2-17 所示为微处理器实物图。微处理器的主要性能指标有以下几项。

(1)字长:CPU 在单位时间内(同一时间)能一次处理的二进制数的位数叫字长。人们通常所说的 32 位机、64 位机中的 32、64 指的就是字长。一个字长为 64 位的 CPU 一次能处理的二进制数的位数为 64 位,如果要处理更多位的数据,就需要执行多次。显然,CPU 的字长越长,工作精度就越高,性能就越好,但同时它的内部结构就越复杂。

图 2-17　i7 处理器

(2)主频:也叫作工作频率,是表示 CPU 工作速度的重要指标。例如,人们常说的 i7 3.6 GHz,这个 3.6 GHz(3 600 MHz)就是 CPU 的主频。通常,在其他性能指标都相同的情况下,CPU 的主频越高,CPU 的运算速度就越快。

(3)地址总线的宽度:地址总线宽度决定了 CPU 可以访问的物理地址空间,简单地说就是 CPU 到底能够使用多大容量的内存。例如,地址总线宽度为 32 位的 CPU,最多可以直接访问的内存物理空间为 2^{32} bit,即 4096 MB(4 GB)。

(4)数据总线的宽度:数据总线负责整个系统的数据传输,数据总线宽度决定了 CPU 与二级高速缓存、内存以及输入/输出设备之间一次数据传输的信息量。通常情况下,数据总线越宽,则数据传输速度越快。

2)内存储器

内存储器简称为内存,也称为主存,是计算机中重要的部件之一,其作用是暂时存放 CPU 中正在运行的程序或数据。内存是 CPU 能直接访问的存储空间,计算机中程序的运行都是在内存中进行的,它是与 CPU 进行沟通的桥梁。图 2-18 中的存储器指的就是内存。微型计算机的内存一般是采用大规模集成电路工艺制成的半导体存储器,这类存储器具有密度大、体积小、重量轻、存取速度快等优点。微型计算机内存一般又可分为两类:随机存储器(Random Access Memory,RAM)和只读存储器(Read Only Memory,ROM)。

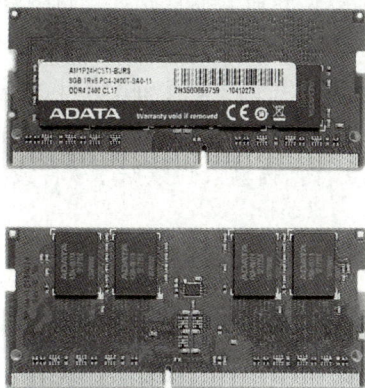

图 2 - 18　DDR4 存储器

(1)随机存储器(RAM):RAM 具有两大特点,一个特点是可读可写性,也就是既可以从中读取数据,也可以写入数据;另一个特点是数据易失性,即当机器电源关闭时,存于其中的数据就会丢失。根据数据存储原理的不同,RAM 又可分为动态 RAM(Dynamic RAM,DRAM)和静态 RAM(Static RAM,SRAM)。动态 RAM 采用 MOS 管的栅极电容存储数据,由于电容会放电,存储的信息会逐渐丢失。为保持所存储的数据,必须周期性地对其进行刷新(对电容充电),这就是动态的含义。微型计算机中的内存条(见图 2 - 18)即动态 RAM。静态 RAM 用触发器作为存储单元,只要不掉电即可稳定地存储数据,而无需刷新。因此静态 RAM 存取速度更快,但成本较高。目前微型计算机中一般会包含少量的静态 RAM,通常被称为高速缓冲存储器。

(2)只读存储器(ROM):ROM 的两大特点是只读性和非易失性。在制造 ROM 的时候,数据或程序就被存入其中并永久保存,这些信息只能读出,不能写入(只读性),即使机器停电,这些数据也不会丢失(非易失性)。ROM 一般用于存放计算机的基本程序和数据,如微型计算机中的 BIOS ROM。

内存的主要性能指标有以下几项。

(1)容量:内存容量是决定微型计算机性能的一个重要标志,存储容量是指存储器所能容纳的二进制数据信息的容量,常用来描述存储容量的单位还有 B(字节)、KB(千字节)、MB(兆字节)、GB(吉字节)、TB(太字节)等。

(2)存取速度:内存的存取速度是决定微型计算机性能的另一个重要指标,内存的存取速度以存储器的访问时间来衡量。访问时间指存储器从接收到数据读/写地址开始,到对该地址相对应的存储单元进行数据读写结束所用的时间。内存的存取速度比外存的存取速度快,比 CPU 的存取速度慢。

3)外存储器

外存储器是和内存储器相对应的一个概念,外存储器是用来存储暂时不被使用的静态程序或数据信息的,当这些数据信息需要被使用时,必须先从外存储器传输到内存储器才能被处理器处理。常见的外存储器有硬盘、光盘、U 盘、移动硬盘等。

4)输入设备

输入设备是将用户的程序、数据和命令输入到计算机内存储器的设备,常见的输入设备有鼠标[见图 2-19(a)]、键盘[见图 2-19(b)]、扫描仪[见图 2-19(c)]等。扫描仪是一种捕获影像的装置,可将影像转换为计算机可以显示、编辑、存储和输出的数字格式。扫描仪的应用范围很广泛,如将美术图形和照片扫描到文件中;将印刷文字扫描输入到文字处理软件中,避免再重新打字;将传真文件扫描输入到数据库软件或文字处理软件中存储等。

(a)   (b)   (c)

图 2-19　常见输入设备

5)输出设备

常见的输出设备有显示器、打印机等。

(1)显示器。显示器是微型计算机最常用的输出设备,是微型计算机中必不可少的输出设备,通过它可以将计算机处理的结果及用户需要了解的信息(如程序、数据及图形等)显示出来,也可以将键盘输入的信息直接显示出来,它是人机交互的主要工具。显示器的分类主要包括阴极射线管显示器(CRT)、液晶显示器(LCD)、LED 显示器、有机发光二极管显示器(OLED)及等离子显示器(PDP)等。其中 CRT、LCD 分别如图 2-20(a)、(b)所示。

(a)   (b)

图 2-20　CRT 和 LCD 显示器

(2)打印机。打印机(Printer)是把文字或图形在纸上输出,供阅读和保存的计算机外部设备。一般微型计算机使用的打印机有点阵式打印机[见图 2-21(a)]、喷墨打印机[见图

2-21(b)]和激光打印机[见图 2-21(c)]

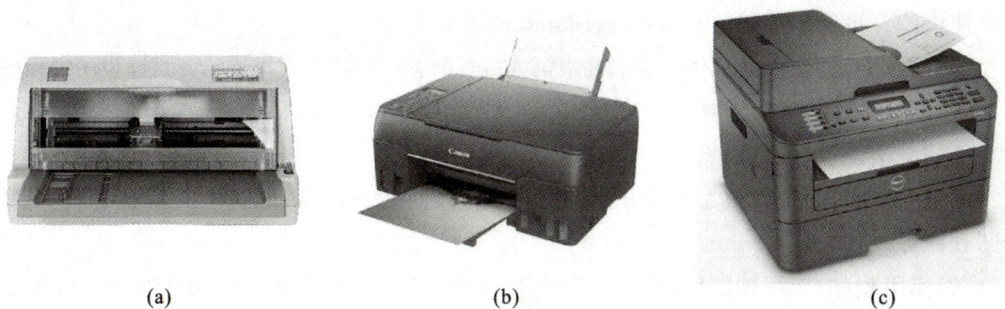

(a)　　　　　　　　　(b)　　　　　　　　　(c)

图 2-21　常见的三种打印机

6)主板

如果把上面介绍的各个硬件部件比作人体的各个功能器官,那么主板就是人的身躯。主板为微型计算机其他功能部件提供插槽、接口及电路连接,正是通过这些插槽、接口及电路连接将微型计算机的各硬件部件连接起来,形成完整的硬件系统。

主板(MainBoard)由多层印制电路板和焊接在其上的 CPU 插槽、内存插槽、扩展插槽、外设接口(包括键盘接口、鼠标接口等)、CMOS 和 BIOS 控制芯片构成,如图 2-22 所示。

图 2-22　计算机主板

2.计算机软件系统

1)计算机软件系统概述

如果把计算机硬件系统比作人的整个躯体,那么计算机软件系统就是人的思想、智力。没有思想、没有智力的人几乎什么任务都不能完成,同样,没有软件系统的计算机也几乎不能被人们使用。

计算机软件是指计算机系统中的程序、相关文档以及所需要的数据的总称。软件是用户与硬件之间的接口界面,用户主要是通过软件与计算机进行交流。通常,计算机软件可分为系统软件和应用软件两大类。

(1)系统软件。系统软件是为了计算机能正常、高效地工作而配备的各种管理、监控和维护系统的程序及其有关资料。系统软件的任务一是要更好地发挥计算机的效率,二是要使用户方便地操作计算机。系统软件主要包括以下几个方面。

①操作系统软件:控制和管理计算机的软硬件资源、合理安排计算机工作流程以及方便用户使用计算机的软件,如 Windows、Linux、鸿蒙系统等。

②语言处理程序:将用汇编语言和高级语言编写的源程序翻译成机器语言目标程序的程序。

③数据库管理系统:对计算机中所存储的大量数据进行组织、管理、查询并提供一定处理功能的大型计算机软件。

④服务程序:为计算机系统提供各种服务性、辅助性的程序,如机器的调试、故障检查、诊断程序等。

(2)应用软件:应用软件是为解决实际问题所编写的软件的总称。应用软件往往都是针对用户的需要,涉及计算机应用的各个领域,如文字处理软件 Word、图像处理软件 Photoshop、网络聊天软件微信等。

根据上述软硬件系统的介绍,可以把一台完整的计算机系统划分为如图 2-23 所示的层次结构,它们从底层到高层分别为硬件、系统软件、应用软件。在应用软件之上就是用户了,因此与用户直接相关、打交道最多的是应用软件。

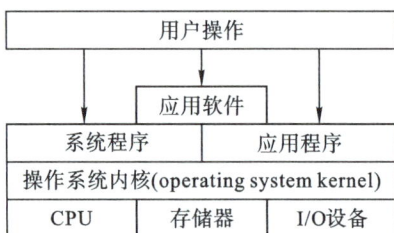

图 2-23　计算机系统软硬件层次结构

2)软件相关重要概念

(1)指令:计算机执行某种操作的命令。一条指令是包含有操作码和地址码的一串二进制代码。其中,操作码用来表征一条指令的操作特性和功能,即指示计算机做什么;地址码指定操作对象或操作数据在存储器中的存放位置。

(2)指令系统:计算机能识别并能执行的全部指令的集合,指令系统决定了一台计算机的基本功能。

(3)程序:解决某一问题而设计的一系列有序的指令或语句的集合。

(4)计算机语言:中国人同英国人交流,可能需要把自己的意图用英国人的语言(英语)表述出来。人与计算机"交流"(让计算机完成某项工作),也需要将人的意图用计算机所能理解的语言表述出来。计算机所能理解和使用的语言就是计算机语言。

3)计算机语言

计算机语言是为了解决人和计算机对话问题而产生的,并且随着计算机技术的发展,不断地发展和完善。以下介绍计算机语言的几个发展阶段。

第一阶段:机器语言,即二进制语言,这是直接用二进制代码指令表示的计算机语言,是计算机唯一能直接识别、直接执行的计算机语言。

例如,某种型号的微型计算机系统中表示"在累加器中存放数值15,然后再加上数值

10,并将结果保存在累加器中"的代码为

1011000000001111

0010110000001010

从此例可以看出,机器语言对于人们而言难以理解、难以记忆并且书写时易于出错。但对于计算机而言,其特点是占用内存少,执行的速度快,效率高。值得注意的是,不同型号的计算机其指令系统可能是不同的,因此在一台计算机上可执行的指令,在不同型号的另一台计算机上就可能不能被识别,所以人们称机器语言是面向机器的语言。

第二阶段:汇编语言,由于用机器语言编写程序时存在许多不足,为了克服这些缺点,而产生了汇编语言。汇编语言是用一些助记符表示指令功能的计算机语言,它和机器语言基本上是一一对应的,但它更便于记忆。例如,对于上面机器语言中用到的实例,用汇编语言可表示为

MOV　AX,15

ADD　AX,10

对人们来讲汇编语言比机器语言容易理解、便于记忆、使用起来更方便,但对机器来讲,必须将汇编语言编写的程序翻译成机器语言程序,然后再执行。用汇编语言编写的程序一般称为汇编语言源程序,被翻译成的机器语言程序一般称为目标程序。将汇编语言源程序翻译成目标程序的软件称为汇编程序。

虽然汇编语言比机器语言使用起来方便了许多,但是汇编语言是一种由机器语言符号化而成的语言,其指令和机器语言一一对应,因此汇编语言和机器语言一样都是面向机器的语言。

第三阶段:高级语言,为了克服机器语言和汇编语言依赖于机器、通用性差的弱点,从而产生了高级语言。高级语言是同自然语言和数学语言比较接近的计算机程序设计语言,其表达方式更接近人们对求解过程或问题的描述方式,而且与具体的计算机指令系统无关。例如,对于上述机器语言、汇编语言中的实例,用高级语言可表示为

A=15；

A=A+10；

显然,高级语言更易被人们理解。同样,高级语言必须先翻译为机器语言后,才可能被计算机所识别并执行。通常翻译的方式有两种,一种是编译方式,另一种是解释方式。

编译方式是将用高级语言编写的源程序整个翻译成目标程序,然后将目标程序交给计算机运行,编译过程由计算机执行编译程序自动完成。在编译方式中,将高级语言源程序翻译成目标程序的软件称为编译程序,这种翻译过程称为编译。编译完成后得到的目标程序虽然已是二进制文件,但还不能直接执行,还需经过连接和定位生成可执行程序文件后,才能执行。用来进行连接和定位的软件称为连接程序。

解释方式是对高级语言源程序逐句进行分析,边解释,边执行并立即得到运行结果。解释过程由计算机执行解释程序自动完成,但不产生目标程序。在解释方式中,将高级语言源程序翻译和执行的软件称为解释程序。解释程序不是对整个源程序进行翻译,也不生成目标程序,而是解释一条执行一条。

编译和解释执行方式的区别如图 2-24 所示。

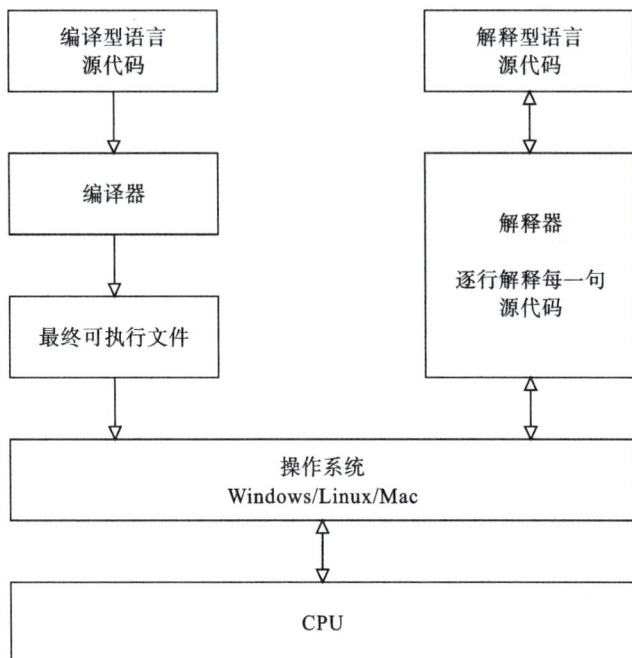

图 2 - 24　编译和解释执行方式示意图

　　硬件系统和软件系统都已经实现的计算机才称得上是一个完整的计算机系统,这样的计算机才可以被人们所使用,帮助人们解决实际问题。以下希望通过对程序执行过程的介绍,使读者能更深入地了解计算机是如何工作的。

　　实例一:开机启动过程(以 Windows 为例)。

　　当每次打开计算机电源启动计算机时,首先要执行的就是系统自检程序,在自检结果无误时候,将会执行操作系统引导程序。由于计算机软件都是安装在硬盘上的,而 CPU 所能直接访问的存储空间只能是内存,因此,要执行操作系统软件,首先要将操作系统软件的程序和所需数据从硬盘读入到内存。然后 CPU 执行读入到内存中的程序,并将执行结果通过内存输出到输出设备(显示器)中,这个输出结果就是我们看到的 Windows 运行的界面。

　　实例二:Word 程序的运行过程。

　　在操作系统软件运行结束之后,就可以运行应用软件了,如打开 Word 文字处理软件。同样 Word 软件也是安装在硬盘上的,必须先将 Word 软件的程序和所需数据从硬盘读入到内存中,然后 CPU 再执行内存中的 Word 程序,并将执行结果通过内存输出到输出设备(显示器)中,这个输出结果就是我们看到的 Word 运行的界面。当通过输入设备(键盘、鼠标)进行操作时,如输入字符,输入的信息将首先被读入内存中,然后 CPU 再处理这些信息,并将处理结果通过内存输出到显示器,其结果就是我们看到的字符。此时输入的内容还保存在内存中,由于内存数据具有易失性,当计算机突然断电或意外重启时,内存中的内容会丢失。因此需要通过单击“保存”按钮,将内存中的信息输出保存到硬盘上。

第3章 大数据技术

随着信息技术的飞速发展,人类社会进入了数据爆炸的时代。数据,作为信息的载体,已经从单纯的记录工具演变为推动社会进步的核心资源。大数据时代的到来,不仅改变了我们的生活方式,也对经济、科技、社会治理等领域产生了深远影响。

根据国际数据公司(IDC)2023年《数据时代白皮书》,全球数据总量正以年均23%的复合增长率扩张,2025年预计突破175泽字节(ZB)。这个数字意味着:每人每秒产生1.7 MB数据(相当于每分钟填满一个图书馆),或者互联网每分钟承载480万次搜索、50万次推文和400万次视频播放,或者天文望远镜SKA单日采集数据量(700 TB),超过人类文明诞生以来的总和。

这种数据指数级的大爆发源于三重引擎驱动:一是设备革命,即全球联网设备从2010年90亿激增至2023年320亿;二是行为数字化,据统计每人日均触碰手机120次,生成2000+数据触点;三是产业智能化,即工业互联网传感器每秒产生500万GB数据。

在人类文明进程中,重大技术革命平均每120年出现一次。1784年蒸汽机开启机械化时代,1870年电力带来规模化生产,1969年计算机引发自动化浪潮。当前正在发生的第四次工业革命,其核心驱动力正是大数据技术的突破。世界经济论坛创始人施瓦布指出:"数据已成为新型生产资料,其战略价值堪比工业时代的石油。"

我们正在见证一个划时代的转折——人类首次拥有记录自身全部活动的能力。这种"全息化生存"状态既带来了数据霸权的隐忧,也孕育着文明跃迁的机遇。正如蒸汽机重新定义能量,电报重构时空感知,大数据革命正在书写新的文明代码。大数据不仅是技术变革的产物,更是推动社会发展的新引擎。随着5G、人工智能、物联网等技术的融合,大数据的潜力将进一步释放。然而,在这场变革中,关键不在于掌握数据的数量,而在于理解数据的关系,发现隐藏在比特洪流中的文明进化规律。

3.1 大数据基础知识

本节介绍大数据的概念、发展历史及数据的使用等技术和相关的安全保护技术,帮助读者建立对大数据的基本认识。

3.1.1 大数据概述

数据是对客观事物的性质、状态以及相互关系等进行记载的物理符号,是可识别的、抽象的。数据的根本价值在于可以为人们找出答案。收集数据往往都是为了某个特定的目的,对于数据收集者而言,数据的价值不言而喻。例如,在淘宝或者京东搜索一件衣服,当输入性别、颜色、布料、款式等关键词之后,消费者很容易就会找到心仪的产品,当购买行为结束之后,这些数据就会被消费者删除。但是,购物网站会记录和整理这些购买数据用以预测未来的流行趋势。

人类对数据的收集与记录从历史的深处随着技术的进步慢慢演进成大数据的形态。

1. 手工记录时代的原始数据形态

在 18 世纪工业革命前的漫长岁月里,人类的数据记录始终停留在手工书写阶段。埃及古墓中的莎草纸卷轴记载着尼罗河泛滥周期,中国古代的《九章算术》用竹简记录数学运算。但是这种原始数据形态表现出以下三个特征。

(1)时空局限性:敦煌莫高窟藏经洞的 4 万件手稿,集中反映了公元 7 至 10 世纪丝绸之路的文明交流,却因传播成本高昂而局限于特定地域。

(2)处理低效性:1590 年英国人口普查采用鹅毛笔记录,历时 3 年完成,最终报告厚度达 1 m。这种效率决定了数据只能用于最基础的行政管理。

(3)价值密度高:甲骨文单字存储成本相当于现代 1 TB 硬盘的价格,因此每个字符都承载着祭祀、战争等重大事件信息。

这个阶段的数据本质上是经验的符号化存留,其存在形式与使用方式决定了它只能作为精英阶层的认知工具。正如古希腊学者亚里士多德所言:"记忆的宫殿里,数据永远属于建造者。"

2. 机械化生产催生的统计革命

19 世纪蒸汽机的轰鸣声中,数据形态发生了第一次质变。美国人口普查局的霍列瑞斯打孔卡片计算机标志着机械处理数据时代的开启。当时,每张卡片存储 80 字符信息,相当于现代 160 字节存储量。这种标准化使美国人口普查耗时从 8 年缩短至 3 个月,节省经费 500 万美元(相当于 2023 年的 1.5 亿美元)。此外,1913 年福特汽车公司通过时间动作研究,将 T 型车装配时间从 12 小时 28 分钟压缩至 93 分钟,背后是 2.3 万组工时数据的分析,这标志着数据量化管理的兴起(见图 3 - 1)。统计学是这些数据分析的基础。1874 年高尔顿板实验(用

图 3 - 1　福特公司 T 型车模型

6000 颗钢珠验证正态分布)开创了抽样调查方法,直接影响了现代数据分析。但是此时的基于统计的数据分析方法仍带有明显的机械思维特征,其数据的价值在于可测量性。

3. 比特洪流中的计算机时代

1946 年 ENIAC 的诞生开启了数字纪元,计算机不仅改变了数据的存储与处理方式,更重要的是创造了数字孪生世界(见图 3 - 2)。

图 3-2 ENIAC

1956 年 IBM 350 磁盘驱动器重达 1 t，仅能存储 5 MB 数据（相当于一首 MP3 歌曲），而今天的个人电脑普遍配备 1 TB 存储。1969 年 NASA 阿波罗 11 号任务每秒产生 2000 个数据点，需要 72 小时人工分析，而现代 SpaceX 火箭发射时，10 万个传感器每秒采集 10 GB 数据，实时分析延迟低于 50 ms。当沃尔玛在 1990 年建立全球首个零售数据仓库时，其 10 TB 容量已超过当时全球最大的图书馆——美国国会图书馆的全部纸质藏书。

算法也为计算机时代赋予新的动力。从 1948 年香农第二定理证明了数据压缩的可能性到如今 H.265 视频编码使 4K 超清视频传输成本仅为模拟信号的百万分之一。

计算机硬件、软件和算法的发展为数据爆炸时代的来临奠定了技术基础。

4. 互联网引爆的数据进化

1990 年万维网的普及，使数据形态进入指数增长阶段。

在科学研究方面，欧洲核子研究中心（CERN）大型强子对撞机每秒碰撞 4000 万次，年数据量达 50 PB；2003 年人类第一次破译人体基因密码的时候，用了十年时间完成了三十亿对碱基对的排序，而现在只需 15 分钟即可完成单个人类基因组测序，其数据量达到 3 TB，而全球基因库已存储 10 EB 生物数据；超大的数据量及其强大的计算能力保证了超级计算机 CESM 每次模拟天气运算消耗 20 PB 数据，提升气候预测精度至 90%。

当今时代大数据引发了经济形态的变化。亚马逊每纳秒处理 1200 个订单，动态定价系统每小时调整 250 万商品价格；世卫组织 WHO 利用 AI 分析 40 亿条健康数据，成功将登革热预测提前期延长至 3 个月。

自 2008 年 *Nature* 出版"大数据"专刊以来，大数据成为政府、学术界、实务界共同关注的焦点。大数据分析与挖掘的研究成果也广泛应用于物联网、舆情分析、电子商务、健康医疗、生物技术和金融等领域。但是到底什么是大数据，至今尚无确切、统一的定义。

高德纳咨询公司认为大数据是指借助新的处理模式才能拥有更强决策力、发现力和优化能力的具有海量、多样化和高增长率等特点的信息资产。

麦肯锡定义大数据为在一定时间内无法用传统数据库工具采集、存储、管理和分析的数据集合。

"大数据"与传统意义上的"小数据"的区别主要是数据的规模，大数据规模非常大，大到无法在一定时间内用一般性的常规软件工具对其进行抓取、管理和处理。"大数据"这一提法具有时代相对性,今天的大数据在未来就不一定是大数据。但是人们已经形成共识:在大数据时代,最有价值的商品是数据。

这个阶段的数据已成为新形态生产资料,其价值不再取决于存储量,而在于建立数据关系网络的能力。

3.1.2 大数据的特征

在欧洲核子研究中心,强子对撞机每秒产生 4000 万次碰撞事件,科学家需要从海量数据中捕捉希格斯玻色子的踪迹。这些场景勾勒出当代社会的认知范式转变——人类开始通过数据透镜重新认识世界。大数据技术的突破性发展,本质上源于其区别于传统数据的本体论革命,这种革命性特征正在重塑人类认知与决策的底层逻辑。

据规模大(Volume)、数据种类多(Variety)、处理速度快(Velocity)及数据价值密度低(Value),即所谓的 4V 特征是目前业界较认可的大数据的四个特征,如图 3-3 所示。

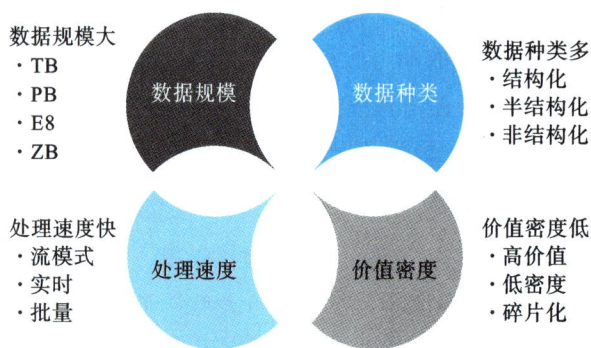

数据规模大
· TB
· PB
· E8
· ZB

数据规模

数据种类多
· 结构化
· 半结构化
· 非结构化

数据种类

处理速度快
· 流模式
· 实时
· 批量

处理速度

价值密度低
· 高价值
· 低密度
· 碎片化

价值密度

图 3-3　大数据特征图

1. 数据规模大

数据规模大,就是数据量大,这是大数据的基本属性。当代数据中心的存储规模已突破 ZB 门槛(表 3-1 列出了数据存储单位换算关系)。近年来,人工智能、云计算等技术使全球数据量骤增。根据国际数据公司(international data corporation,IDC)的预计,到 2025 年全球数据量将达到 175 ZB。IDC 做出估测:人类社会产生的数据在以每年 50% 的速度增长,也就是说,大约每两年就增加一倍,这被称为大数据的摩尔定律。

数据容量的指数级增长带来的不仅是存储压力,更重塑了数据分析的方法论。谷歌翻译系统通过分析万亿级双语对照文本,突破了传统语法规则的桎梏;Netflix 的推荐算法基于 200 亿小时观看记录的关联分析,构建出用户偏好的多维画像。这些突破性应用表明,当数据规模突破临界点时,量变会引发质变,传统统计学的抽样思维被全量数据的相关性分析彻底颠覆。

表 3－1　数据存储单位换算表

单位	换算关系
字节（byte）	1 byte＝8 bit
千字节（kilobyte，KB）	1 KB＝1024 Byte
兆字节（megabyte，MB）	1MB＝1024 KB
吉字节（gigabyte，GB）	1 GB＝1024 MB
太字节（rlionbyte，TB）	1 TB＝1024 GB
拍字节（petabyte，PB）	1PB＝1024 TB
艾字节（exabyte，EB）	1EB＝1024 PB
泽字节（zetabyte，ZB）	1 ZB＝1024 EB
尧字节（yottaByte，YB）	1 YB＝1024 ZB
Brontobyte，BB	1 BB＝1024 YB
NonaByte，NB	1 NB＝1024 BB
DoggaByt，DB	1 DB＝1024 NB

2. 数据种类多

大数据的数据来源众多，除了传统的销售、库存等数据外，现在企业所采集和分析的数据还包括像网站日志数据、呼叫中心通话记录、社交媒体中的文本数据，智能手机中内置的GPS（全球定位系统）所产生的位置信息、传感器数据等。各行各业、每时每刻都在不断产生各种类型的数据。并且一个系统也需要同时处理不同类型数据，如现代医疗系统同时处理着电子病历、CT 影像、基因序列、可穿戴设备等 20 余种数据形态。这种异构性挑战着传统数据库的范式结构，图数据库用节点和关系表达生物分子间的复杂作用，文档型数据库灵活存储着患者诊疗记录的非结构化文本，向量数据库高效索引着医学影像的高维特征。

这些数据类型包括结构化数据、半结构化数据、非结构化数据。

结构化数据是指传统的关系型数据库（如 SQL Server、Oracle 等）中的数据，其特点是在任何一列数据不可以再细分，并且任何一列数据都具有相同的数据类型，如表 3－2 所示。

表 3－2　结构化数据例表

学号	姓名	出生日期	班级
20211908001	张全	2004－07－07	计 211
20211908002	李进	2004－02－11	计 211
20211908003	王西	2004－12－01	计 212

半结构化数据是处于完全结构化数据和完全无结构的数据之间的数据，一般是格式较为规范的文本数据，可以通过某种特定的方式解析得到每个数据项。常见的半结构化数据

是日志数据、XML 或 JSON 等格式的数据。这类数据的每条记录有预先定义的规范,但是每条记录包含的信息可能不尽相同;每条记录也可能有不同的字段数,包含不同的字段名、字段类型或者包含着嵌套的格式等。在使用这些数据时,需要先对这些数据格式进行相应转换或解码(见图 3-4)。

```
<?xml version="1.0" encoding="utf-8"?>
<manifest xmlns:android="http://schemas.android.com/apk/res/android"
        package="osg.AndroidExample"
```

图 3-4 半结构化数据示例图

非结构化数据指那些非文本类型的数据,这类数据没有固定的标准格式,无法直接进行解析。常见的无结构化数据有网页、文本文档、多媒体(声音、图像与视频等)。这类数据不容易收集和管理,甚至无法直接查询和分析。

数据形态的多样性催生了认知维度的革新:特斯拉自动驾驶系统融合摄像头、毫米波雷达的多模态数据;气候预测模型整合卫星遥感、地面观测、历史气象等多源数据,将厄尔尼诺现象的预测周期从季度级缩短到月度级。这种多维度的数据融合,实质上是人类认知范式的升维。

3. 处理速度快

大数据时代的数据产生速度非常快。在 Web2.0 应用领域,1 分钟内新浪可以产生 2 万条微博,苹果可以产生 4.7 万次应用下载,淘宝可以卖出 6 万件商品,百度可以产生 90 万次搜索查询。数据产生和更新的频率是衡量大数据的一个重要特征。

大数据时代的很多应用,都需要基于快速生成的数据给出实时分析结果,用于指导生产和生活实践,如股票信息等。深圳证券交易所的高速行情系统每秒处理 30 万笔委托订单,延迟必须控制在 50 μs 以内。这种实时性要求推动着流式计算框架的演进,Apache Flink 的事件时间处理机制能够精确捕捉数据到达的物理时序,Apache Pulsar 的消息队列系统实现了百万级消息吞吐量。数据流处理模式从批量计算到实时计算的演变,本质上是对时空关系的重构。

大数据时代的 1 秒定律,即要求在秒级时间范围内给出分析结果,时间太长就失去价值。城市交通大脑系统通过千万级摄像头的实时视频流分析,能在 15 s 内完成全城路网的拥堵预测;可穿戴设备的心电监测数据流经边缘计算节点即时分析,使心脏病预警响应时间缩短 80%。这种时空压缩能力不仅提升决策效率,更创造了新的价值维度。

4. 价值密度低

大数据的数据量在呈现几何级数增长的同时,这些海量数据背后隐藏的有用信息却没有呈现出相应比例的增长,反而是获取有用信息的难度不断加大,其价值密度却远远低于传统关系数据库中已有的数据。以安全监控为例,如果没有意外事件发生,连续不断产生的数据都是没有任何价值的,只有记录了意外过程的那一小段视频是有价值的。

美国国家统计局研究显示,低质量数据每年造成企业决策损失达 3.1 万亿美元。数据清洗成本占整个分析流程的 60% 以上,这种质量焦虑本质上是信息熵与价值密度的博弈。

区块链技术通过不可篡改特性保障数据源头可信,联邦学习框架在隐私保护前提下实现数据价值流通,知识图谱的实体消歧技术提升数据关联准确性。在航天领域,卫星遥感数据经过大气校正、几何纠偏、辐射定标等多级质量提升,使土地利用分类精度达到 95% 以上;零售业通过用户行为数据的去噪和标注,将促销活动的转化率预测误差控制在 3% 以内。这种质量精炼过程,正是从原始数据到决策价值的核心转化路径。

大数据的 4V 特征不仅说明大数据的数据量大,而且说明大数据的分析更加复杂,更看重速度与时效。在这个数据洪流激荡的时代,大数据的 4V 特征构建起新的认知坐标系。当数据容量突破存储边界,流动速度重构时间维度,形态多样性拓展空间认知,价值密度实现质量淬炼,人类社会的决策模式正在经历从经验驱动到数据使能的范式转移。这种转变既包含技术层面的架构创新,更蕴含认识论层面的深刻变革——我们不再依赖局部抽样的统计推断,而是通过全量数据的相关分析探索规律;不再局限于结构化信息的线性处理,而是驾驭多模态数据的立体认知。大数据的 4V 特征矩阵,本质上是数字文明时代认知革命的技术载体,它既是工具理性的发展成果,更是人类认知能力进化的历史见证。

3.2　大数据思维

从科学技术发展的角度看人类社会的发展,每一次科技革命都是一次巨大的社会进步也是一次人类思维方式的变革。机械思维(自牛顿起)曾经是改变人们工作方式的革命性的方法论,这种思维强调确定性和因果关系,寻求现象背后真正的原因,并根据确定性预测事物的将来。然而随着人类活动范围的扩大,人们发现找不到对世界的复杂性和不确定性的解释。

在人类文明史上,每一次技术革命都伴随着认知范式的突破。这个时代不再满足于对有限样本的精雕细琢,而是选择在数据海洋中捕捉更宏大的规律。大数据技术的崛起,本质上是一场认知模式的重构,其核心特征体现在三个根本性转变:从抽样分析到全量数据建模、从追求精度到重视处理效率、从因果推理到相关性挖掘。这些转变不仅改变了人类处理信息的方式,更提供了一种解决问题的新途径,即数据驱动方法。该方法要求我们突破机械思维的局限,完成三大思维转变。

3.2.1　全样而非抽样

"数据"可以让我们发现并理解其中隐含的信息内容及信息与信息之间的关系,然而受限于数据采集和分析技术,我们不可能完成全面调查,因此不得不从全部调查研究对象中抽选一部分进行调查,并根据这部分的调查结果对全部调查研究对象做出估计和推断,这种方法被称为抽样调查。

在传统统计学框架中,抽样是必然的选择。抽样调查的结果是否能反映总体的真实情况依赖于采样的随机性,但实现采样随机性非常困难。一旦采样过程中存在任何偏见,分析结果就会与真实情况相去甚远。1936 年美国总统选举预测的失败案例曾深刻揭示抽样偏差的危害,但即便在方法论完善后,抽样依然存在固有的局限性。哈佛大学加里·金教授的研究表明,当数据维度超过 3 个时,传统抽样误差会呈现指数级增长。

技术的发展使得数据的采集与分析不再像过去一样困难。感应器、手机导航、网站点击等收集了大量数据,现在也有相应的设备和算法对这些海量数据进行处理。既然我们已经可以在某些领域采集和分析海量数据了,在这些领域的抽样调查也失去了意义,这种情况即为全数据模式,即"样本=总体"。

大数据技术的突破性在于,它通过分布式存储与计算架构实现了对全量数据的直接处理。沃尔玛在 2012 年重构销售预测模型时,将分析对象从随机抽取的 200 家门店扩展至全球 10 000 家门店的实时交易数据,使促销策略准确率提升了 47%。这种全量数据建模的优势在于:不仅能捕捉长尾分布中的稀疏特征,还能动态追踪数据分布的漂移趋势。日本东京东急电铁通过分析所有乘客的 IC 卡轨迹数据,成功将列车时刻表优化精度提高了 30%,这在抽样时代是难以实现的。

统计抽样使人们从杂乱无章的数据发现秩序和规律性,但是大数据时代的技术环境已经发生了重大改变,现在还进行抽样分析就像是在汽车时代骑马一样。虽然在某些特定的情况下,样本分析还在使用,但样本分析已经不是数据分析的主要方式。

3.2.2　混杂而非精确

技术的发展使采集和分析所有可获取数据成为可能,但我们也要为此付出一定的代价。代价就是数据的不准确性:一是错误的数据会混进数据库;二是数据格式的不一致性。

数据的准确性是"小数据"时代的最基本要求,其根源是收集的信息量少,必须确保数据尽量精确,因为有限的数据量意味着细微的错误会被放大,甚至有可能影响整个结果的准确性。此外,传统的关系型数据库就是一个最不能容忍错误的领域,它要求把数据划分为包含"域"的记录,每个"域"都包含了特定种类和特定长度的信息。

当能够收集海量数据的时候,我们发现数据混乱的起源是因为它本来就是一团乱麻。一旦接受了"大数据"的混杂和不精确性,我们反而能更好地进行预测和理解这个世界。

1. "大数据"中的错误并不影响结果的准确性

如果你要测量校园温度,但你只有一个温度计,那你就必须保证这个温度计是一直精确工作的。如果你在校园的不同地方放置 1000 个温度计,其中有些温度计收集的数据可能是错误的,但是 1000 个读数合起来就可以提供一个更加准确的结果。因为更多的数据提供的价值不仅能抵消掉错误数据造成的影响,还能提供更多的额外价值。

2. 大数据的简单算法比小数据的复杂算法更有效

2000 年,微软研究中心的米歇尔·班科和埃里克·布里尔寻求改进 Word 程序中语法检查的方法。他们向 4 种常见的算法中逐渐添加数据,先是一千万字,再到一亿字,最后到十亿字。他们发现,随着数据的增多,4 种算法的表现都大幅提高了。当数据只有 500 万的时候,一种简单的算法表现得很差,但当数据达到 10 亿的时候,它变成了表现最好的,准确率从原来的 75% 提高到 95% 以上。而在少量数据情况下运行得最好的算法却变成了在大量数据条件下运行最差的。

3. 非关系型数据库包容结构的多样性

关系型数据库是数据稀缺时代的产物。在那个时代，人们遇到的问题无比清晰，所以关系型数据库被设计用来有效地回答这些问题。大数据时代，我们拥有各种各样、参差不齐的海量数据，关系型数据库的存储和分析方法和现实数据不匹配。非关系型数据库无需预设记录结构，允许处理超量的、结构各异的数据，但是这种数据库设计要求更多的处理和资源存储能力，存储和处理成本的大幅下降使得我们能够负担起非关系型数据库。

小数据时代要求数据的精确性和结构化，但是现实中只有 5% 的数据是有结构的。如果不接受混乱，95% 的非结构数据无法被利用。大数据更强调数据的完整性和混杂性，让我们更接近事实的真相。当我们掌握了海量数据时，精确性就不那么重要了。拥有不精确的大数据，我们同样可以掌握事情的发展趋势。但是错误并不是大数据固有的特性，它只是我们用来测量、记录和交流数据的工具的一个缺陷，并且有可能长期存在。

传统数据处理追求绝对精确性，这种思维源自工业时代的质量控制需求。但在动态复杂的现实场景中，这种精确往往需要以时间成本为代价。MIT 媒体实验室的研究显示，当数据量达到 PB 级时，完全精确计算的边际效益已趋近于零。阿里巴巴在"双十一"期间处理每秒 32 万笔交易时，采用近似算法将响应延迟控制在 200 ms 内，虽然单笔交易计算精度下降了 1.2%，但整体系统吞吐量提升了 8 倍。这种效率优先的策略在流感预测领域更具价值：Google Flu Trends 通过分析 5000 万条搜索关键词的实时变化，能够在 7 天内完成传统疾控中心需要 2 周的预测任务，即使相关系数存在波动，但预警时效性的提升挽救了更多生命。效率优先不代表放弃质量，而是通过算法调优在可接受误差范围内实现指数级效能提升。

3.2.3　相关而非因果

人类在观察到现象时会本能地去寻求现象背后的原因。19 世纪后期，德国医生罗伯特科赫提出科赫法则确定病源与某种传染病之间的因果关系，该法则包括：第一，在所有出现该病源的地方，都会出这种传染病；第二，在所有没有这种传染病的地方都没有该病源；第三，当病原被消灭，这种传染病也会消失。对因果性推断的严苛要求使得寻求原因极为困难。探求"是什么（相关性）"而不是"为什么（因果性）"会让我们更好地了解这个世界。

相关关系的核心是量化两个数据值之间的数学关系。相关关系强是指当一个值增加时，其他值也会随之增加或减少。比如，搜索引擎收集的数据告诉我们在一个特定地理位置，有很多人搜索新冠肺炎，那么该地区就有更多的人罹患此病。相关关系弱就意味着当一个数据值增加时，其他数据值几乎不会发生变化，比如鞋子的大小和幸福感之间的关系。

大数据中相关关系分析占重要地位。相关关系分析可以发现很多不曾注意到的联系，提供一系列新的视野，并进行预测。建立在相关关系分析基础上的预测具有极高的商业价值，如各种购物网站的推荐系统。如果你在网上购买了海明威的作品，推荐系统会给你推荐菲茨杰拉德的书。虽然推荐系统并不知道为什么喜欢海明威的人也喜欢菲茨杰拉德，但对于购物网站而言，重要的是商品的销量而不是这背后的原因。

因果关系的哲学根基可以追溯到休谟的经验主义，但在数据复杂度爆炸的今天，因果推断的局限性日益凸显。奈飞(Netflix)影片推荐系统的迭代历程生动诠释了这一转变:早期基于用户年龄、性别等属性构建的因果模型准确率不足 35%,而转向用户观看记录、暂停时间等行为数据的相关分析后,推荐匹配度跃升至 78%。这不是对因果关系的否定,而是承认在高维空间中,相关关系能更高效地揭示变量间的潜在联系。这种转变的本质,是认知工具从线性推理向复杂系统涌现规律探索的跃迁。正如《自然》杂志评论所言:"在数据密集型科学时代,相关性可能是打开未知因果之门的钥匙。"

这三个转变并非对传统方法的全盘否定,而是认知工具箱的扩展。大数据时代的真正价值,在于它为我们提供了观察世界的第三种视角:既不同于经验主义的直觉判断,也区别于经典科学的因果验证,而是在数据密集度达到临界点后涌现出的新认知范式。建立大数据思维就是要尽可能地收集全部混杂数据,通过相关关系分析发现事物间的内在关联,这是一项重要的数据分析与挖掘任务,也为发现事物内在规律提供"导航"功能。

3.3 大数据技术

大数据发展的核心动力来源于人类对探索世界的渴望。人类对于我们身处的世界的探索是通过对周围环境的测量、记录和分析完成的。如今,我们身处信息技术变革的时代,信息技术变革的重点在"技术"上,而不是在"信息"上。大数据技术就是从各种类型的数据中快速获取可量化信息的技术,包括从采集、存储、分析到可视化的一系列过程,如图 3-5 所示。

数据的可视化	观测跟踪	数据分析	辅助理解	数据吸引力
数据的分析与处理	批处理	流计算	图计算	查询分析
数据的存储与管理	传统存储管理	大数据存储管理		
		分布式文件系统	NewSQL	NoSQL
数据的收集与量化	传感器	互联网	日志文件	业务系统

图 3-5 大数据技术体系

大数据技术体系可分为四层架构:数据采集层通过物联网传感器、API 接口等实现多源数据汇聚;存储层采用分布式文件系统(如 HDFS)和 NoSQL 数据库(如 HBase)解决传统存储的容量瓶颈;计算层则分化为批处理(MapReduce、Spark)与流处理(Storm、Flink)两种范式,前者适用于离线分析用户画像,后者支撑着实时交通流量监控;应用层通过自然语言处理、计算机视觉等技术实现智能决策。以城市交通大脑为例,其底层通过数万个摄像头和地感线圈采集数据,利用 Spark 进行历史拥堵模式分析,结合 Flink 实时处理交通流量,最终通过可视化平台实现信号灯智能调控。

作为数字经济时代的新型基础设施,大数据技术正在经历从量变到质变的进化过程。当数据要素的价值释放突破现有技术边界时,我们或将见证社会治理模式、企业生产方式乃至人类认知范式的根本性变革。

3.3.1　数据采集与预处理

要了解数据的采集技术,首先要明确三个问题:什么是数据? 要收集什么数据? 这些数据以什么形式收集? 这三个问题,可以用一句话回答:"一切皆是数据,一切皆可量化。"大数据采集的主要数据源包括传感器数据、互联网数据、日志文件、企业业务系统数据。

日本先进工业技术研究所教授越水重臣研究的是人的坐姿。很少有人认为人的坐姿能表现什么重要信息,但越水重臣团队通过在汽车座椅下部安装了 360 个压力传感器测量人对椅子施加压力的方式,把人体的身形、姿势和重量分布等特征转化成了数据并量化,产生每个乘坐者的数据资料。这个系统根据人体对座位的压力差异识别出乘坐者的身份,准确率高达 98%。有了这个系统后,汽车就能识别出驾驶者是不是车主;如果不是,系统就会要求司机输入密码;如果司机无法准确输入密码,汽车就会自动熄火。这些数据可以孕育出一些切实可行的服务或产业,如预防疲劳驾驶、汽车防盗技术。

1. 传感器数据

传感器是一种检测装置,能感受到被测量的信息,并能将感受到的信息,按一定规律变换成电信号或其他形式的信息输出,以满足信息的传输、处理、存储、显示、记录和控制等要求。传感器包括压力传感器、温度传感器、声音传感器等专业传感器,也包括温度计、麦克风、DV 录像、手机拍照等日常设备。

2. 互联网数据

互联网数据的采集通常是借助于网络爬虫来完成的。"网络爬虫"实际上是一个在网上抓取网页数据的程序。首先定义一个入口页面,再从该页面获取指向其他页面的地址,然后再去新页面递归地执行以上操作。爬虫数据采集方法可以将非结构化数据从网页中抽取出来,将其存储为统一的本地数据文件,并以结构化的方式存储。

3. 日志文件

日志文件用于记录数据源执行的各种操作活动,如网络监控的流量管理、金融应用的股票记账和 Web 服务器记录的用户访问行为等。通过对日志信息进行采集和分析,可以得到具有潜在价值的信息。许多互联网企业都有自己的海量数据采集工具,多用于系统日志采集,如 Hadoop 的 Chukwa,Clouder 的 Flume,Facebook 的 Scribe 等。

4. 业务系统数据

传统的关系型数据库如 MySQL 和 Oracle 等依然是各行各业存储业务数据的主要形式。这些业务数据为决策者进行决策分析提供了基本的数据支持。关系型数据库以一行行记录的形式将产生的业务数据直接写入到数据库中。在数据正式入库之前,要进行数据清洗,将原始数据中的"脏"数据"洗掉",即检查数据一致性,处理无效值和缺失值等。

3.3.2　数据存储与管理

传统的数据存储与管理技术包括文件系统、关系数据库、数据仓库和并行数据库。

(1)文件系统负责从微观比特流到宏观数据资产的组织、存储与检索。作为连接硬件存储与上层应用的关键桥梁,它不仅决定了数据存取效率,更深刻影响着系统的稳定性与安全性。它是操作系统用于存储设备上组织文件的方法,文件系统为用户完成建立存入、读出、修改、转储文件,控制文件的存取等操作。文件系统的核心使命在于将物理存储介质(如硬盘扇区)抽象为用户可理解的逻辑结构。以 UNIX 文件系统(UFS)为例,其通过超级块(superblock)记录整体元数据,利用 inode 节点管理文件属性与数据块指针,最终形成树状目录结构。这种设计使得每个文件都获得唯一的路径标识,如同图书馆中"楼层-书架-编号"的定位体系。

(2)自 1970 年埃德加·科德(见图 3-6)提出关系模型理论以来,这种基于数学集合论的数据组织方式,彻底改变了人类管理数据的方式。从银行交易系统到电信计费平台,从政务信息库到电商平台,关系数据库构建的数据秩序支撑着现代社会的关键运转。关系数据库是对结构化数据进行管理的软件,以实现减少数据冗余度、提高数据共享性,常见的关系数据库包括 MySQL、Oracle 等。科德构建了一个形式化的数据模型:数据被组织为二维表,每张表由行和列构成,表间通过外键约束建立关联。这种设计使得数据操作可被严格地形式化验证,如关系代数中的投影、连接等操作,本质上是集合论在数据库领域的具体应用。

图 3-6 埃德加·科德

(3)在数字经济时代,数据仓库如同现代企业的"数字大脑",通过系统性整合海量异构数据,构建起支撑战略决策的统一视图。数据仓库是一个面向主题的、集成的、相对稳定的、反映历史变化的数据集合,并且已成为企业数字化转型的核心基础设施。从零售业的消费行为分析到金融风控模型构建,从智能制造的质量追溯到医疗科研的临床研究,数据仓库持续释放着数据要素的乘数效应,用于支持管理决策。

(4)在数据爆炸式增长的时代,传统单机数据库的性能天花板已无法满足现代企业对海量数据处理的需求。并行数据库通过将计算机集群的算力、存储与网络资源整合为统一的数据处理平台,实现了从 TB 级到 EB 级数据规模的高效管理。根据共享资源的不同,数据处理平台主要分为三类架构。

①共享内存架构:多个处理器共享同一物理内存,典型如 Oracle RAC 集群。某大型银行采用该架构部署核心交易系统,在 16 节点集群下实现每秒 120 万次交易处理,内存锁竞争导致的等待时间控制在 5 ms 以内。

②共享磁盘架构:所有节点访问统一存储池,IBM Db2 pureScale 采用此架构,通过 RDMA 网络实现缓存一致性,某证券交易所的订单簿系统在 99.999% 可用性保障下达到微秒级延迟。

③无共享架构:节点完全独立,Google Spanner 采用该架构实现全球部署,通过 TrueTime API 解决时钟同步问题,某跨国电商的库存管理系统在跨大洲部署下保持强一致性,跨区域读写延迟稳定在 250 ms 以内。

大数据对存储管理技术的挑战主要在于扩展性。首先是容量上的扩展,要求底层存储架构和文件系统以低成本方式及时、按需扩展存储空间。其次是数据格式可扩展,满足各种非结构化数据的管理需求。大数据对存储管理技术的挑战,本质是数字文明对物理世界存储极限的突破尝试。从 PB 级数据管理到微秒级延迟保障,从全球一致性到隐私合规,这场技术革新不仅需要存储架构的颠覆性创新,更呼唤跨学科的知识融合与生态共建。

1. 分布式文件系统

在大数据与云计算迅猛发展的今天,传统集中式存储架构已难以满足海量数据的存储与高效处理需求。分布式文件系统(Distributed File System,DFS)应运而生,它通过将数据分散存储于多台设备构成的集群中,实现了存储容量的横向扩展、数据访问的高可用性以及计算任务的协同调度。作为现代数据中心的底层核心技术之一的分布式文件系统是一种通过网络实现文件在多台主机上进行分布式存储的文件系统。

典型的分布式文件系统有谷歌的分布式文件系统(Google file system,GFS),它通过网络实现文件在多台机器上的分布式存储。Hadoop 分布式文件系统(Hadoop distributed file system,HDFS)是针对 GFS 的开源实现。HDFS 具有很好的容错能力,并且兼容廉价的硬件设备,以较低的成本提供了大规模分布式文件存储的能力。

分布式文件系统的核心在于"数据分片"与"分布式管理"的结合。系统首先将文件按固定大小(如 HDFS 中的 128 MB 块)拆分为多个数据块,随后根据特定策略将这些数据块及其副本分布到集群中的不同节点。这种设计突破了单机存储容量限制,同时通过冗余存储提升容错能力——即使某个节点宕机,数据仍能通过其他副本继续提供服务。

高可用性与容错机制是分布式文件系统的立身之本。系统通过数据多副本或纠删码技术,在硬件故障常态化的背景下保障数据安全。当检测到节点离线时,系统会自动触发副本重建,确保冗余度恢复至预设水平。这种自愈能力使得分布式文件系统集群能够持续提供 7×24 小时服务。

此外,分布式文件系统的线性扩展能力重新定义了存储系统的成长模式。不同于传统存储设备通过升级硬件的纵向扩展,分布式文件系统允许通过简单添加普通服务器节点实现存储容量与 I/O 吞吐量的同步提升,这种横向扩展特性完美适配数据量指数增长的需求。

2. NewSQL 数据库

NewSQL 是对各种新的可扩展、高性能数据库的简称。NewSQL 作为连接传统关系型数据库(OldSQL)与 NoSQL 优势的桥梁,以其独特的技术架构重新定义了现代数据存储与处理的边界。这类新型数据库系统不仅继承了关系型数据库的强一致性与 ACID 事务保障,更通过分布式技术实现了 NoSQL 级别的水平扩展能力,成为支撑金融交易、实时分析、全球分布式应用等关键业务场景的核心基础设施。

NewSQL 的本质在于对数据库系统的分层重构。通过将 SQL 解析层与分布式存储引擎分离,其架构设计实现了"计算-存储"解耦,使得系统既能保留 SQL 接口的易用性,又能突破单机性能瓶颈。以 Google Spanner 为例,其采用的"分片+多副本一致性协议"架构,将数据按 Paxos 组为单位分布于全球节点,通过 TrueTime 时间 API 解决分布式事务的时序一致性问题,开创了全球级分布式数据库的先河。

3. NoSQL 数据库

在互联网经济崛起与大数据浪潮的双重驱动下,传统关系型数据库遭遇了前所未有的挑战:面对每秒数万次的并发访问、PB 级的非结构化数据,以及全球分布式的业务架构,基于 ACID 原则和固定模式的关系型数据库逐渐暴露出扩展性瓶颈。NoSQL(Not Only SQL)数据库应运而生,它并非对关系型数据库的彻底否定,而是通过灵活的数据模型、弹性扩展能力与分布式架构,构建起适应现代数字生态的数据基础设施。

NoSQL 是对非关系型数据库的统称,具有灵活的可扩展性和数据模型。NoSQL 的核心突破在于对传统数据库三层架构的重构。不同于关系型数据库将存储引擎、查询解析和事务管理高度耦合的设计,NoSQL 系统通过“去中心化”架构实现模块解耦。

在数据组织方式上,NoSQL 形成了四大主流类型:键值存储,如 Redis,采用哈希表结构实现微秒级数据存取;文档型数据库,如 MongoDB,通过 BSON 格式支持嵌套结构的灵活存储;列族存储,如 Cassandra,以列式存储优化大规模数据扫描;图数据库,如 Neo4j,用节点-边模型高效处理复杂关系。这种多模型架构使 NoSQL 能够精准匹配不同业务场景需求,例如社交网络的关系分析(图数据库)、实时推荐系统的特征存储(文档型)、物联网传感器数据的高并发写入(列族存储)。

NoSQL 数据库的出现,一方面弥补了关系数据库在当前商业应用中存在的各种缺陷,另一方面也撼动了关系数据库的传统垄断地位。

大数据时代的到来,引发了数据库架构的变革,由单架构支持多应用向多元数据库架构发展,形成了关系数据库、NoSQL 数据库和 NewSQL 数据库三者各有架构的形式,如图 3-7 所示。

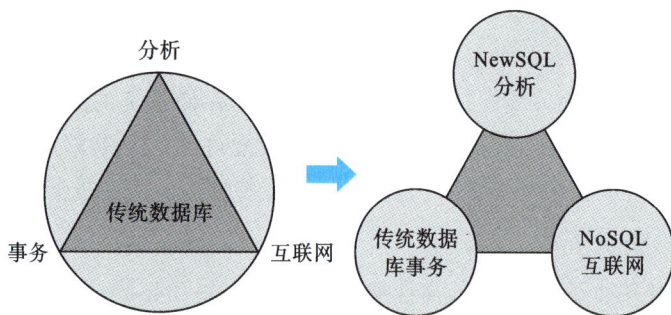

图 3-7 数据库架构发展

3.3.3 数据处理与分析

大数据处理的问题复杂多样,一般采用不同的数据处理技术处理不同类型的数据。

1. 批处理计算

大数据的批处理计算作为数据处理的核心范式之一,通过系统化的方法与创新技术架构,将静态存储的海量数据转化为驱动人工智能、商业智能与社会治理的决策支持体系。

批处理计算的本质是面向静态数据集的离线处理,其核心目标是通过高效算法和分布式框架,在可接受的时间范围内完成对超大规模数据的复杂计算。

2. 流计算

流计算实时处理来自不同数据源的、连续到达的流数据,给出秒级响应。流计算的本质是面向无限数据流的实时处理范式,其核心目标是在数据生成的瞬间完成复杂逻辑计算并输出结果。

流计算系统需具备三大特征。

(1)事件驱动:数据以连续流形式到达,处理过程由事件触发而非定时任务;

(2)低延迟响应:通常要求毫秒至秒级的端到端处理延迟;

(3)无界计算:系统需持续运行,处理理论上无限的数据序列。

3. 图计算

图结构天然地抽象了现实世界中的实体与关系,例如社交网络中的用户交互、电商中的用户-商品关联、生物网络中的蛋白质相互作用等。图计算通过算法挖掘这些关系中的潜在价值,为智能决策提供了强大支持。

图计算的本质是基于图论数学模型,对节点(顶点)与边(连接关系)构成的拓扑结构进行分析。其核心在于将数据转化为图结构后,通过特定算法揭示隐藏在关系网络中的模式。

4. 查询分析计算

在数据驱动决策的时代,查询分析计算作为连接原始数据与商业智能的核心环节,承载着从海量信息中提取关键信息的使命。无论是企业级 BI 报表生成、实时业务监控,还是科学计算中的数据建模,高效的查询分析能力都直接影响着数据价值的转化效率。

查询分析计算的本质是对结构化或半结构化数据的高效处理与语义解析,通过多级树状执行过程和列式数据结构,几秒内完成对上万亿张表的聚合查询,以满足多用户、大数据的实时、交互查询要求。

大数据的非线性、高维性、海量性(大规模、快速增长)等特征给大数据相关性分析带来了困难。目前,通过分类、聚类、回归分析和关联规则的机器学习和数据挖掘算法可从大数据中提炼出有价值的信息并提供决策参考。

3.3.4　数据的可视化

大数据时代,庞大的数据量超出了人们的处理能力,甚至超出了人们的理解能力。数据可视化是人们理解复杂现象,解释复杂数据的重要手段和途径,是一种高效地刻画和呈现数据所蕴含的本质意义的方式。数据可视化通过丰富的视觉效果,把数据以直观、生动、易理解的方式呈现给用户,可以有效提升数据分析的效率和效果。

1. 观测、跟踪数据

许多实际应用中的数据量已经远远超出人类大脑可以理解及消化吸收的能力范围,如果数据以数值形式呈现,人们必然难以理解。利用变化数据生成实时图表,可以让人们有效地跟踪各种参数值。如手机导航,可以提供实时路况服务。

2. 分析数据

数据首先被转化为图像呈现给用户,用户通过视觉系统进行观察分析,对可视化图像进行认知,从而理解和分析数据的内涵与特征。用户根据自己的需求改变可视化程序系统的设置来改变输出的可视化图像,从而从不同角度对数据进行理解。

3. 辅助理解数据

数据的可视化可以帮助人们更快、更准确地理解数据背后的含义,如用不同的颜色区分不同对象、用图结构展现对象之间的复杂关系等。例如,药物成分分析图(见图3-8)。

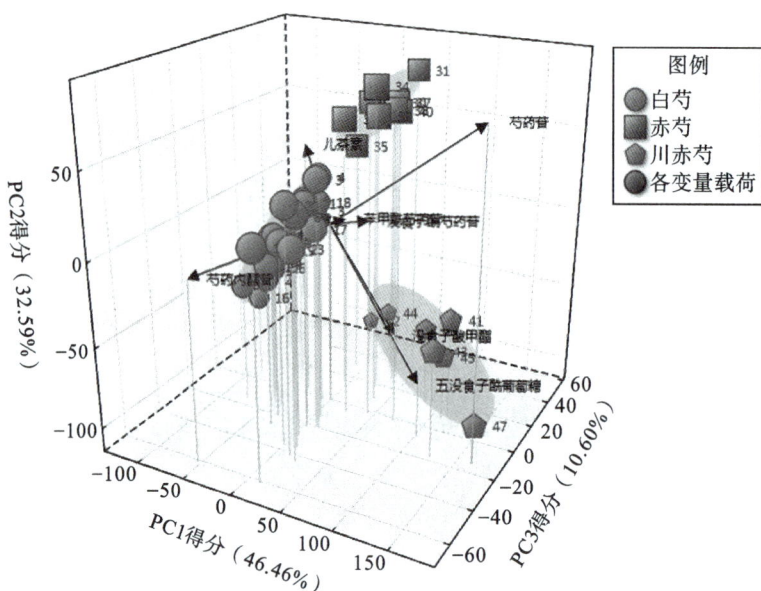

图3-8 药物成分分析图

4. 增强数据吸引力

枯燥的数据被制作成具有视觉冲击力和说服力的图像可以增强读者的阅读兴趣。可视化的杭州天气大数据以更加直观、高效的呈现方式使人们在短时间内迅速消化和吸收相关数据,提高了知识理解的效率(见图3-9)。

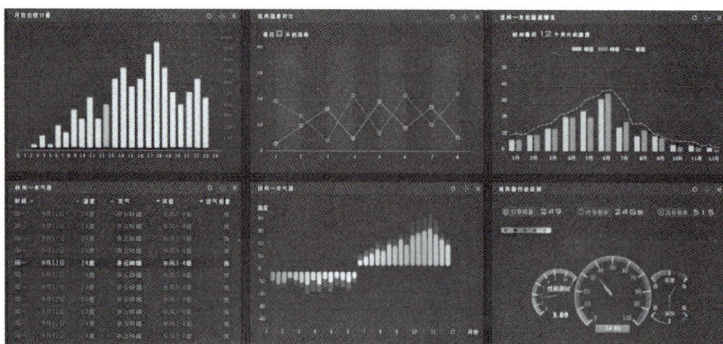

图3-9 杭州天气大数据图

3.4 大数据安全

只要有数据，就必然存在数据泄露、数据窃取等与安全、隐私有关的问题。

目前，大数据在收集、存储以及使用过程中都面临着风险和威胁。大数据特有的规模性、多样性和实时性特征使得传统安全机制面临严峻考验，需要构建多层次、智能化的安全防护体系。

与传统数据安全相比，大数据环境下的安全防护面临诸多新挑战：首先，数据规模的爆炸式增长使得传统安全机制在性能和扩展性方面捉襟见肘；其次，数据类型的多样性（结构化、半结构化、非结构化数据并存）要求安全防护方案具备更强的适应性；再次，实时数据处理需求对安全机制的响应速度提出了更高要求。此外，隐私保护与数据价值挖掘之间的平衡、跨境数据流动管理等新问题也亟待解决。

3.4.1 数据规模与复杂性管理

大数据环境最显著的特征就是数据量的爆炸式增长。根据 IBM 的研究，全球每天产生约 2.5 EB 的数据，其中 90% 的数据是在过去两年内产生的。如此庞大的数据规模给安全防护带来了巨大挑战。

首先，传统加密算法在处理海量数据时面临性能瓶颈。例如，使用 AES-256 算法加密 1 TB 数据需要约 30 分钟，这在实时性要求高的场景下难以满足需求。其次，数据类型的多样性增加了安全管理的复杂度。结构化数据（如关系型数据库）、半结构化数据（如 JSON、XML）和非结构化数据（如图像、视频）需要不同的安全防护策略。以医疗行业为例，电子病历、医学影像和基因数据的安全管理就需要采用差异化的技术方案。

此外，大数据通常存储在分布式系统中，如 Hadoop、Spark 等框架，这使得数据的物理分布和逻辑访问控制变得更加复杂。

3.4.2 实时数据处理的安全需求

流式计算框架（如 Apache Kafka、Flink）的广泛应用使得实时数据处理成为大数据分析的常态。这种场景下，传统的事后审计式安全机制已无法满足需求，需要构建实时在线的安全防护体系。

以金融风控为例，实时交易监控系统需要在 50 ms 内完成欺诈检测，这对安全算法的性能提出了极高要求。传统基于规则的风控系统误报率高达 30%，而采用深度学习模型的实时风控系统可以将误报率降低到 5% 以下。

3.4.3 隐私保护与数据利用的平衡

大数据分析的最大价值在于从海量数据中挖掘出有价值的信息和知识，但这一过程往往涉及用户隐私问题。如何在保护隐私的前提下充分挖掘数据价值，成为大数据安全领域的核心挑战。

隐私可以分为两类:个人隐私和共同隐私。个人隐私指任何可以确认特定个人或与可确认的个人相关但个人不愿被暴露的信息,如身份证号、就诊记录等。共同隐私不仅包含个人的隐私,还包含所有个人共同表现出但不愿被暴露的信息,如公司员工的平均薪资、薪资分布等信息。隐私保护的难点在于如何在不泄露隐私的情况依然顺利地使用数据。

常用的隐私保护技术如下。

(1)基于数据变换的隐私保护技术:对数据的敏感属性进行转换,使原始数据部分失真,但保持某些数据或数据属性不变的保护方法。

(2)基于数据加密的隐私保护技术:采用对称或非对称加密技术隐藏敏感数据。

(3)基于匿名的隐私保护技术:匿名是指有条件发布或限制发布发布数据,如不发布数据的某些阈值或者发布精度较低的敏感数据。

3.4.4 供应链与第三方风险

大数据生态系统的高度复杂性使得供应链安全风险日益突出。现代大数据平台通常由多个开源组件和第三方服务构成,这为攻击者提供了更多可乘之机。

2020 年的 SolarWinds 供应链攻击事件就是一个典型案例。攻击者通过污染软件更新包,成功入侵了包括美国财政部、商务部在内的多个政府机构和财富 500 强企业。事件调查显示,攻击者潜伏在系统中长达 9 个月未被发现,凸显了供应链攻击的隐蔽性和危害性。

在云计算环境下,共享责任模型(Shared Responsibility Model)要求云服务提供商和用户共同承担安全责任。AWS 的安全实践表明,超过 70% 的云安全事件是由于用户配置不当造成的,而非云平台本身的安全漏洞。因此,建立完善的第三方风险评估机制和安全配置管理流程至关重要。

3.5 大数据技术与云计算

3.5.1 云计算概述

网络带宽的增长和通过网络访问非本地的计算服务条件的成熟使得云计算(Cloud Computing)成为可能。"云"是指计算设备不在本地而在网络,用户不需要关心设备的位置。云计算服务是一种按使用量付费的模式,这种模式提供可用的、便捷的、按需的网络访问,进入可配置的计算资源共享池,包括网络、服务器、存储、软件和服务。服务商快速提供资源,用户只需投入很少的管理工作和交互即可使用这些计算服务。云计算是分布式计算、并行计算、效用计算、网络存储、虚拟化、负载均衡等计算机和网络技术整合的产物。

1. 云基本特征

云计算依赖资源的共享以达成规模经济。服务商集成大量资源供多个用户使用,用户可以请求(租借)更多资源,并随时调整使用量,将不需要的资源释放回整个架构;服务商可以将目前无人租用的资源重新租给其他用户。

云计算服务应该具备以下特征：

(1)随需自助服务；

(2)随时随地用任何网络设备访问；

(3)多人共享资源池；

(4)快速重新部署灵活度；

(5)可被监控与量测的服务。

基于以上特征,云计算可以提供超大规模、虚拟化、高可靠性、通用性和廉价的服务。

2. 云计算服务类型

云计算按照服务类型大致可以分为三类:将基础设施作为服务(IaaS)、将平台作为服务(PaaS)和将软件作为服务(SaaS),如图 3-10 所示。

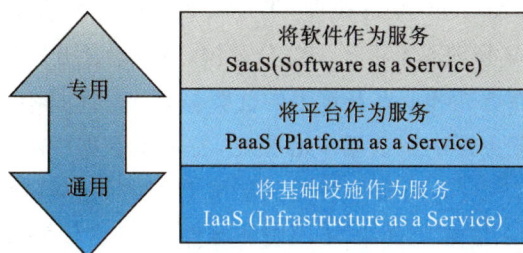

图 3-10　云计算服务类型

IaaS 将硬件设备等基础资源封装成服务供用户使用。在 IaaS 环境中,用户相当于使用裸机和磁盘,既可以让它运行 Windows,也可以让它运行 Linux,但用户必须考虑如何才能让多台机器协同工作。IaaS 最大的优势在于它允许用户动态申请或释放节点,按使用量计费。运行 IaaS 的服务器规模达到几十万台之多,用户可以认为资源是无限的。同时,IaaS 是共享的,因而具有更高的资源使用效率。

PaaS 提供应用程序的运行环境、负责资源的动态扩展和容错管理,用户应用程序不必考虑节点间的配合问题。但用户必须使用特定的编程环境并遵照特定的编程模型。

SaaS 将某些特定功能封装成服务,它只提供某些专门用途的服务。

3. 云计算简史

谷歌、亚马逊和微软等大公司是云计算的先行者。最近这几年以阿里云、云创存储等为代表的中国云计算也迅速崛起。

亚马逊的云计算称为 Amazon Web Services(AWS),它率先在全球提供了弹性计算云 EC2(Elastic Computing Cloud)和简单存储服务 S3(Simple Storage Service),为企业提供计算和存储服务。

谷歌是最大的云计算技术使用者。谷歌搜索引擎建立在 200 多个站点、超过 100 万台的服务器之上,而且这些设施的数量正在迅猛增长。谷歌的一系列应用平台,包括谷歌地球、地图等也使用了这些基础设施。

微软于 2008 年 10 月推出了 Windows Azure 操作系统,在互联网架构上打造云计算平台。Azure 的底层是微软全球基础服务系统,由遍布全球的第四代数据中心构成。微软将 Windows Azure 定位为平台服务:一套全面的开发工具、服务和管理系统。它可以让开发者致力于开发可用和可扩展的应用程序。

近几年,中国云计算也强势崛起。阿里巴巴已经在北京、杭州、青岛、香港、深圳等地拥有云计算数据中心,并正在德国、新加坡和日本建设数据中心。阿里云提供云服务器 ECS、关系型数据库服务 RDS、开放存储服务 OSS、内容分发网络 CDN 等产品服务,处于全球领先的位置。在阿里云之后,腾讯云、华为云、百度云、金山云等也进入"云"市场,根据自身的技术特长,提供不同体验的云计算服务。

4. 云计算压倒性的成本优势

企业的信息技术开销分为三部分:硬件开销、能耗和管理成本。根据国际数据公司(IDC)的调查,1996 年到 2010 年,全球企业 IT 的硬件开销基本是持平的,但能耗和管理的成本却迅速上升。2010 年管理成本占了大部分开销,并且能耗开销接近硬件开销。

云计算的成本优势在能耗和成本开销上的优势显著。一个拥有 5 万个服务器的特大型数据中心与拥有 100 个服务器中型数据中心相比,特大型数据中心的网络和存储成本只相当于中型数据中心的 $1/7 \sim 1/5$,而每个管理员能够管理的服务器数量则扩大到 7 倍之多。对云计算用户而言,用户不需开发软件、不用安装硬件、用非常低的成本快速部署应用系统,而且可以动态伸缩系统的规模,更容易共享数据。

3.5.2 云计算技术

1. 云计算实现机制

云计算体系结构分为四层:物理资源层、资源池层、管理中间件层和面向服务的构建层。

物理资源层包括计算机、存储器、网络设施、数据库和软件等。资源池层是将大量相同类型的资源构成同构或接近同构的资源池,如计算资源池、数据资源池等。管理中间件层负责资源管理、任务管理、用户管理和安全管理等工作。用户交互接口面向应用,以网络服务的方式提供访问接口,获取用户需求。

云计算可以分为 6 个部分,由下至上分别是基础设施、存储、平台、应用、服务和客户端。云基础设施是经过虚拟化的硬件资源和相关管理功能的集合,对内通过虚拟化技术对物理资源进行抽象;对外提供动态、灵活的资源服务。云存储是提供数据存储服务,以使用的存储量作为结算基础。云平台直接提供计算平台和解决方案作为服务,以方便应用程序部署。云应用指利用云软件架构,不需要用户安装和运行该应用程序。云服务是指包括产品、服务和解决方案都实时地在互联网上进行交付和使用,并直接和最终用户通信。云客户端包括提供云服务的计算机硬件和计算机软件。

2. 云计算关键技术

云计算是一种新型的超级计算方式,以数据为中心,是一种数据密集型超级计算,以低成本的方式提供高可靠、高可用、规模可伸缩的个性化服务。

1）数据存储技术

云系统的出现使得大规模分布式系统的开发变得简单。云系统为开发商和用户提供了简单通用的接口，使开发商能够将注意力更多地集中在软件本身，而无需考虑底层架构。云系统依据用户的资源获取请求，动态分配计算资源。

云系统由许多处理节点组成，处理节点以结构化覆盖网络的形式组织在一起，每个节点建立本体索引以加速数据访问。一个全局索引通过在覆盖网络中选择和发布一个本地索引分配来建立。全局索引分布在整个网络中，并且每个节点负责保持一个全局索引的子集。

云计算环境有三个特点，第一，在工作量可并行计算的前提下，计算能力是弹性的；第二，数据存储在不信任的主机上，即用户对存储在云中的数据只有有限的控制，数据还是处于一个相对不安全的环境中；第三，数据通常是进行远程复制，提供商采用副本容错的方式保证数据的可用性。从这三个特点可以得知，云数据库管理系统应具满足效率、容错、在异构的环境中运行、能够操作加密的数据、能够与商业化的智能产品进行交互等要求。

为了保证信息的安全性，多数厂商对数据采用了冗余存储的方式。为了保证数据的一致性，数据服务器副本之间始终保持通信，及时了解数据的相应变化。在进行事务处理前，必须确认所有副本中都已经保存了最近更新的数据。任一服务器节点如果对更新的数据没有反应，则所有的副本节点均须等待，直到全部确认了更新信息。这一过程很容易导致事务处理的失败，从而使得整体性能下降。

基于树的数据一致性方法既可以保证数据的一致性又不会造成性能的下降。云数据库系统中设立两种节点：控制器和数据服务器副本。系统中可能有两个或两个以上的控制器，其任务是建立一致性树。当用户访问数据服务器时，由控制器决定所要选择的数据库；当有故障发生时，由控制器重建树。数据服务器副本用于存储数据，完成各项事务处理及其他一些数据库操作。所有的副本之间是有联系的，其中委派一个主副本建立与用户的联系，并负责与其他副本保持通信以保证数据的及时更新。

云计算系统由大量服务器组成，同时为大量用户服务，因此采用分布式存储的方式存储数据，用冗余存储的方式保证数据的可靠性。通过任务分解和集群，用低配机器替代超级计算机以保证低成本。目前广泛使用的数据存储系统是谷歌公司的 Google 文件系统和 GFS 的开源实现 Hadoop 分布式文件系统（HDFS）。

2）虚拟化技术

云计算的虚拟化技术不同于传统的单一虚拟化，它是涵盖整个架构，包括资源、网络、应用和桌面在内的全系统虚拟化。通过虚拟化技术可以实现将所有硬件设备、软件应用和数据隔离开来，打破硬件配置、软件部署和数据分布的界限，实现整体架构的动态化和资源集中管理，提高系统适应需求和环境的能力。

虚拟化技术通过将工作量灵活地分配给不同的物理机实现资源的共享。在信息处理高峰期，虚拟机承担一定的工作量，而客户端操作系统的内存（包括未分配工作量的空闲虚拟机的内存，以及分配特定虚拟机器却未被客户端操作系统充分利用的内存）可能会存在"空闲"。即使客户端操作系统需要分配更多的内存，也无法使用其他客户端操作系统中的空闲内存。在这种情形下,客户端操作系统会因物理内存不足转而去利用交换设备。由于本地作为交换设备的硬盘驱动器处理效率远远低于物理内存的效率,因此系统性能将会下降。为了提高系统性能及内存的有效利用率,提出虚拟化交换管理机制,能够在云环境中实现交换设备的虚拟化,以及内存灵活、动态的交换管理。

虚拟化技术通过封装用户各自的运行环境,有效实现多用户分享数据;通过配置私有服务器,实现资源按需分配;通过将物理服务器拆分成若干虚拟机,提高服务器的资源利用率,有助于服务器的负载均衡和节能。

3)云平台技术

云平台是一种为提供自助服务而开发的虚拟环境。云平台根据功能可以划分为三类:以数据存储为主的存储型云平台、以数据处理为主的计算型云平台及计算和数据存储处理兼顾的综合云平台。

云平台技术使大量的服务器协同工作,方便进行业务部署,快速发现和恢复系统故障,通过自动化、智能化手段实现大规模系统的可靠运行。云计算平台的用户不必关心平台底层实现。用户使用平台只需要调用平台提供的接口即可在云平台完成自己的工作。

2017 年,谷歌云平台的开源容器集群管理系 Kubernetes(k8s)成为业界事实标准,世界各大知名云服务商和企业为以 Kubernetes 为核心发起云计算基金会(Cloud NativeComputing Foundation,CNCF)。加入及通过 CNCF 兼容性认证的厂商包括:谷歌、亚马逊、IBM、阿里、腾讯、华为、中兴等。Kubernetes 平台具有可移植(支持公有云、私有云、混合云)、可扩展(模块化、组件化、可挂载、可组合)、自动化(自动部署、自动重启、自动复制、自动伸缩/扩展)、快速部署应用、快速扩展应用、节省资源等优势。

4)并行编程技术

并行计算是利用多个物理主机完成一个任务。分布式并行计算将任务分解为多个子任务分派给主机集群中的各个主机,子任务在多个主机上协调并行运行。

并行计算的实现层次有两个,一是单机(单个节点)内部的多个 CPU、多个核并行计算;二是集群内部节点间的并行计算。对于云计算来说,主要是集群节点间的并行。目前,集群中的节点一般是通过网络连接,在带宽足够的前提下,各节点不受地域、空间限制。不过,多CPU、多核是主机的发展趋势,所以在一个集群内,一般两个层次的并行计算都存在:集群内多节点之间并行,节点内部多处理器、多核并行。

并行计算编程模型和并行计算机体系结构紧密相关。共享存储体系结构下的并行编程模型主要是共享变量编程模型,它具有单地址空间、编程容易、可移植性差等特点;分布式存储体系结构下的并行编程模型主要有消息传递编程模型和分布式共享编程模型两种,消息传递编程模型的特点是多地址空间、编程困难、可移植性好。

分布式并行编程技术由于其高度并发性、计算高度分布、可靠性高等特点满足了并发处理、容错、负载均衡等云计算要求。

3.5.3 云部署模式

在云计算体系中,存储与计算资源集中放置在公共的云资源池中,使得客户能够通过网络以便利的、按需付费的方式获取,云资源池就是云计算数据中心所涉及的各种硬件和软件的集合。某种程度上说,云资源池是云服务的核心。资源池中的资源放在哪里,应该怎么放,就是云计算部署要解决的问题。根据资源存放的地方不同,云计算有四种部署模式:公有云、私有云、混合云和社区云,如图 3-11 所示。

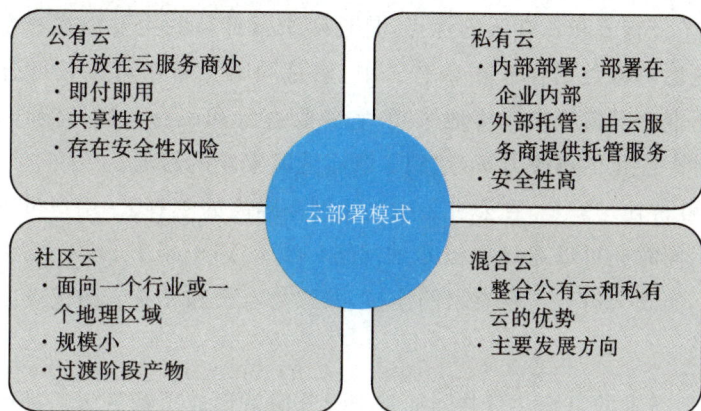

公有云
- 存放在云服务商处
- 即付即用
- 共享性好
- 存在安全性风险

私有云
- 内部部署:部署在企业内部
- 外部托管:由云服务商提供托管服务
- 安全性高

社区云
- 面向一个行业或一个地理区域
- 规模小
- 过渡阶段产物

混合云
- 整合公有云和私有云的优势
- 主要发展方向

云部署模式

图 3-11　云部署模式

1. 公有云

公有云是将资源放在一个公共的地方,这个地方叫云服务商。公有云一般由第三方承建和运营,并以一种即付即用、弹性伸缩的方式为政府或公众用户提供服务,包括硬件和软件资源。用户可以通过互联网按需自助服务,即通过 Web 网页注册账号,填写 Web 表单信息,按需付费,且根据需要随时取消服务,并对使用服务的费用进行实时结算。业界有名的公有云厂商有 Amazon AWS,Microsoft Azure、Google Cloud、阿里云、腾讯云、百度云等。

公有云具有强大的可扩展性和较好的规模共享经济性。对使用者而言,公有云最大的优点是所有的应用程序、服务及相关数据都存放在公有云提供者处,自己无需做相应的投资和建设;但问题是所有用户共享相同的基础设施,安全性存在一定风险,并且公有云的可用性不受使用者控制,存在一定的不确定性。

2. 私有云

私有云是某个企业根据自身需求在企业内部的数据中心上部署的专有服务,提供对数据安全性和服务质量最有效的控制。因此私有云的使用仅限于某个企业的成员、员工和值得信赖的合作伙伴。私有云也有两种部署模式:

(1)内部部署。内部部署私有云(也称内部云)部署在企业数据中心的防火墙内,提供了更加标准化的流程和保护,但在大小和可扩展性方面受到限制,并且用户需要承担物理资源和运营成本。这种部署方式适合需要对基础设施和安全性进行全面控制和可配置性的应用。

(2)外部托管。这种类型的私有云由外部托管的云服务商提供,其中云服务商搭建专有云环境并充分保证隐私。这种部署方式适合那些不愿意共享物理资源的公有云的企业。

私有云关注信息安全,客户拥有基础设施,并可以控制在基础设施上部署应用程序。内部用户通过内部网络或专有网络使用服务,私有云的使用体验较好,安全性较高,但投资门槛高,当出现突发性需求时,私有云因规模有限,将难以快速地有效扩展。私有云厂商有Vmware、深信服、华为云和青云等。

3. 混合云

混合云融合了公有云和私有云的优点,是近年来云计算的主要模式和发展方向。出于安全考虑,企业更愿意将数据存放在私有云中,但是同时又希望可以获得公有云的计算资源,在这种情况下混合云被越来越多地采用,它将公有云和私有云进行混合和匹配,以获得最佳的效果,这种个性化的解决方案,达到了既省钱又安全的目的。

混合云兼顾性价比与安全,在公有云中创建网络隔离的专有云,用户可以完全控制该专有云的网络配置,同时还可以通过虚拟专用网络(VPN,Virtual Private Network)或专线连接到内部私有云,实现公有云与私有云的连接,兼顾公有云和私有云的优点。

4. 社区云

几个具有相似需求的组织共享共同的基础设施时就形成了社区云。社区云中成本分摊的用户数量比公共云少,但不止一个租户。社区云是企业的一种过渡阶段发展的产物。面向一个行业(行业云)或一个地理区域范围内(园区云)提供服务。

3.5.4 云计算安全

云安全,也称为云计算安全,由一组保护基于云的系统、数据和基础设施的策略、控制方法、程序和技术等一系列安全措施组成,可使云上资源免受网络攻击和网络威胁。云安全实际上是网络安全的一个子集,二者有相同的安全目标。但是云安全与传统网络安全也有区别,云安全要求云服务供应商必须保护驻留在服务供应商基础设施中的资源。

从完整意义上来说,云安全应该包含两个方面的含义:一种是"云上的安全",即由于云计算技术应用的无边界性、流动性等特点引发的安全问题,如云计算应用系统及服务安全、云计算用户信息安全等;另一种是云计算技术在安全领域的具体应用,即通过采用云计算技术来提升安全系统的服务效能,如基于云计算的防病毒技术、挂马检测技术等。前者是各类云计算应用健康、可持续发展的基础,后者则是当前安全领域最为关注的技术热点。

1. 云安全威胁

云计算由于其共享和按需特性面临着更多的风险:一是虚拟化技术使得传统安全边界消失,基于物理安全边界的方式难以在云计算环境下得以应用;二是云计算环境下用户的数量和分类变化频率高,具有动态性和移动性强的特点,静态的安全防护手段作用被削弱;三是云计算将资源和数据的所有权、管理权和使用权进行了分离,资源和数据不在本地存储,用户失去了对资源和数据的直接控制,要求更高的数据安全保护;四是云计算企业搭建云平台时,会涉及购买第三方的基础设施、运营商的网络服务等情况,造成更多外部风险。

当前云计算中存在一些重要的威胁。

(1)数据泄露:可能是有意攻击或人为错误、应用程序漏洞或安全措施不佳的结果。

（2）身份、凭证和访问管理不足：可能会导致未经授权的数据访问发生，并对用户造成灾难性的损害。

（3）不安全的接口和应用程序编程接口：云服务提供商会公开一组客户使用的软件用户界面或应用程序编程接口进行交互，它们需要防止意外和恶意地绕过安全协议的企图。

（4）系统漏洞：攻击者能够利用这些漏洞渗透进系统并窃取数据、控制系统或中断服务操作。随着云端多租户形式的出现，来自不同组织的系统开始呈现彼此靠近的局面，且允许在同一平台/云端的用户都能够访问共享内存和资源，这也导致了新的攻击的出现，扩大了安全风险。

（5）账户劫持：如果攻击者获得了对用户凭证的访问权限，他们就能够窃听用户的活动和交易行为、操纵数据、返回伪造的信息并将客户重定向到非法的钓鱼站点中。如果凭证被盗，攻击者可以访问云计算服务的关键区域，危及这些服务的机密性、完整性以及可用性。

（6）恶意的内部人员：一名怀有恶意企图的内部人员（如系统管理员）能够访问潜在的敏感信息和重要系统，并访问到机密数据。云服务商的安全措施并不能降低这一安全风险。

（7）高级持续性威胁：这是一种寄生式的网络攻击形式，它通过渗透到目标公司的基础设施来建立立足点，并从中窃取数据。高级持续性威胁通常能够适应抵御它们的安全措施，并在目标系统中"潜伏"很长一段时间。一旦准备就绪（如收集到足够的信息），高级持续性威胁可以通过数据中心移动，并与正常的网络流量相融合，难以被发现。

（8）数据丢失：云计算服务商的意外删除行为、火灾或地震等物理灾难都可能会导致客户数据的永久性丢失。除非云服务商或用户备份了数据，否则将无法实现灾难恢复。

（9）滥用和恶意使用云服务：恶意行为者可能会利用云计算资源来定位用户、组织或其他云服务提供商。其中滥用云端资源的例子包括启动分布式拒绝服务攻击、垃圾邮件和网络钓鱼攻击等。

（10）拒绝服务攻击：通过强制目标云服务消耗过多的有限系统资源（如处理器能力、内存、磁盘空间或网络带宽）来降低系统的运行速度，并使所有合法的用户无法访问服务。

（11）共享的技术漏洞：云计算服务提供商通过共享基础架构、平台或应用程序来扩展其服务。这可能会导致共享技术漏洞的出现，并可能在所有交付模式中被恶意攻击者滥用。

2. 云安全责任共担模式

云安全责任共担模式在业界已经达成共识（见图 3-12）。亚马逊 AWS、微软 Azure 均采用了与用户共担风险的安全策略。对 IaaS 服务来说，云服务商（CSP，Cloud service provider）需保障物理、网络和虚拟化层面的安全，而用户需要保障操作系统、应用程序和数据的安全；对 PaaS 服务来说，操作系统安全也归云服务提供商负责，用户只需负责应用程序和数据安全；对 SaaS 服务来说，用户要负责的就是数据安全，而其他所有的部分都是云服务提供商的保障范围。近年来云服务提供商均在努力提升其安全能力，保护其基础设施和产品安全。

从责任共担模式出发，云安全产品可以大体分成三大类：

（1）传统安全设备的云化。在传统的数据中心中，安全防护通常是通过在安全域入口部署专用的安全设备来实现的,比如防火墙等。在虚拟化的云环境下,传统的安全防护设备不再发挥作用,因此出现了相对应的虚拟防火墙。

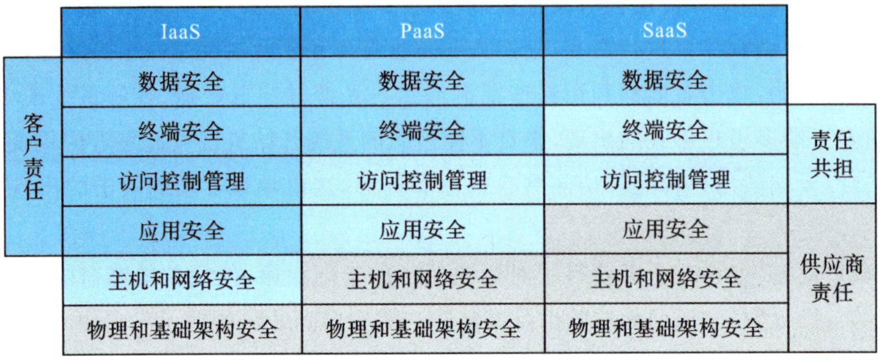

	IaaS	PaaS	SaaS	
客户责任	数据安全	数据安全	数据安全	责任共担
	终端安全	终端安全	终端安全	
	访问控制管理	访问控制管理	访问控制管理	
	应用安全	应用安全	应用安全	供应商责任
	主机和网络安全	主机和网络安全	主机和网络安全	
	物理和基础架构安全	物理和基础架构安全	物理和基础架构安全	

图 3-12 云安全责任共担模式

(2)云服务提供商为配套云服务而提供的安全产品。常见的有威胁检测、云数据库安全、应用程序接口安全、容器和工作负载安全、用户行为监控、合规与风险管理等。

(3)"新安全"产品和服务,包括云访问安全代理、云安全配置管理、云工作负载安全防护平台等。其中,云访问安全代理是部署在客户和云服务商之间的安全策略控制点,是在访问基于云的资源时企业实施的安全策略;而云安全配置管理通常使用自动化方式来解决云配置和合规性问题;云工作负载安全防护平台作为一项以主机为中心的解决方案,主要是满足数据中心的工作负载保护需求。

3. 云安全发展趋势

目前互联网的主要威胁是恶意程序及木马,传统杀毒软件所采用的特征库判别法并不适用。随着云安全技术的应用,识别和查杀病毒不仅仅依靠本地硬盘中的病毒库,而是依靠庞大的网络服务,实时进行采集、分析及处理。其将整个互联网整合成了一个巨大的"杀毒软件",参与者越多,每个参与者就越安全,整个互联网也会更安全。

要建立"云安全"系统需要①海量的客户端,庞大的客户端是对互联网上的病毒、木马、挂马网站等具有灵敏的感知能力的基础;②专业的反病毒技术,将虚拟机、智能主动防御、大规模并行运算等技术应用于及时处理海量数据、上报病毒信息并共享给"云安全"系统的每个成员;③系统的开放,现有的病毒检测软件相兼容,共享"云安全"系统带来的成果。

云计算不仅是业界的热点,也是全球未来信息产业发展的战略方向和推动经济增长的重要引擎,受到各国政府的重视,并积极部署国家战略。虽然云计算的发展风起云涌,但是相关的安全问题也随之而来。除了从技术层面解决安全问题,也需要用户、运营商和国家监管部门共同落实,实现云计算健康可持续发展。

3.5.5 大数据与云计算

在当今数字化浪潮中,大数据与云计算犹如一对密不可分的双子星,云计算是大数据的技术基础,而大数据是云计算的典型应用,二者共同推动着信息技术的革命性发展。大数据与云计算之间存在着天然的共生关系。一方面,云计算为大数据提供了理想的计算平台。大数据处理需要强大的计算能力和弹性扩展的存储空间,而这正是云计算的核心优势;另一方面,大数据的蓬勃发展也推动了云计算的进步。为满足不同类型大数据处理需求,云计算平台不断演进,发展出 IaaS、PaaS、SaaS 等多种服务模式。

1. 云端的大数据

随着移动应用的普及,以及各种智能终端(手机、全球定位系统)的使用,互联网服务用户所需的服务模式也更多样化,客户的一个请求,会导致后台上百次的应用程序接口请求。对于网站来说,"数据量"有两层意义:一个为总量,另一个为流量。数据总量必然会越来越大,要求企业必须购买存储设备来进行存储;流量大意味着并发访问压力大,应用服务器必须满足每个人对信息不同的需求,从海量数据中找出用户关注的一小部分信息。

根据 SimilarWeb(网站流量分析软件),2019 年 6 月全球访问量排名前五的网站是谷歌、YouTube、脸书、百度和维基百科。访问量前 100 网站一个月的访问总量就达到了 2060 亿次。

快速增长的数据带来了巨大的存储压力。一个省级电信运营商域名系统的日志数据存储量可能会超过 100 TB,并且每天还要面临新增近百亿条新数据、峰值每秒几十万条的入库速度的压力。一个省级电力公司的日常运营会积累上亿的工程技术文档、图片、日常办公文档及影像、音频、视频等文件。一个平安城市的视频监控系统采集到的实时视频数据的存储往往达到数百个 PB,在性能上还要满足持续的 Tbit/s 量级的读写要求。

数据、信息的增多导致了数据超载和信息管制方面的问题,企业必须投入更多的人力来维护系统。因此,必须有一种新的技术来解决系统的数据压力问题。

2. 云计算与大数据的联系

大数据的价值不在于"大",而是要将数据变成信息才能体现其商业价值。大数据技术涵盖了从数据的海量存储、处理到应用多方面的技术,包括分布式文件系统、并行计算框架、NoSQL 数据库、实时流数据处理以及智能分析技术等。这些大数据技术降低了云计算部署的成本并带来良好的可扩展性。

(1)网络管理维护优化。随着运营商网络数据业务流量的快速增长,流量与收入之间的不平衡也越发突出,智能管道、精细化运营成为运营商突破困境的共识。网络管理维护和优化成为精细化运营中的一个重要基础。以某运营商省公司为例,传统的信令监测尤其是数据信令监测面临瓶颈。原始数据信令达到 1 TB/天。处理之后的数据量也达到 550 GB/天。海量分布式文件系统使得数据存储量不受限制、可以按需扩展。同时,NoSQL 数据库可以有效处理达 PB 级的数据,实时流处理及分析平台保证实时处理海量数据。

(2)用户行为分析。用户行为分析在流量经营中起着重要的作用。用户行为结合用户个人资料、产品、服务、计费、财务等信息进行综合分析,可得出细致、精确的结果,实现用户个性化的策略控制。目前流量分析的瓶颈主要是数据的采集和处理。一个公司与营销活动相关的日报、月报等的每月新增数据量达到 TB 级,传统方式分析结果可能需要一天。采用云计算、并行分布式处理只需要 1~2 个小时,满足了报表对时限的要求,系统扩展性好,可用性高。

（3）个性化推荐。目前在各类增值业务中，根据用户喜好推荐各类业务或应用成为提高销量的一个有效方式，如应用商店推荐、短视频推荐等。这一类应用需要处理的数据量大，实时性要求高，涉及大量的非结构化数据及智能分析。以短视频推荐为例，不仅需要分析用户已有日志及评论等数据，还需要从互联网通过网络爬虫分析获得相关视频和评论进行综合分析。

（4）数据云服务。当前移动互联网领域最大的流量是视频数据。随着社会化网络、移动支付及物联网的发展，实体经济和虚拟世界有更多的交集，数据的价值将不断提升。运营商通过分析流量的内容，如网页语义、图片、视频内容及用户的观点、位置、时间等，将获得更多有价值的信息。

现在，各类机构的数据正在快速增长，这些数据每天在其系统内流动；同时，云中的数据量也日益增加。随着数据量的增加，实时处理这些数据的能力已成为大数据的重要挑战。

3. 大数据云计算解决方案

目前，企业探寻的核心问题已经从采用何种介质和怎样存储大数据转变为如何通过分析方法来应对实际业务需要。随着云计算技术的成熟，越来越多的企业开始创建高效、灵活的云环境，同时云提供商也在不断增加服务项目。

（1）谷歌云计算技术。据相关统计，每使用一次谷歌搜索引擎，谷歌的后台服务器就要进行 1011 次运算。这么庞大的运算量，如果没有好的计算负载均衡机制，一定会影响系统对用户的服务质量。谷歌云计算技术包括谷歌文件系统 GFS、分布式计算编程模型 MapReduce、分布式锁服务 Chubby、分布式结构化数据表 Bigtable、分布式存储系统 Megastore、分布式监控系统 Dapper、海量数据的交互式分析工具 Dremel，以及内存大数据分析系统 PowerDrill 等。

（2）国产云存储技术。

①淘宝分布式文件系统（TFS，Taobao File System）。TFS 是一个高可扩展、高可用、高性能、面向互联网服务的分布式文件系统，主要针对海量的非结构化数据，可对外提供高可靠和高并发的存储访问。为淘宝提供海量小文件存储，通常文件不超过 1 MB，满足了淘宝对小文件存储的需求。TFS 采用了高容错架构和平滑扩容以保证整个文件系统的可用性和扩展性。同时扁平化的数据组织结构，可将文件名映射到文件的物理地址，简化了文件的访问流程，在一定程度上为 TFS 提供了良好的读/写性能。

②阿里巴巴 OceanBase。OceanBase 主要是为了解决淘宝网的大规模数据而产生的，是一个支持海量数据的高性能分布式数据库系统，达到管理数千亿条记录的规模，支持在数百 TB 数据上跨行跨表事务并支持 SQL 操作。

③阿里云：云计算的全服务提供商。阿里云的核心系统是底层的大规模分布式计算系统（飞天）、分布式文件系统以及资源管理和任务调度。在核心系统之上构建弹性计算服务、开放存储服务、开放结构化数据服务、开放数据处理服务和关系型数据库服务等（见图 3-13）。

地图、电邮、搜索、安全、渲染、PW社区	云市场及第三方服务

云引擎（ACE）

集群部署	弹性计算服务（ECS）	开放缓存服务（OCS）	开放存储服务（OSS）	开放结构化数据服务（OTS）	开放数据处理服务（ODPS）	关系型数据库服务（RDS）	集群监控

分布式文件系统	任务调度

分布协同服务	安全管理	远程过程调用	资源管理

大规模分布式计算系统（飞天）

Linux

数据中心

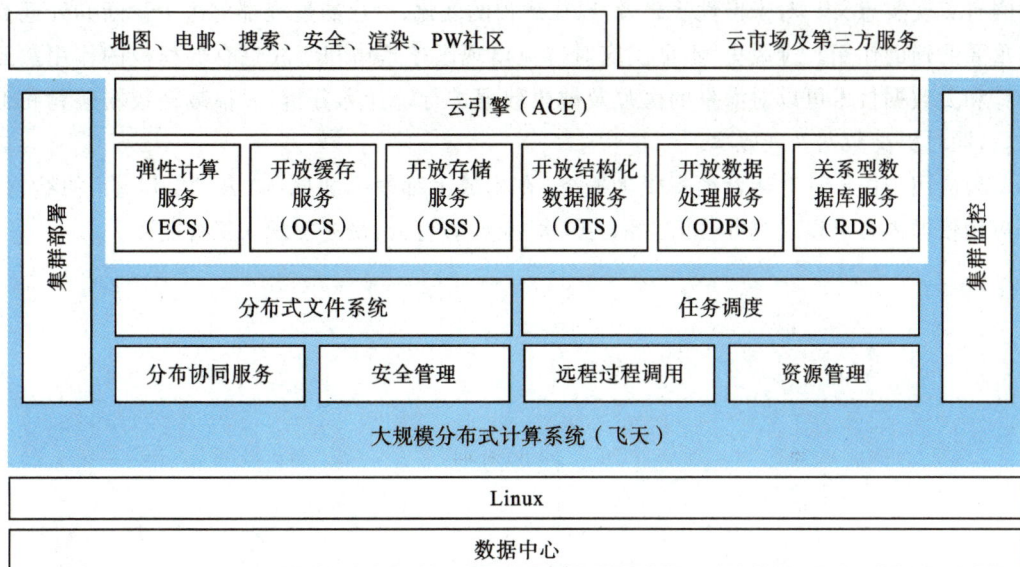

图 3-13　阿里云计算体系架构

3. 云下的大数据应用

大数据为云计算大规模与分布式的计算能力提供了应用的空间,解决了传统计算机无法解决的问题。大数据将丰富我们对世界的认识。从定量、结构的世界,到不确定、非结构的世界。这个转变,使我们得以了解真实信息,提高决策水平。

(1)云计算在快速消费品行业的应用。随着城市化快速发展,快速消费品行业为全球带来了新的挑战。企业信息管理与云计算将快速提升消费品行业的增长潜力。快速消费品行业可以自身建立或通过外包商提供企业信息管理云服务。云计算可以降低企业信息管理的成本节约、专用的企业信息管理服务可以提供数据分析,寻找在快速消费品行业及其他垂直行业未来几年的需求。

(2)云计算在交通管理中的应用。在交通领域,海量的数据主要包括四个类型的数据:传感器数据(位置、温度、压力、图像、速度等信息)、系统数据(日志、设备记录、MIBs 等)、服务数据(收费信息、上网服务及其他信息)和应用数据。

社会经济的快速发展促使城市机动车辆的数量大幅增加,城镇化的加速打破了城市道路系统的均衡状态,传统的交通系统难以满足当前复杂的交通需求,交通堵塞成为棘手问题。用大数据技术可促进交通管理模式的变革。云计算和大数据在智能交通应用上具有优势:提高交通运行效率、提高交通安全水平、提供环境监测方式、适于海量数据处理。

(3)云计算在视频监控中的应用。视频监控系统已成为城市环境中的一种标准做法,旨在协调应急响应,加强公民的人身安全。但视频监控技术也存在一些问题,如数据吞吐量大、分析应用平台负担重等。分布式文件系统的访问带宽是整个网络的聚合带宽,可以达到几百 GB/s;分布式处理使用各个应用的分析耗时更短;这些技术消除了视频存储及处理的限制。

(4)云计算在区域医疗的应用。从医疗及卫生人员的角度来看,全生命周期的健康档案调阅有着现实意义。对于慢性病患者,以往病程的变化,治疗的过程都对医生诊断和处理有着重要的辅助作用。过敏史,不良反应对避免出现医疗差错和事故也有着积极的作用。云计算和大数据技术可以对海量的医疗及健康数据进行统计和分析,大幅减轻数据采集和工作量,同时提高数据处理效率。

云应用是由云计算运营商提供的服务,在构成上都遵循相同的"云""管""端"的结构。云应用依据内容可以建成办公云、档案云、医疗云、教育云,最终实现人工智能云。

第4章 人工智能概述

人工智能(Artificial Intelligence，AI)是生活中使用非常普遍的一个词，并且已经渗透到日常生活的方方面面：智能手机的人脸解锁、语音助手、智能修图，都离不开 AI；网上购物时平台根据你的浏览记录推荐商品，这是 AI 在分析你的喜好；打车软件预估到达时间和导航推荐最优路线都是 AI 在计算。然而目前 AI 依然存在一些问题，如 AI 需要"喂"大量数据经过训练才能表现好。没有足够的数据支持，AI 的回答往往似是而非；AI 可以写出流畅的文章，但并不真正理解文字的含义。就像鹦鹉学舌，能模仿但不懂内涵；AI 可能存在偏见，如果训练数据有问题，AI 也会"学坏"，如之前某招聘 AI 系统对女性简历打分偏低，就是因为它学习的过往招聘数据本身存在性别偏见。

人工智能作为计算机科学的重要分支，旨在研究、开发用于模拟、延伸和扩展人类智能的理论、方法、技术及应用系统。这一领域融合了计算机科学、数学、认知科学、神经科学等多学科知识，其发展可追溯至 1956 年的达特茅斯会议。对"人工智能"的深入理解要从理论深度和应用广度上两个层面来看。从深度看，"人工智能"既有建立智能信息处理理论的任务，又有设计某些近似于人类智能行为的计算系统的使命；从广度上看，它包含机器学习、模式识别、自然语言处理等诸多内容。

自 20 世纪 50 年代人工智能首次提出以来，人工智能以机器学习、深度学习为核心，在视觉、语音、通信等领域快速发展，悄然改变着人们的生活及工作方式。世界上越来越多的国家意识到了人工智能技术的重要性与颠覆性，都积极地在人工智能领域深耕布局，培养人工智能人才，抢夺技术先机。当前，中国明确将人工智能作为未来国家重要的发展战略，加强人工智能在医疗、养老、教育等领域的研发应用。

4.1 人工智能历史

本节介绍人工智能发展的历史，帮助读者认识到人工智能的历史是一部充满雄心、挫折、创新和突破的跌宕起伏的史诗，而目前我们正处于一个由数据、算力和深度学习算法驱动的空前繁荣期，AI 技术正在深刻改变世界，同时也带来了新的挑战和思考。

4.1.1 人工智能萌芽期(1943—1955 年)

美国心理学家、神经科学家、逻辑学家、数学家沃伦·麦卡洛克和美国逻辑学家、数学家沃克·比脱斯从信息处理的观点出发,采用数理模型的方法对神经细胞动作进行研究,提出了二值神经元阈值模型,其中每个神经元被描述为"开"或"关"的状态,一个神经元对足够数量的邻近神经元刺激的反应是其状态将由"关"转变至"开"。这里的神经元状态实际上等价于一个命题,他们证明了任何可计算函数都可以通过相连神经元的某个网络来计算,并且所有逻辑连接词(与、或、非等)都可用简单的网络结构来实现。

1936 年图灵提出了一个理想计算机模型(图灵机),创立了自动机理论,将"思维"机器研究和计算机理论研究向前推进了一大步;1945 年他论述了电子数字计算机的设计思想;1959 年他又在《计算机能思维吗?》一文中提出了机器能够思维的论述。1950 年他在文章《计算机器与智能》中提出了图灵测试、机器学习、遗传算法和强化学习。

这一时期为人工智能奠定了三个理论基础。

(1)哲学与数学根源:布尔、弗雷格、罗素建立的数理逻辑和图灵建立的计算理论。

(2)机器智能衡量:图灵提出的图灵测试为衡量机器智能提供了经典的标准,并预言了创造智能机器的可能性。

(3)控制论与早期模型:维纳的控制论探讨了机器与生物系统的控制与通信,并且麦卡洛克和皮茨提出了首个神经元数学模型。

4.1.2　人工智能的黄金期(1956—1969 年)

1956 年夏季,在美国达特矛斯大学,由计算机科学家、认知科学家,当时年轻的数学助教麦卡锡联合他的三个朋友明斯基(哈佛大学年轻的数学家和神经学家)、罗切斯特(IBM 公司信息研究中心负责人)和香农(信息论之父)共同发起了一个机器模拟人类智能问题的研讨会。整个研讨会历时两个月之久,在会上,他们第一次正式使用了"人工智能"这一术语。这次具有历史意义的研讨会,标志着人工智能这门新兴学科的正式诞生,确立了 AI 作为一个独立研究领域的目标。

这一时期,人工智能在有限的方面取得了成功。

1. 通用问题求解器(General Problem Solving,GPS)

GPS 一开始就被设计为模仿人类问题的求解,在它能处理的有限类难题中,GPS 考虑子目标和可能行动的顺序类似于人类处理相同问题的顺序,因此 GPS 或许是第一个"像人一样思考"的程序。赫伯特·杰伦特于 1959 年建造了几何定理证明器,它能够证明连许多数学专业的学生都感到困难的题目。

2. 跳棋程序

阿瑟·萨缪尔从 1952 年开始编写了一系列西洋跳棋程序。1959 年这个程序已击败了它的设计者,1962 年又击败了美国的州冠军。这一程序驳斥了计算机只能做被告知的事的思想,它学习到的跳棋技艺比它的创造者更好。这个跳棋程序具有自学习、自组织和自适应能力,是一个启发式程序。它可以向人学习下棋经验或自己积累经验,还可以学习棋谱。

3. 字符识别程序

1956 年,理工学家、语义学者塞尔夫利奇研制出第一个字符识别程序,接着又在 1959 年推出功能更强的模式识别程序。

4. 数学定理证明

1958 年,美籍数理逻辑学家王浩在 IBM704 计算机上证明了《数学原理》中有关命题演算的全部 220 条定理。他还证明了该书中 150 条谓词演算定理中的 85%,用时仅几分钟。1959 年,王浩仅用 8.4 分钟时间就证明了上述全部定理。

5. 人工智能编程语言

1958 年,麦卡锡定义了高级语言 Lisp,该语言在后来的 30 年中成为人工智能编程领域占统治地位的语言。

(1)1958 年,麦卡锡发表了论文《有常识的程序》,他描述了一个可被看成是人工智能系统的假想程序,该程序使用知识来搜索问题的解。

(2)由于计算资源稀少且昂贵,麦卡锡和 MIT 的其他人一起发明了分时技术。

(3)1960 年,明斯基在论文《走向人工智能的步骤》中提出了由启发式搜索、模式识别、学习、计划、归纳等部分构成的符号操作,掀起了一场人工智能的革命。

(4)1963 年,麦卡锡在斯坦福创办了人工智能实验室。

(5)美国哲学家语言学家乔姆斯基提出了一种文法的数学模型,开创了形式语言的研究。

4.1.3　人工智能的第一次寒冬(1966—1973 年)

美国心理学家、图灵奖和诺贝尔经济学奖的获得者赫伯特·西蒙曾在 1957 年做出预言:10 年内计算机将成为国际象棋冠军,并且将证明一个重要的数学定理。这些预言实际上是在 40 年而不是 10 年内实现或者近似实现。西蒙的过于自信源于早期人工智能系统在简单实例上取得了令人鼓舞的性能。然而,当这些早期系统用于更复杂的问题时,结果都非常失败。

1. 早期的人工智能程序依靠简单处理获得成功

在研究英俄语机器翻译时,研究者最初认为基于俄语和英语语法的简单句法变换以及一部电子词典的单词替换就足以保持句子的确切含义。但事实上,准确地翻译需要背景知识来消除歧义并建立句子的内容。著名的从"the spirit is willing but the flesh is weak(心有余而力不足)"到"the vodka is good but the meat is rotten(伏特加酒是好的而肉是烂的)"的互相翻译(英译俄后再俄译英)说明了遇到的困难。

2. 人工智能试图求解的许多问题的难解性

大多数早期的人工智能程序是通过对求解步骤进行的不同组合,直到找到解。这种策略对简单的小规模问题是有效的,但当问题规模"放大"后,不是使用更快的硬件和更大的存储器就能解决这些规模呈指数上涨的问题。研究者意识到他们对计算机产生了"无限计算能力错觉",即原则上能够找到解的事实并不意味着程序就包含着实际上找到解的机制。

3. 用来产生智能行为的基本结构的某些根本局限

明斯基和西蒙·派珀特在他们的著作《感知机》(1969)中证明:虽然可以证明感知机能

学会它们能表示的任何东西,但是它们能表示的东西很少。

面对计算复杂性、常识知识瓶颈、莫拉维克悖论(对人类容易的感知、运动等任务对机器极难,但对人类难的逻辑推理类任务对机器相对容易),以及算法和理论局限等方面的问题,当时的政府和企业资助大幅削减,AI进入"寒冬"。

4.1.4　专家系统和第二次寒冬(1969—1989年)

人工智能早期的研究是通用的搜索机制串联基本的推理步骤来寻找完全解,这种方法被称为弱方法,它不能扩展到大规模或困难问题的求解。

1969年提出的第一个专家系统程序DENDRAL是一个弱方法的替代方案,它使用领域相关的知识,允许大量的推理步骤。这一方法使DENDRAL程序更容易地处理专门领域里的典型情况。因此,DENDRAL程序只是一个用于解决根据质谱仪的信息推断分子结构的程序。虽然DENDRAL程序并不具有通用性,但它具有重要意义。DENDRAL是第一个成功应用的知识密集系统,它使用了大量专用规则。DENDRAL程序引领了人工智能的新的研究方向——启发式程序。研究者将DENDRAL的专家系统方法论应用到其他人类专家领域,并取得了成功。例如,用于诊断血液传染MYCIN程序,表现得与某些专家一样好。

然而,专家系统局限性日渐凸显。

(1)脆弱性:超出知识库范围就失效;

(2)知识获取瓶颈:获取、维护和更新专家知识成本高昂且困难;

(3)难以扩展:无法处理不确定性和常识推理;

(4)硬件限制:仍然昂贵且不足。

此时,个人电脑兴起分散了企业对大型AI系统的兴趣。投资再次萎缩,AI的发展进入第二次"寒冬"。

1981年,日本宣布了"第五代计算机"计划,以研制运行Prolog语言的智能计算机。1982年,第一个成功的商用专家系统R1开始在数据设备公司(Digital Equipment Corporation,DEC)正式投入使用。该程序为新计算机系统配置订单。到1986年为止,据估计它每年为公司节省了4000万美元。到1988年,DEC公司的已经部署了40个专家系统。人工智能产业从1980年的几百万美元暴涨到1988年的数十亿美元。之后,在"人工智能的第二次寒冬"时期,很多公司都因无法兑现它们所做出的过分承诺而破产。

4.1.5　蛰伏期与算力萌芽(1990—1999年)

1. 神经网络的回归

20世纪80年代末期,至少四个不同的研究组重新发明了1969年就建立的反向传播学习算法。现代神经网络研究分成两个领域:一个是建立有效的网络结构和算法并理解它们的数学属性;另一个是对实际神经元的实验特性和神经元的集成建模。

2. 人工智能采用科学方法

人工智能要成为科学方法,必须遵从严格的实验,结果必须经过统计分析。因此人工智能的研究应建立在严格的定理或确凿的实验证据基础上,并能揭示现实世界的相关性。语音识别领域充分说明了科学方法的重要性。20 世纪 70 年代,语音识别领域出现了不同的研究方法,其中许多方法仅在几个特定样本取得成功。近年,基于严格数学理论的隐马尔可夫模型方法开始主导这个领域。通过在真实语音数据上的训练,系统的鲁棒性得以保证。此外,人工智能与概率和决策理论的融合,发展出形式化方法贝叶斯网络,可以对不确定知识进行有效表示和严格推理。这种将科学方法应用于人工智能的研究路径也应用在机器人、计算机视觉和知识表示领域。

3. 智能 Agent 的出现

智能 Agent 最重要的应用环境就是互联网,人工智能技术成为搜索引擎、推荐系统以及网站构建系统等网络工具的基础。要建立一个完整 Agent 需要把不同的人工智能子领域结合起来。研究者普遍意识到传感器系统(视觉、声呐、语音识别等)不能完全可靠地传递环境信息,因此推理和规划系统必须能够处理不确定性。

4. 极大数据集的可用性

纵观人工智能的研究,研究者的重点一直都是算法,但最新的研究表明更多的数据会更有意义。我们也拥有与日俱增的大规模数据源,如网络上有数万亿个单词和几十亿幅图像、基因序列有几十亿个碱基对等。在词语歧义消除方面,在一个句子中给定的单词"plant"是指植物还是工厂呢?以前对这个问题的解决方法是依赖于人类给出的标注样例,并结合机器学习算法加以消除。但研究证明一个普通算法使用一亿个单词的未标注训练数据也会好过最有名的算法使用 100 万个标注样例。

这一时期,机器学习复兴、统计方法如概率和统计模型用于处理不确定性和从数据中学习;支持向量机作为一种强大的分类算法被广泛应用;摩尔定律持续作用,计算机性能不断提升,成本下降;智能 Agent 理念深入人心;互联网积累了大量数据为未来的数据驱动方法奠定了基础。

4.1.6　数据爆炸与深度学习革命(2000 年至今)

随着大数据、云计算、互联网、物联网等信息技术的发展,在感知数据和图形处理器等计算平台推动下,以深度神经网络为代表的人工智能技术飞速发展,大幅跨越了科学与应用之间的"技术鸿沟"。

这一时期,大数据与算力实现飞跃,一方面互联网、移动设备产生了海量数据,另一方面GPU 等硬件提供了前所未有的并行计算能力。

此外,算法上取得了突破,神经网络(尤其是深度神经网络)在强大的算力和海量数据驱动下取得惊人突破。卷积神经网络(CNN)在图像识别上超越人类;递归神经网络(RNN)、长短期记忆网络(LSTM)、Transformer 在自然语言处理(NLP)等领域取得革命性进展。

(1)2012 年:AlexNet 在 ImageNet 图像识别竞赛中以巨大优势夺冠,引发深度学习热潮。

(2)2016 年:谷歌的 AlphaGo 战胜世界围棋冠军李世石,2017 年 5 月 23 日,柯洁与

AlphaGo 展开对决,最终柯洁中盘投子认输,展示了 AI 在复杂策略游戏中的超凡能力。

（3）2020:大型语言模型(LLM)如 GPT 系列、BERT、DeepSeek 等爆发,在文本生成、翻译、问答等方面表现惊人。

当前 AI 的特点如下。

（1）数据驱动:海量数据是训练模型的核心燃料。

（2）算力依赖:强大的计算资源(尤其是 GPU/TPU 集群)不可或缺。

（3）应用普及:AI 技术渗透到各行各业(推荐系统、自动驾驶、医疗影像分析、金融风控、智能客服、内容创作等)。

（4）大模型时代:参数规模巨大(千亿、万亿级)的预训练模型成为主流范式。

当前,人工智能技术在图像分类、语音识别、知识问答、人机对弈、无人驾驶等领域实现了从"不能用、不好用"到"可以用"的技术突破。

AI 进步是算法、算力、数据三要素协同演进的结果,过度乐观的预测往往导致研究寒冬。当前 AI 正处于新一轮发展高峰,虽然人类需要人工智能去放大和延伸自己的智能,但距离通用人工智能仍有理论鸿沟需要跨越。

4.2 人工智能基础知识

数千年来,我们一直试图理解人类是如何思考的? 人类不过是这个世界中一种普通生物,但却通过感知、理解、预测等手段操纵着一个远复杂于自身的世界。一代一代的人类不但试图理解类似人类的智能实体,而且还试图建造新的智能实体,然而这项技术的核心在于让机器模仿人类智能行为,但实现路径却与人类思维有着本质区别。

4.2.1 什么是人工智能

人工智能是最新兴的科学与工程领域之一,其包含大量各种各样的子领域,既有通用领域,如学习和感知;也有专门领域,如下棋、证明数学定理、写诗、自动驾驶和诊断疾病。人工智能是计算机科学、控制论、信息论、神经生理学、心理学、语言学等诸多学科相互交叉、相互渗透而发展起来的一门新兴边缘学科。它主要研究如何用机器(计算机)来模拟和实现人类的智能行为。

目前人工智能没有一个被一致接受的定义,但是可以从以下四个方面思考什么是人工智能。

1. 像人一样行动:图灵测试

阿兰·图灵(Alan Turing)于 1950 提出的图灵测试,给出了一个测试人工智能的可操作定义。图灵测试由计算机、被测试人和测试主持人组成。计算机和被测试人分别在两个房间内。主持人提出问题,计算机和被测试人分别回答。被测试人回答时尽可能表明他是"真正的"人,计算机也尽可能模仿人的回答。如果主持人听取回答后,分辨不出哪个是人回答的,哪个是计算机回答的,就可以认为被测试计算机是有智能的。

目前,计算机要通过严格的图灵测试,还需要具有下列能力:自然语言处理能力(用人类语言交流)、知识表示能力(存储它知道的或听到的信息)、自动推理能力(运用存储的信息回答问题并推出新结论)、学习能力(机器学习,检测当前情况并进行预测)、视觉能力(计算机视觉,感知物体)、行为能力(机器人学,操纵和移动对象)。这六个方面是目前人工智能研究的重点,但是研究者们的研究重点并不在于使计算机通过图灵测试,而是研究智能的基本原理。计算机通过图灵测试不过是人工智能研究的副产品。正如在莱特兄弟和其他对飞行感兴趣的人停止模仿鸟的飞行而转向使用风洞去理解空气动力学后,人类才真正实现了"人工"飞行,人工智能的目标并不是制造出和人一样的、能骗过真的人类的机器。

2. 像人一样思考:认知建模

如果人工智能是实现像人一样思考,那我们必须首先确定人是如何思考的。通常我们通过内省、心理实验、脑成像等方式了解人脑的工作原理,然后把人脑的工作表示成程序。如果这种程序的输入输出匹配相应的人类行为就可以认为这种程序机制就是人脑的运行机制。基于认知建模,艾伦·纽厄尔(Allen Newell)和赫伯特·西蒙(Herbert Simon)于 1961 年根据程序推理步骤的与求解相同问题的人类个体的思维轨迹设计了通用问题求解器。从此认知科学把计算机模型与心理学实验相结合,试图构建一种精确且可测试的人类思维理论。

3. 合理地思考:思维法则

希腊哲学家亚里士多德最先严格定义"正确思考"为不可反驳的推理过程。他提出的经典三段论就是一个在给定正确前提时总产生正确结论的论证结构模式。如"苏格拉底是人;所有人必有一死;所以苏格拉底必有一死。"这些思维法则开创了逻辑学。沿逻辑学途径,到 1965 年,程序原则上可以求解用逻辑表示法描述的任何可解问题。逻辑主义流派希望依靠程序来创建智能系统,但是面临着两个主要障碍:(1)获取非形式知识并用逻辑表示法加以描述很难实现,特别是在知识不是百分之百肯定时;(2)一个问题在原则上可解和实际上解决该问题之间存在巨大的落差,一个复杂的求解可能会耗尽所有的计算资源。

4. 合理地行动:合理 Agent

Agent 是能够行动的某种东西,被期望做人才能做的事,如自主操作、感知环境、长期持续、适应变化并能创建与追求目标。合理 Agent 是一个为了实现最佳结果,或者当存在不确定性时,为了实现最佳期望结果而行动的 Agent。合理 Agent 要先做逻辑推理,然后按推理结论行动。但是合理 Agent 在某些环境中,不做推理正确的事情,甚至做一些不涉及推理的事情。这些不涉及推理的事情往往类似于人类的某些行为,如人会将手从火炉上拿开,这是一种反射行为,这种行为比仔细考虑、认真推理后再采取行动更合理。此外,Agent 也需要学习以提高生成有效行为的能力。

人工智能不是创造一个类人的人,而是做正确的事,实现"完美"合理性。但在复杂环境中,"完美"合理性对计算要求太高以至于难以实现,因此人工智能向"有限"合理性方向发展,即当没有足够时间完成所有计算时仍能恰当地行动。

4.2.2　人工智能的理论基础

人工智能的核心目标是使机器具备类人智能行为,包括感知、学习、推理、决策等能力。

智能模型的构建需结合认知科学理论,模拟人类大脑的信息处理机制。但关键的问题是如何量化"智能"? 机器智能与人类智能的边界在哪里?

与人类智能不同,人工智能的智能往往是特定任务或领域中的能力,因此,量化标准通常依赖于评估 AI 在各种任务中的表现。

以下是一些常见的量化方法。

1. 任务表现评估

任务表现评估是最常见的量化人工智能的方法。通过对 AI 在特定任务上的表现进行测试和比较,可以评估其智能水平。

常见的量化方式包括如下。

1)准确度(Accuracy)

在分类、预测、识别等任务中,AI 系统的准确度是衡量其智能的重要标准。例如,图像分类任务中的准确度反映了 AI 识别图像的能力。准确度衡量的是模型正确分类的样本数占总样本数的比例。其公式为

$$\text{Accuracy} = \frac{\text{TP} + \text{TN}}{\text{TP} + \text{TN} + \text{FP} + \text{FN}}$$

式中,TP 为真阳性(True Positive),正确预测为阳性的样本数;TN 为真阴性(True Negative),正确预测为阴性的样本数;FP 为假阳性(False Positive),错误预测为阳性的阴性样本数;FN 为假阴性(False Negative),错误预测为阴性的阳性样本数。

2)精度与召回率(Precision and Recall)

在信息检索、自然语言处理等领域,精度和召回率能够全面评估 AI 的任务表现。精度衡量正确预测的比例,召回率衡量真实样本被预测的比例。其中,精度(Precision)衡量预测为正类的样本中有多少是真正的正类样本:$\text{Precision} = \dfrac{\text{TP}}{\text{TP} + \text{FP}}$;召回率(Recall)衡量所有正类样本中被正确预测为正类的比例:$\text{Recall} = \dfrac{\text{TP}}{\text{TP} + \text{FN}}$。

3)F1 分数(F1 Score)

F1 分数是精度和召回率的调和平均数,综合评估 AI 在不平衡数据中的表现,公式为

$$\text{F1} = 2 \times \frac{\text{Precision} \times \text{Recall}}{\text{Precision} + \text{Recall}}$$

4)计算效率与决策时间

对于需要实时决策的 AI 系统,决策速度和计算效率也是评估其智能的重要指标。例如,自动驾驶汽车的决策时间对安全性至关重要。

2. 学习能力与自适应能力(Learning and Adaptability)

1)学习曲线(Learning Curve)

学习曲线描述了模型在训练过程中的表现随训练样本数或时间的变化。假设有一个训练样本数为 N,模型的性能可以用损失函数(如均方误差)来表示,学习曲线的公式为

$$L(N) = \frac{1}{N} \sum_{i=1}^{N} \mathcal{L}(f(x_i), y_i)$$

式中，$L(N)$是训练时的平均损失；$\mathcal{L}(f(x_i),y_i)$是损失函数，衡量预测值 $\mathcal{L}(f(x_i))$ 与真实值 y_i 之间的差异。

2）泛化能力（Generalization Ability）

泛化能力可以通过交叉验证（Cross-Validation）来量化。假设有 K 折交叉验证，训练集为 S_{train}，验证集为 S_{val}，模型性能的平均评估可以通过以下公式表示

$$\text{CV Performance} = \frac{1}{K}\sum_{K=1}^{K}\mathcal{L}(f(S_{\text{train}}^{(k)}),S_{\text{val}}^{(k)})$$

式中，$\mathcal{L}$ 是损失函数，$\mathcal{L}(f(S_{\text{train}}^{(k)}),S_{\text{val}}^{(k)})$是在第 K 折训练数据上的预测。

3）自适应能力（Adaptability）

在强化学习中，AI 的自适应能力通常用累积奖励来衡量。对于一个决策过程（MDP），AI 在每一步的奖励的累积可以表示为

$$G_t = \sum_{k=0}^{\infty}\gamma^k\gamma_{t+k}$$

式中，G_t 是从时间步 t 开始的累积奖励；γ 是折扣因子，衡量未来奖励的相对价值；r_{t+k} 是在时间步 $t+k$ 的奖励。

3. 推理与决策能力（Reasoning and Decision‑Making）

1）贝叶斯推理（Bayesian Inference）

在推理过程中，贝叶斯推理是常用的方法，使用贝叶斯定理进行概率更新。假设有事件 E 和假设 H，贝叶斯定理可以表示为

$$P(H|E) = \frac{P(E|H)P(H)}{P(E)}$$

式中，$P(H|E)$是在给定事件 E 后假设 H 的后验概率；$P(E|H)$是在假设 H 下事件 E 的似然度；$P(H)$是假设 H 的先验概率；$P(E)$是 E 的边际概率。

2）决策质量（Decision Quality）

在博弈论中，决策质量常通过纳什均衡（Nash Equilibrium）来衡量。假设有 n 个参与者，每个参与者的策略为 s_i，则在纳什均衡状态下，所有参与者的策略是相互最优的，即

$$u_i(s_1^*,s_2^*,\cdots,s_n^*) \geqslant u_i(s_1^*,\cdots,s_{i-1}^*,s_i,s_{i+1}^*,\cdots,s_n^*)$$

式中，u_i 是参与者 i 的效用函数；s_i 是参与者 i 策略；s_i^* 是纳什均衡中的最优策略。

4. 自我意识与情感理解能力（Self-Awareness and Emotional Understanding）

1）情感识别（Emotion Recognition）

情感识别通常依赖于模式识别技术，尤其是面部表情分析、语音语调分析等。例如，在面部表情分析中，利用支持向量机（SVM）等方法进行分类，公式可以表示为

$$y = \text{sign}(\boldsymbol{w}^{\text{T}}\boldsymbol{x}+b)$$

式中：$\boldsymbol{x}$ 是输入的特征向量（如面部表情特征）；$\boldsymbol{w}$ 是支持向量机的权重向量；b 是偏置项；y 是输出标签，表示情感类别。

2）情感反应能力（Emotion Response Capability）

在基于情感的 AI 响应中，AI 根据情感识别的结果做出适应性反应。这可以通过决策

树或规则引擎实现,假设情感识别结果为 E,AI 响应策略为 $R(E)$,则

$$R(E)=\text{Response}(E)$$

式中,$\text{Response}(E)$ 是根据情感状态 E 给出的响应。

4.2.3　人工智能的数学基础

人工智能的数学基础是支撑其算法、模型构建与分析的根本核心。AI 涉及从数据中学习、做出预测、推理与决策等能力,而这些能力的实现高度依赖数学理论的支持。

1. 线性代数

线性代数是现代机器学习和深度学习的核心数学工具,主要用于处理向量空间、矩阵运算以及线性变换。

1)向量与矩阵:数据的基本表达方式

在人工智能中,向量和矩阵是数据和模型参数的主要载体。

(1)向量:向量是一个一维数组,用于表示特征或样本。

输入样本(如一张图像、一个句子)可被编码为向量:

$$\boldsymbol{x}=\begin{bmatrix} x_1 \\ x_2 \\ \vdots \\ x_n \end{bmatrix}\in \mathbb{R}^n$$

模型参数如权重向量 $\boldsymbol{w}$ 通常也为同维度向量。

(2)矩阵:矩阵是二维数组,常用于表示多个样本或模型结构。

一批输入样本(m 个样本,每个 n 维)可组成输入矩阵:

$$\boldsymbol{x}=\begin{bmatrix} \boldsymbol{x}_1^{\mathrm{T}} \\ \boldsymbol{x}_2^{\mathrm{T}} \\ \vdots \\ \boldsymbol{x}_m^{\mathrm{T}} \end{bmatrix}\in \mathbb{R}^{m\times n}$$

权重矩阵 $\boldsymbol{W}$ 在神经网络中连接不同层的数据表示,维度取决于输入输出特征数。

2)线性变换与矩阵乘法:模型计算的核心

(1)线性变换:AI 中的模型往往可以看作从输入空间到输出空间的线性映射。

$$f(x)=\boldsymbol{W}x+\boldsymbol{b}$$

式中,$\boldsymbol{W}\in \mathbb{R}^{k\times n}$ 是权重矩阵,将输入从 n 维映射到 k 维;$\boldsymbol{b}\in \mathbb{R}^k$ 是偏置向量;$f(x)\in \mathbb{R}^k$ 是输出特征。

这一步称为仿射变换(affine transformation),在线性代数中,它是平移与旋转的组合。

(2)矩阵乘法:矩阵乘法描述了一个线性系统的多对多输入输出关系,是神经网络中最频繁的操作之一。

$$\boldsymbol{Z}=\boldsymbol{X}\boldsymbol{W}+\boldsymbol{b}$$

式中,$\boldsymbol{X}\in \mathbb{R}^{m\times n}$ 是 m 个输入样本,每个 n 维;$\boldsymbol{W}\in \mathbb{R}^{n\times k}$ 是线性变换矩阵;$\boldsymbol{Z}\in \mathbb{R}^{m\times k}$ 是 m 个

输出向量,每个 k 维。

3)特征空间与线性可分性:几何直观

线性代数还提供了对 AI 模型中"空间结构"的几何解释。

(1)线性可分性。线性模型如感知机、线性分类器的成功依赖于样本能否被超平面分隔:

$$f(x) = \text{sign}(\boldsymbol{w}^{\text{T}} x + \boldsymbol{b})$$

如果存在一个 $\boldsymbol{w}$、$\boldsymbol{b}$,使得正类在超平面一侧,负类在另一侧,则称数据线性可分。这是支持向量机(SVM)等模型的基本假设。

(2)特征空间变换。在神经网络中,线性变换结合激活函数(如 ReLU)能逐层将数据投影到更易分的空间,从而提升分类性能。

4)线性代数工具库

在 AI 实际应用中,线性代数的计算主要依赖以下高效数值库(见表 4-1):

表 4-1　线性代数工具库表

工具库	功能
NumPy	基本矩阵运算与线性代数
SciPy	高级矩阵分解与优化
PyTorch/TensorFlow	自动微分＋高效 GPU 矩阵运算
CuBLAS	NVIDIA 提供的 GPU 线性代数库
LAPACK	数值稳定的特征值、SVD 算法实现

线性代数不仅构成了 AI 算法运行的基本结构,更是理解和改进模型的数学工具。掌握线性代数,是通向高阶人工智能建模的关键。

2. 概率论与统计

在人工智能中,概率论与统计构成了其建模、学习与决策的重要理论支柱。现实世界充满不确定性,而 AI 系统必须在不完全信息下进行推理、预测、学习和决策,概率与统计提供了处理这些不确定性的数学工具。

1)概率论在人工智能中的作用

概率论主要用于建模不确定性和进行推理与决策。在 AI 系统中,很多问题本质上是对"在给定数据条件下,某事件发生的可能性"的计算。

其主要作用如下。

(1)描述数据的不确定性(如分类器输出为某类的概率);

(2)构建贝叶斯推理模型(如贝叶斯网络、隐马尔可夫模型);

(3)强化学习中的策略概率建模;

(4)生成模型的建模基础(如变分自编码器 VAE)。

2)统计学在人工智能中的作用

统计学关注于从数据中学习,在 AI 中,统计方法用于:

(1)估计模型参数(如最大似然估计);

(2)测量和优化模型性能(如交叉验证);

(3)特征选择与维度约简;

(4)假设检验与显著性评估。

3)典型概率模型与统计模型在 AI 中的应用(见表 4 - 2)

表 4 - 2　人工智能中的典型概率模型与统计模型表

模型名称	数学结构与分布	应用场景
朴素贝叶斯分类器	条件独立假设下的贝叶斯推理	文本分类、垃圾邮件识别
高斯混合模型(GMM)	混合多个正态分布	无监督聚类、异常检测
隐马尔可夫模型(HMM)	状态转移＋观测概率	语音识别、序列预测
贝叶斯网络	有向无环图结构中的联合分布	因果推理、医学诊断
马尔可夫决策过程(MDP)	状态-动作-奖励-转移概率	强化学习策略建模
变分推理与 VAE	分布近似＋ELBO 优化	图像生成、无监督学习
蒙特卡罗方法	随机抽样逼近积分或最优解	贝叶斯模型、强化学习、规划

概率论与统计不仅是人工智能中不可或缺的理论工具,更是建构智能系统处理不确定性、从数据中学习与决策的根本。理解它们的数学原理和实际用途,对于深入掌握 AI 原理和模型实现具有决定性意义。

3. 微积分(Calculus)

微积分在人工智能中起着至关重要的作用,尤其是在机器学习和深度学习领域。微积分为模型的训练与优化提供了数学工具,帮助我们理解模型如何学习、如何调整参数以最小化误差、如何更新网络结构等。

1)微积分在人工智能中的总体作用

微积分的核心是研究变化率(导数)与累计量(积分),在人工智能中主要体现在以下几个方面(见表 4 - 3)。

表 4 - 3　微积分在人工智能中的作用表

作用领域	微积分在其中的作用
模型训练	梯度下降优化、误差反向传播(backpropagation)
参数更新	学习率控制下的迭代过程依赖导数信息
激活函数	需要求导以便反向传播计算
正则化与泛化	依赖积分和导数控制模型复杂度
概率模型	连续分布求期望与似然函数常用积分形式
自动微分	框架(如 PyTorch、TensorFlow)中核心计算技术

2)人工智能中使用的微积分核心概念

(1)导数。导数是函数变化率的度量,表示输入变量发生微小变化时输出变量的变化速度。

$$f'(x) = \lim_{\Delta x \to 0} \frac{f(x + \Delta x) - f(x)}{\Delta x}$$

在人工智能中,导数用于衡量损失函数对参数的敏感性,例如 $\frac{\partial \mathcal{L}}{\partial \omega}$ 表示模型损失 $\mathcal{L}$ 对权重 w 的变化率。

(2)偏导数。在多变量函数中,偏导数表示仅改变一个变量时函数的变化:

$$\frac{\partial f(x_1, x_2, \cdots, x_n)}{\partial x_i}$$

在人工智能中,神经网络中的权重矩阵和偏置都依赖于偏导数进行更新。

(3)梯度。梯度是多变量函数的偏导数组成的向量,表示函数在某点的最快上升方向。

$$\nabla f = \left[\frac{\partial f}{\partial x_1}, \frac{\partial f}{\partial x_2}, \cdots, \frac{\partial f}{\partial x_n}, \right]^{\mathrm{T}}$$

在人工智能的训练中我们常用梯度下降法 $\boldsymbol{\theta} := \boldsymbol{\theta} - \eta \, \nabla_{\boldsymbol{\theta}} \mathcal{L}(\boldsymbol{\theta})$,其中 $\boldsymbol{\theta}$ 是参数向量;η 是学习率;$\mathcal{L}(\boldsymbol{\theta})$ 是损失函数。

(4)链式法则。链式法则用于复合函数的求导,是神经网络中误差反向传播算法(Back-propagation)的数学基础:

$$\frac{\mathrm{d}y}{\mathrm{d}x} = \frac{\mathrm{d}y}{\mathrm{d}u} \cdot \frac{\mathrm{d}u}{\mathrm{d}x}$$

在多层神经网络中,损失函数对每层权重的导数都需要通过链式法则层层传递。

(5)Hessian 矩阵(二阶导)。Hessian 是二阶偏导数组成的矩阵,描述了函数的曲率信息:

$$\boldsymbol{H}(f) = \begin{bmatrix} \frac{\partial^2 f}{\partial x_1^2} & \cdots & \frac{\partial^2 f}{\partial x_1 \partial x_n} \\ \vdots & \ddots & \vdots \\ \frac{\partial^2 f}{\partial x_n \partial x_1} & \cdots & \frac{\partial^2 f}{\partial x_n^2} \end{bmatrix}$$

Hessian 矩阵可用于牛顿法、拟牛顿法等高级优化算法并可用于判断局部极值点是否为极小值或鞍点。

(6)积分。积分在 AI 中主要用于计算:连续变量的期望

$$E[X] = \int_{-\infty}^{\infty} x f(x) \mathrm{d}x$$

在人工智能中主要用于正则化项的惩罚积分(如 $L2$ 范数)控制模型复杂度,以及变分推理、概率密度归一化等场景中必须对密度函数积分。

微积分为人工智能中的学习与优化提供了强大的数学工具。从一阶导数的梯度下降,到链式法则支撑的反向传播,再到积分在生成模型中的期望估计,微积分贯穿于 AI 建模的全过程。系统掌握微积分的原理及其在 AI 中的实际用途,是理解深度学习机制、设计高效模型的必要前提。

4. 信息论(Information Theory)

信息论是人工智能中的一项核心数学理论,最初由克劳德·香农(Claude Shannon)在 1948 年提出,旨在量化信息、测量不确定性、分析编码效率。信息论为 AI 提供衡量"信息量"与"不确定性"的工具。随着人工智能的发展,信息论已广泛应用于机器学习、深度学习、特征选择、生成模型、神经网络解释性等多个关键领域。

1)信息论在人工智能中的总体作用

信息论为人工智能提供了衡量"信息量"与"不确定性"的工具(见表 4 - 4)。

表 4 - 4　信息论在人工智能中的作用表

AI 应用任务	信息论提供的支持
模型学习	使用交叉熵和 KL 散度衡量预测与真实标签差异
特征选择	用互信息衡量特征与标签的关联强度
表示学习	信息瓶颈(IB)理论引导压缩与泛化
生成模型(如 VAE)	使用 KL 散度优化潜变量分布与先验的一致性
神经网络可解释性	量化层间信息传递与冗余
无监督学习与聚类	利用熵与互信息评估聚类结构与类别一致性

2)人工智能中的信息论基本概念

(1)熵(Entropy):熵表示一个随机变量的不确定性,是信息论的基础概念。

离散型熵定义:

$$H(X) = -\sum_{x \in X} P(x) \lg P(x)$$

式中,X 完全确定,如 $P(x_0)=1$,则 $H(X)=0$;若 X 服从均匀分布,熵最大,表示最不确定。

熵在人工智能中常用于衡量分类任务中标签分布的纯度(如决策树中的信息增益)、衡量模型输出的确定性以及衡量中间层的表达复杂度。

(2)条件熵(Conditional Entropy):表示在已知 Y 的情况下 X 的不确定性。

$$H(X \mid Y) = -\sum_{y} P(y) H(X \mid Y = y)$$

条件熵在人工智能中常用于在监督学习中用于分析预测中剩余的不确定性以及用于评估模型对标签解释能力的提升。

(3)互信息(Mutual Information,MI):互信息用于衡量两个变量共享多少信息,即知道 X 后能减少多少对 Y 的不确定性。

$$I(X;Y) = H(X) - H(X \mid Y) = \sum_{x,y} P(x,y) \lg \frac{P(x,y)}{P(x)P(y)}$$

互信息常用于特征选择(选择与输出标签 Y 具有最大互信息的特征 X_i)、表示学习(训练中间表示 Z 时,最大化 $I(Z;Y)$,最小化 $I(Z;X)$,聚类评估(聚类标签与真实标签的互信息作为指标)。

(4)交叉熵(Cross-Entropy):在分类问题中广泛使用的损失函数,衡量真实分布 P 与预

测分布 Q 的差异：

$$H(P,Q) = -\sum_x P(x)\lg Q(x)$$

交叉熵中，当 P 为 one-hot 标签，交叉熵简化为负对数似然（NLL），并且越接近于真实分布，交叉熵越小，损失越低。

（5）KL 散度（Kullback-Leibler Divergence）：KL 散度衡量两个分布 P 和 Q 之间的相对熵，是信息损失的一种度量：

$$D_{\text{KL}}(P \parallel Q) = \sum_x P(x)\lg \frac{P(x)}{Q(x)}$$

KL 散度常用于生成模型中，如 VAE 使用 KL 散度使潜变量逼近先验分布；蒙特卡洛方法中评估采样分布与目标分布的差异；强化学习中策略迭代中的策略正则项。

信息论为人工智能提供了一套定量化认知、建模不确定性、优化表示的基本工具。从监督学习到生成模型，从特征选择到模型压缩，信息论概念如熵、KL 散度、交叉熵、互信息等，已成为 AI 研究与工程实现中不可或缺的核心元素。掌握信息论，不仅有助于深入理解模型的本质，还能为设计更高效、可解释、更智能的系统打下坚实的理论基础。

5. 离散数学与图论（Discrete Math & Graph Theory）

离散数学（Discrete Mathematics）是人工智能（Artificial Intelligence，AI）中不可或缺的数学基础，特别是在算法设计、符号推理、图结构建模、搜索规划和逻辑表示等方面有着深远应用。离散数学关注于离散对象（如图、集合、逻辑、关系、树结构等）之间的结构、性质与变换，为人工智能中的知识表示、规划问题、推理系统、数据结构等提供理论工具。

1）人工智能中离散数学的基本作用（见表 4-5）。

表 4-5　离散数学在人工智能中的作用表

离散数学分支	AI 中典型应用
数理逻辑	专家系统、知识表示、自动推理
集合论与关系代数	数据建模、数据库、知识图谱
图论	图神经网络、路径规划、搜索、贝叶斯网络
组合数学	状态空间分析、博弈、强化学习中的策略技术
语言与形式文法	语法分析、自然语言处理、图灵计算理论
布尔代数	决策树、SAT 求解、模型验证、搜索算法

2）人工智能中的离散数学的常用概念

（1）数理逻辑：推理与知识表示的语言。

人工智能中常用到的数理逻辑包括命题逻辑和一阶逻辑。

命题逻辑的基本元素是布尔变量和逻辑运算（如非、与、或、蕴含），可以进行简单知识规则建模，例如专家系统。通过对命题逻辑引入了谓词、变量、量词（如全称量词和存在量词），可以表示复杂知识，在人工智能中常用于逻辑编程、知识图谱推理和自动定理证明。

(2)集合论与关系代数:构建与查询知识。集合与关系构成了人工智能中对象表示、知识结构和数据操作的基础。其中,集合用于表示类别、标签、状态空间;笛卡儿积与关系表示知识图谱中实体与关系建模;映射与函数用于函数学习、概率映射;关系操作,如联合、交、差等在数据库和逻辑规则中广泛使用。

(3)图论:结构化知识与模型的核心工具。图论用于描述对象之间的关系结构,在多种人工智能场景中极为关键。在人工智能领域,图论常用于最短路搜索算法(如 A∗)、路径规划、强化学习导航;图的邻接矩阵/列表常用于图神经网络(GNN)输入结构;有向无环图(DAG)常用于贝叶斯网络、因果图、神经网络结构表示;图的连通分量常用于图聚类、图划分、弱监督结构学习;图的遍历(深度优先搜索和广度优先搜索)常用于状态搜索、游戏树遍历、规划问题求解。

(4)组合数学:状态空间与结构计数。组合数学关注对象的选择、排列与组合数量,常用于状态空间大小估计(强化学习、搜索问题)、动作组合分析(博弈策略、对抗学习)、结构构造(句法树、图模型)。

如在八数码问题中,需要计算所有合法棋盘布局:

八数码问题是一个游戏:在一个 3×3 的棋盘上有 8 个数字棋子和一个空格。与空格相邻的棋子可以滑动到空格中。游戏目标是要达到某一个特定的状态,如图 4-1 所示。

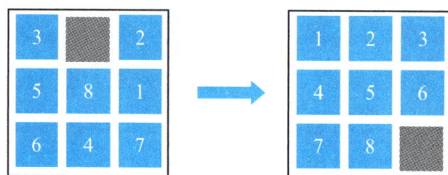

图 4-1 八数码问题

该问题可形式化如下。

①状态:状态描述指明 8 个棋子以及空格在棋盘 9 个方格上的分布。

②初始状态:任何状态都可能是初始状态。注意要到达任何一个给定的目标,可能的初始状态中只有一半是可解的,也只有这一半可以作为初始状态。

③后继函数:把空位向左、右、上、下移动能够达到的合法状态。

④目标测试:用来检测状态是否能匹配目标布局。

⑤路径耗散:每一步的耗散值为 1,因此整个路径的耗散值是路径中的总步数。

八数码问题属于滑块问题家族,为 NP(Non-deterministic Polynomial)完全问题。八数码问题共有 9!/2=181 440 个可达状态,很容易求解。15 数码问题(4×4 棋盘)有大约 1.3 万亿个状态,用最好的搜索算法求解一个随机实例的最优解需要几毫秒。24 数码问题(5×5 棋盘)的状态数可达 1.55×10^{25} 个,求随机实例的最优解需要几个小时。

人工智能中常用到的组合数学工具包括:排列组合公式;生成函数,用于组合优化;容斥原理;用于避免重复计数。

(5)形式语言与自动机理论:语言建模与智能代理。形式文法在自然语言处理中,用上下文无关文法建模语言结构,主要包括句法分析和问题求解语言建模(如正则语言、自动规划）。

有限状态自动机用于建模简单智能代理或状态行为机器，常应用于聊天机器人响应系统、强化学习中的马尔可夫过程，以及序列任务建模与控制策略切换。

(6) 布尔代数与可满足性。布尔代数在人工智能领域主要用于规则表达与逻辑推理和 SAT 求解器中用于确定一个布尔公式是否有解。例如在规划问题中，将约束转换为布尔变量组合或使用 SAT 解算器进行形式验证、资源调度等任务。

离散数学为人工智能提供了强大的结构化建模工具和严谨的形式化语言，是构建智能系统的语言与逻辑基础。掌握离散数学不仅能够深化对人工智能算法的理解，还能推动对复杂系统的结构设计与推理能力。人工智能领域中的一些结构（如神经网络拓扑、贝叶斯图模型、图神经网络 GNN）都依赖图结构和离散结构。

人工智能的成功离不开坚实的数学基础。各领域数学不仅为人工智能算法的设计提供理论工具，也为其可解释性、稳定性和优化性提供了保障。未来，随着人工智能的发展，数学在其中的地位只会愈发重要。

4.2.4　人工智能的算法基础

人工智能的算法基础是构建智能系统的核心支撑。人工智能算法是使机器具有"智能行为"的具体实现方式，涵盖了感知、学习、推理、规划、决策等功能。从传统人工智能中的规则推理算法到现代机器学习、深度学习中的训练优化算法，人工智能的发展始终离不开算法设计与理论支持。

1. 人工智能算法的主要类别

人工智能中的算法可按照其功能和原理分为以下几大类（见表 4 - 6）。

表 4 - 6　常用的人工智能算法表

类别	说明	代表算法
搜索与规划算法	在状态空间中搜索最优路径或动作序列	BFS,DFS,A＊,Minimax
符号推理与逻辑算法	基于规则和逻辑进行知识推理	归结推理、前向/后向链推理
概率推理算法	建模和推理不确定性问题	贝叶斯网络、HMM、MCMC
机器学习算法	从数据中学习函数或策略	KNN,SVM,决策树,RF,XGBoost
深度学习算法	神经网络及其变种，基于反向传播和梯度优化	CNN,RNN,Transformer
强化学习算法	基于环境反馈学习最优策略	Q-learning,DDPG,PPO
群体智能与启发式算法	模仿自然进化、行为或经验的搜索方法	遗传算法、蚁群算法、PSO

2. 人工智能基础算法

1)广度优先搜索(BFS)与深度优先搜索(DFS)

人工智能需要解决的一个基本问题是"问题求解",即让计算机自动完成一个智能体在给定环境中,从初始状态出发,通过一系列合法动作,最终达到目标状态的过程。它是早期人工智能最重要的研究方向之一,也是构建智能决策系统、规划系统和智能体系统的基础。

问题求解的基本方法可以描述为,若定义 S 为被求解问题可能的初始状态集合,F 为求解过程中可使用的操作集合,G 为目标状态集合,那么问题求解的过程就是在状态空间中寻找从初始状态 XS 出发,到达目标状态 XG 的一个路径。

一般情况下,问题求解程序由三个部分组成:数据库、操作规则、控制策略。

数据库中包含与具体任务有关的信息,这些信息描述了问题的状态和约束条件。状态分量的不同取值组合对应着不同的状态,但并不是所有的状态都是问题求解所需要的,问题本身所具有的约束条件可以帮助除去那些非法状态和不可能状态,而保留在数据库中的是问题的初始状态、目标状态和中间状态。

数据库中的知识是叙述性的,而操作规则却是过程性的。操作规则由条件和动作两部分组成,条件给定了操作的先决条件,动作描述了由于操作而引起的某些状态分量的变化。

系统的控制策略确定了求解过程中应该采用哪一条适用的规则。适用规则是指从规则集合中选择出最有希望导致目标状态的操作,施加到当前状态上,以便克服组合爆炸。

问题求解的方法通常是一种搜索技术。一个解是一个行动序列,所以搜索算法的工作就是考虑各种可能的行动序列。把可能的行动序列当成一棵搜索树,这棵树的结点对应问题的状态,连线表示行动,从搜索树中根结点的初始状态出发,先检测该结点是否为目标状态;如果不是,在当前状态下应用各种合法行动,由此生成了一个新的状态集,再在新的状态中选择一条路往下走(见图 4-2)。不同的搜索算法的基本结构相同,主要的区别在于如何选择下一个要搜索的状态,即搜索策略。

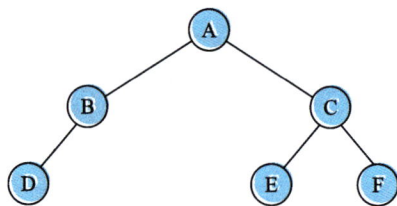

图 4-2 搜索树

如果环境是可观察的、确定的、已知的,并且在这些搜索策略中关注的是求解路径,根据已知信息的不同,可以采用无信息搜索和启发式搜索策略。如果除了问题定义中提供的状态信息外没有任何附加信息,一般采用无信息搜索策略。搜索树上常用的搜索方法有深度优先法和广度优先法。

(1)深度优先搜索。深度优先搜索总是搜索当前结点的子结点,一直搜索到没有后继结点的结点,然后搜索算法回溯到下一个还有未搜索的后继结点的层次稍高的结点。图 4-3 给出了一个在二叉树上进行深度优先搜索的实例,图 4-4 是递归形式的 DFS 算法伪码,图 4-5 是非递归形式 DFS 算法伪码。

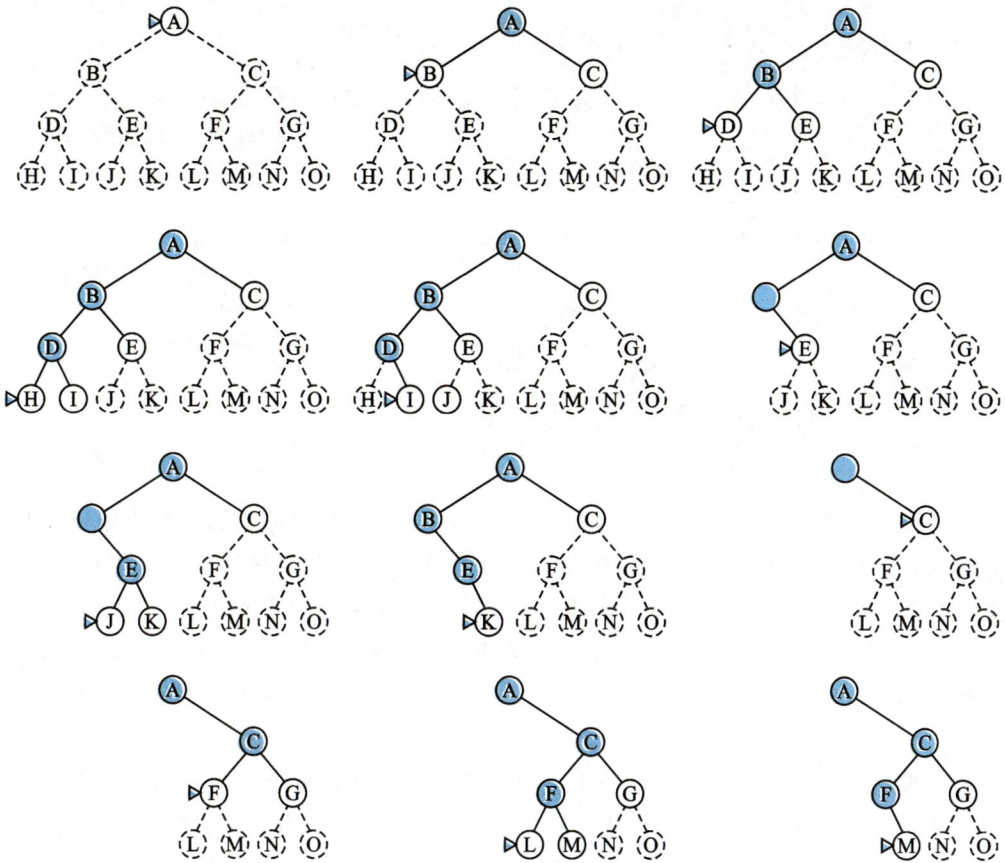

图 4-3　二叉树上的深度优先搜索

```
DFS(start):
    创建空栈 S
    将起始节点 start 入栈
    创建 visited 集合

    while S 非空:
        当前节点 ← S 出栈
        如果是目标,返回路径
        标记为已访问
        对于每个邻居(可按某种顺序):
            如果未访问:
                入栈
```

```
DFS(node):
    如果 node 是目标,返回成功
    标记 node 为已访问
    对于 node 的每个邻居:
        如果未访问:
            递归调用 DFS(邻居)
```

图 4-4　递归形式的 DFS 算法伪码　　图 4-5　非递归形式的 DFS 算法伪码

　　(2)广度优先搜索。广度优先搜索先搜索根结点,接着搜索根结点的所有后继,然后再搜索它们的后继,依此类推。图 4-6 给出了一个在二叉树上进行广度优先搜索的实例,图 4-7 是 BFS 算法伪码。

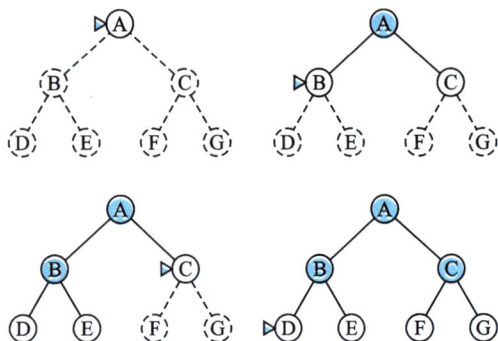

图 4-6　二叉树上的广度优先搜索

```
BFS(start):
    创建空队列 Q
    将起始节点 start 入队
    创建 visited 集合,标记已访问

    while Q 非空:
        当前节点 ← Q 出队
        若当前节点是目标,返回路径
        对于每个当前节点的邻居:
            如果未访问:
                标记为已访问
                入队
```

图 4-7　BFS算法伪码

如果除了问题本身之外还有某些特定知识时,可采用有信息(启发式)搜索策略,进行更有效求解。如贪婪最佳优先搜索:试图搜索离目标最近的结点,以更快找到问题的解。

无信息搜索和启发式搜索关注的都是求解路径,如果问题求解关注的不是路径代价而是解的状态,则可以采用不同的算法,如局部搜索算法,它从当前结点出发,通常只移动到它的邻近结点。这个方法不是全局性的,但它占用更少的内存,很适合求解最优化问题。

上述搜索算法都只考虑了只有一个参与者的情况。在有多个参与者的情况下,问题求解一般采用对抗搜索策略。对抗搜索也称为博弈搜索,它定义为有完整信息的、确定性的、轮流行动的、两个游戏者的零和游戏(如象棋)。这里确定性表示在任何时间点游戏者之间都有有限的互动;轮流行动表示玩家按照一定顺序轮流行动;零和游戏表示游戏者的目标相反,即游戏的终结状态下,所有玩家获得的总和等于零。

2)A∗算法

A∗算法(A-Star)是一种用于路径搜索与问题求解的启发式搜索算法,是广度优先搜索(BFS)与贪婪搜索策略的结合体。它是目前最经典、最广泛使用的图搜索算法之一,广泛应用于机器人路径规划、游戏角色移动、地图导航、智能体决策等领域。

A∗的目标是在一个状态空间(通常建模为图或树)中,从起点出发,通过一系列动作,到达目标状态,同时使得路径代价为 $f(n) = g(n) + h(n)$。其中,$f(n)$ 为从起点经节点 n 到目标的估计总代价;$g(n)$ 为从起点到当前节点 n 的真实代价(已走路径);$h(n)$ 为从当前节点 n 到目标节点的启发函数(估计),图 4-8 为 A∗算法的伪码。

启发函数 $h(n)$ 是 A∗算法性能的核心,它提供对从当前节点到目标的距离的估计。启发函数需满足可采纳性,即不能高估真实代价,否则可能错过最优路径。

A∗算法是智能搜索与规划的基石。理解 A∗,意味着你掌握了人工智能决策系统中路径选择与代价权衡的核心思想,为更复杂的自动规划、博弈决策和策略搜索奠定了坚实基础。

```
A_Star(start, goal):
    初始化开放列表 open ← {start}
    初始化关闭列表 closed ← ∅
    初始化 g(start) = 0
    初始化 f(start) = g(start) + h(start)

    while open 非空:
        当前节点 n ← open 中 f(n) 最小的节点
        如果 n 是目标,则构造路径并返回

        将 n 从 open 移至 closed

        对每个邻居 n' of n:
            如果 n' ∈ closed, 跳过
            临时代价 tentative_g = g(n) + cost(n, n')
            如果 n' 不在 open 或 tentative_g < g(n'):
                g(n') ← tentative_g
                f(n') ← g(n') + h(n')
                记录 n 为 n' 的父节点
                如果 n' 不在 open,将其加入
```

图 4-8　A * 算法伪码

3)Minimax 算法＋α-β 剪枝

Minimax 算法和 α-β 剪枝是人工智能中用于博弈树搜索的核心算法组合,广泛用于双人零和对抗游戏(如国际象棋、围棋、井字棋、五子棋等)的最优策略决策。它们体现了理性对手博弈中的决策逻辑。

Minimax 的目标是在回合制对抗中,选择一个使己方收益最大、同时假设对方也尽最大努力让己方最小收益的行动策略。Minimax 算法将游戏状态表示为树形结构(博弈树),叶节点表示终局评分,如胜负、得分等,而中间节点表示交替选 min/max 值。Minimax 的核心思想是自己回合选最大值(Max),对方回合选最小值(Min)。图 4-9 为 Minimax 算法伪代码。

α-β 剪枝用于加速 Minimax 算法。由于 Minimax 算法必须遍历整棵博弈树,其时间复杂度为 $O(b^d)$,其中 b 为每步可行动作数(分支因子),d 为搜索深度。例如,在国际象棋等游戏中,这一复杂度非常高。因此引入 α-β 剪枝技术。

```
function minimax(node, depth, maximizingPlayer):
    if node is terminal or depth = 0:
        return evaluate(node)

    if maximizingPlayer:
        maxEval = -∞
        for each child of node:
            eval = minimax(child, depth - 1, False)
            maxEval = max(maxEval, eval)
        return maxEval

    else:  # minimizing player
        minEval = +∞
        for each child of node:
            eval = minimax(child, depth - 1, True)
            minEval = min(minEval, eval)
        return minEval
```

图 4 - 9   Minimax 算法伪码

α 表示当前 Max 层已知的最大下界(最好的得分), β(Beta)表示当前 Min 层已知的最小上界(对手能接受的最差)。若在 Min 节点发现当前分支结果不大于 α,则无需继续探索其他子节点;若在 Max 节点发现当前分支结果不小于 β,则也无需继续探索。图 4 - 10 为 α - β 剪枝算法伪代码。

```
function alphabeta(node, depth, α, β, maximizingPlayer):
    if node is terminal or depth == 0:
        return evaluate(node)

    if maximizingPlayer:
        value = -∞
        for each child of node:
            value = max(value, alphabeta(child, depth-1, α, β, False))
            α = max(α, value)
            if β ≤ α:
                break  # β剪枝
        return value

    else:
        value = +∞
        for each child of node:
            value = min(value, alphabeta(child, depth-1, α, β, True))
            β = min(β, value)
            if β ≤ α:
                break  # α剪枝
        return value
```

图 4 - 10 α - β 剪枝算法伪码

$\alpha-\beta$ 剪枝算法不影响结果正确性,仅优化效率。在最好情况下能将 Minimax 算法复杂度从 $O(b^d)$ 降到 $O(b^{d/2})$。

4)前向链推理(Forward Chaining)

在人工智能中,前向链推理是一种常用于规则基础系统中的推理方法,也称为数据驱动推理。它以当前已知事实为出发点,不断应用规则库中的推理规则,推导出新的事实,直到得出目标结论或没有更多规则可以应用为止。

前向链推理的规则结构为 if-then 规则:IF 条件 1AND 条件 2AND…THEN 结论。在逻辑表示中,类似于蕴含式 $A_1 \wedge A_2 \wedge \cdots \wedge A_n \rightarrow B$。其中,前件是条件部分,即 IF 部分;后件是结论部分,即 THEN 部分。

前向推理过程如下。

(1)初始化:加载已知事实集合。

(2)匹配:在规则库中找到前件完全匹配当前事实的规则。

(3)执行:将该规则的结论加入工作记忆中。

(4)重复:继续匹配并应用规则,直到:

①得出目标结论(成功推理),或

②所有规则都无法再被触发(推理终止)

这是一种正向激活式推理过程,每一次推理都可能产生新的事实,从而触发更多规则。比如:

规则库

    R1   IF 人是哺乳动物 THEN 人有脊椎

    R2   IF 人是动物 AND 动物有细胞 THEN 人有细胞

    R3   IF 人是哺乳动物 THEN 人是动物

    R4   IF 人有脊椎 AND 人有细胞 THEN 人是复杂生物

已知事实

    F1 人是哺乳动物

    F2 动物有细胞

则推理过程如下

    应用 R1   人是哺乳动物→人有脊椎

    应用 R3   人是哺乳动物→人是动物

    应用 R2   人是动物 AND 动物有细胞→人有细胞

    应用 R4   人有脊椎 AND 人有细胞→人是复杂生物

前向链推理具有简单直接的推理框架,易于实现且推理链可被追踪,可解释性强,但是在规则库大或推理链长时,可能产生大量冗余中间推理导致推理效率低下,且不适合目标导向任务,因为前向推理从事实出发,可能推导出很多无关信息。

前向链推理是符号人工智能中基础而重要的推理技术,特别适用于以规则形式组织知识的专家系统和感知驱动系统。其特点是自底向上、数据驱动、逐步扩展知识库,是现代许多推理引擎中核心的推理模式之一。

5)后向链推理(Backward Chaining)

后向链推理是人工智能中一种常见的推理机制,特别广泛应用于专家系统和自动定理证明中。它也称为目标驱动推理,从目标结论出发,反复尝试寻找支持它的前提,直到追溯到已知事实或失败。

后向链推理的核心思路是从目标出发,寻找哪些规则可以得出这个目标作为结论,再将这些规则的前提条件作为新的子目标继续推理,直到所有子目标都能由事实库中的已知事实支持为止。这种策略与人类解决问题的方式类似,例如医生在诊断时会从症状(目标)出发,推断可能的原因(条件),再根据检验结果判断是否成立。

在后向链推理的规则结构中也以蕴含式规则的形式表示:IF $A_1 \wedge A_2 \wedge \cdots \wedge A_n \Rightarrow B$。其中,B是目标,即要证明的命题;$A_i$是支持它成立的前提条件。

后向链推理推理流程如下。

(1)设定目标结论 G。

(2)查找规则库中所有以 G 为结论的规则。

(3)将这些规则的前提作为新的子目标 G1, G2 ,…。

(4)对每个子目标递归地重复此过程。

(5)如果所有子目标都能匹配已知事实,原目标成立。

(6)否则,目标不成立或失败。

以下是一个后向链推理的实例。

规则库:

  R1 IF 有羽毛 THEN 是鸟

  R2 IF 会飞 AND 是鸟 THEN 是候鸟

  R3 IF 有翅膀 THEN 会飞

已知事实:

  F1 有羽毛

  F2 有翅膀

目标:是候鸟

推理步骤:

  要证明"是候鸟"

  查找 R2:需要"会飞"AND"是鸟"

会飞?

  查找 R3:需要"有翅膀"→F2 成立

是鸟?

  查找 R1:需要"有羽毛"→F1 成立

⇒所有子目标都成立→"是候鸟"成立

后向链推理可形式化表示为逻辑回溯,即若目标 G 与某规则后件匹配 R:A1 ∧ A2⇒G,将目标替换为子目标 A1,A2,逐步向下展开,直到全部为已知事实或不可继续。

后向链推理可直接针对查询目标进行推理,目标明确且只生成必要的推理路径,避免中间状态爆炸,节省资源。但是后向链推理无法响应环境变化或传感器数据流,不适合感知驱动任务且当缺乏终止条件或事实支持时易陷入无限回溯。

后向链推理是人工智能中基于规则的逻辑推理机制之一,以目标为出发点,逐步回溯至支持它的前提条件,是构建专家系统、知识推理系统、智能问答系统的关键技术。其目标驱动特性,使得它在面对复杂查询、诊断、证明等任务时高效而有效,尽管在数据驱动和不确定环境中存在局限,但在知识逻辑推理中依然不可替代。

6)贝叶斯网络(Bayesian Networks)

贝叶斯网络(Bayesian Network,BN),又称为信念网络或概率图模型(PGM),是人工智能中用于表示和推理不确定性知识的一种重要模型。它将概率论与图论结合,能够清晰地表达变量之间的条件依赖关系,并高效地进行概率计算和推断。

贝叶斯网络是一种有向无环图,每个节点表示一个随机变量,边表示变量之间的条件依赖。每个节点还伴随一个条件概率分布,用来描述该变量在已知其父节点的情况下的概率。

一个贝叶斯网络 B 定义为三元组: $B=(G,\ P,\ X)$,其中 $G=(V,\ E)$ 是有向无环图, V 是点集, E 是边集, G 表示变量之间的依赖结构; $X=\{X_1,\ X_2,\cdots,\ X_n\}$ 是变量集合,每个节点代表一个随机变量; $P=\{P(X_i|Pa(X_i))\}$ 是条件概率表, $Pa(X_i)$ 是 X_i 的父节点集合。

贝叶斯网络的最大优点是将联合概率分布转化为多个更小的局部条件概率的乘积:

$$P(X_1,X_2,\cdots,X_n)=\prod_{i=1}^{n}P(X_i\mid Pa(X_i))$$

这是链式法则的结构化形式,体现了条件独立性:每个变量只依赖其父节点。

贝叶斯网络可以完成一系列推理任务。

(1)边缘推理:计算某变量的边缘概率 $P(X_i)=\sum_{\text{其他变量}}P(X_1,\cdots,X_n)$

(2)条件推理:给定某些变量观测值,计算其他变量的后验概率 $P(X|E=e)$

(3)最可能解释:在观测下找到最有可能的变量配置 $\underset{X}{\arg\max}P(X|E=e)$

此外,贝叶斯网络还可用于机器学习,如结构学习,即从数据中学习网络的拓扑结构;参数学习,即给定结构,估计条件概率表;有监督数据,即计算最大似然估计。

贝叶斯网络是人工智能中用于建模和推理不确定性的基础工具。它融合了概率论、图论与推理逻辑,既可以用来表达因果结构,也可以用于学习和预测。无论在传统专家系统、机器学习,还是现代智能系统中,贝叶斯网络都是理解智能决策与概率推理的核心桥梁。

7)隐马尔可夫模型(HMM)

隐马尔可夫模型(Hidden Markov Model,HMM)是人工智能中一种经典的统计时序模型,广泛应用于语音识别、自然语言处理、生物信息学、金融建模等领域。它是对具有马尔可夫性质的隐藏状态序列与可观测输出序列之间关系的一种建模工具,用于建模序列数据如语音识别、POS 标注等。

一个 HMM 定义为五元组 $\lambda=(S,\ V,\ A,\ B,\ \pi)$,其中, $S=\{s_1,s_2,\cdots,s_N\}$ 为隐藏状态集合; $V=\{v_1,\ v_2,\cdots,\ v_M\}$ 为观测符号集合; $A=[a_{ij}]$ 为状态转移概率矩阵, $a_{ij}=P(q_{t+1}=s_j|q_t=s_i)$; $B=[b_j(k)]$ 为观测概率矩阵, $b_j(k)=P(o_t=v_k|q_t=s_j)$; $\pi=[\pi_i]$ 为初始状态概率向量, $\pi_i=P(q_1=s_i)$ 。以上公式中 q_t 是在时间 t 的隐藏状态, o_t 是在时间 t 的观测值。

隐马尔可夫模型实际上是一种双层结构模型,上层是隐藏的马尔可夫链,表示不可见的状态;下层是给每个状态生成一个可见的观测符号。

隐马尔可夫模型可以解决三个基本问题。

(1)概率计算:采用前向算法(见图 4-11)对给定模型 λ 和观测序列 $O=(o_1, o_2, \cdots, o_T)$,计算序列发生的概率 $P(O|\lambda)$。

给定 HMM 模型 $\lambda=(A, B, \pi)$ 和观测序列 $O=(o_1, o_2, \ldots, o_T)$

计算其在该模型下发生的概率:$P(O|\lambda)$

Step 1:初始化$(t=1)$ $\alpha_1(i)=\pi_i b_i(o_1), i=1,2,\cdots,N$

Step 2:递推 $(t=2$ 至 $T)\alpha_t(j)=\left[\sum_{i=1}^{N}\alpha_{t-1}(i)a_{ij}\right]b_j(o_t), j=1,2,\cdots,N$

Step 3:终止 $P(O|\lambda)=\sum_{i=1}^{N}\alpha_T(i)$

图 4-11　前向算法

(2)解码:采用维特比算法(见图 4-12)对给定模型 λ 和观测序列 $O=(o_1, o_2, \cdots, o_T)$,求最可能产生该观测序列的隐藏状态序列。

给定 HMM 模型 $\lambda=(A, B, \pi)$ 和观测序列 $O=(o_1, o_2, \ldots, o_T)$

找出最可能的状态序列 $Q^*=\underset{Q}{\operatorname{argmax}}P(Q|O,\lambda)$

由贝叶斯公式可得 $Q^*=\underset{Q}{arg\max}P(Q,O,\lambda)$

定义维特比变量 $\delta_t(i)=\underset{q_1,\cdots,q_{t-1}}{\max}P(q_1,\cdots,q_{t-1},q_t=s_i,o_1,\cdots,o_t|\lambda)$

即在时间 t 到达 s_i,并经历前 t 个观测的最大概率路径值。

另外,记录路径的指针 $\psi_t(i)=\underset{j}{\operatorname{argmax}}\left[\delta_{t-1}(j)\cdot a_{ji}\right]$

计算其在该模型下发生的概率:$P(O|\lambda)$

Step 1:初始化$(t=1)$ $\delta_1(i)=\pi_i b_i(o_1), \psi_1(i)=0$

Step 2:递推 $(t=2$ 至 $T)$ $\delta_t(i)=\underset{j}{\max}\left[\delta_{t-1}(j)\cdot a_{ji}\right]b_i(o_t), \psi_t(i)=\underset{j}{\operatorname{argmax}}\left[\delta_{t-1}(j)\cdot a_{ji}\right]$

Step 3:终止 $P^*=\underset{i}{\max}\delta_T(i), q_T^*=\underset{i}{\operatorname{argmax}}\delta_T(i)$

Step 4:回溯 $q_{t-1}^*=\psi_t(q_t^*), t=T, T-1, \cdots, 2$

图 4-12　维特比算法

(3)参数学习:采用 Baum-Welch 算法(见图 4-13)对给定观测序列 $O=o_1, o_2, \cdots, o_T$,估计最优模型参数 $\lambda=(A, B, \pi)$,最大化 $P(O|\lambda)$。

给定一个观测序列 $O=(o_1, o_2, \ldots, o_T)$ 和隐马尔可夫模型结构(状态数 N,观测数 M)

求解最佳模型参数 $\lambda^*=(\pi^*, A^*, B^*)$,使得 $\lambda^*=\underset{\lambda}{\operatorname{argmax}}P(O|\lambda)$

E 步:估计状态转移和输出概率的期望值(用前向一后向算法)

M 步:更新参数 A, B, π,最大化似然

图 4-13　Baum-Welch 算法

隐马尔可夫模型是人工智能中处理时序不确定性问题的经典方法。它结合了马尔可夫过程(对隐藏状态建模)、概率生成模型(对观测建模)和动态规划算法(高效进行推断与学

习）。尽管现代深度模型如长短期记忆网络（Long Short-Term Memory，LSTM）和基于注意力机制的深度学习模型 Transformer 等已在许多任务中超越隐马尔可夫模型，但隐马尔可夫模型依旧是理解序列建模与图模型推理的核心基础。

人工智能的数学基础是构建和理解智能系统的根本工具，它不仅为模型设计提供语言和结构，还为算法优化、推理决策、结果评估等提供理论支撑。人工智能的实际应用中不是某一单一领域的数学知识，而是多种数学工具的系统融合。掌握这些数学知识，不仅有助于我们理解现有 AI 模型的工作原理，也能为未来智能系统的理论创新提供坚实根基。

4.3 人工智能伦理学困境与法律法规

在过去的一个世纪中，人工智能从数学与工程的边缘逐步发展为改变世界的主导力量。随着技术的飞跃式发展，人工智能不再只是工程问题，更成为关乎人类本质、思维定义与道德秩序的哲学议题。人工智能不仅探讨"机器是否能思考"，更深入地问"什么是思考""人类为何智能""人和机器的界限在哪里"，以及"我们应如何与智能机器共处"等许多直达人类本质的问题。

4.3.1 人工智能哲学

在人工智能的发展历程中，一个根本性的哲学区分即是弱人工智能（Weak AI）与强人工智能（Strong AI）。这一划分由哲学家约翰·塞尔（John Searle）在 1980 年提出，旨在界定人工智能系统到底是在"真正地思考"，还是仅仅在"表现出像是在思考的样子"。

1. 弱人工智能：模拟智能的工具理性

弱人工智能，也被称为窄人工智能（Narrow AI），其智能能力被严格限制在某个明确的领域之内。它无法跨任务迁移知识，更无法反思自己的行为或目标。因此弱人工智能是指那些能够在特定任务中表现出智能行为的系统，但并不具备真正意义上的理解力、意识或主观体验。当前我们所见到的大多数人工智能系统，包括聊天机器人、图像识别程序、语音助手、推荐算法等，均属于弱人工智能。

哲学家约翰·塞尔指出，人工智能系统即便可以在表面上模仿人类智能的行为，仍不能被视为真正拥有智能，因为它们不具备对所执行任务的理解。在这种意义上，弱人工智能不是一个贬义词，而是指一种模拟型的智能，它可以在形式上完成某些任务，但并不意味着它拥有心灵或意识。

1）弱人工智能的特征

（1）专一性：弱人工智能只能在特定的任务和领域内工作，例如语音识别、图像处理、语言翻译等。这些任务通常是高效的，但仅限于某个具体领域。

（2）没有自我意识或理解能力：它们没有感知和理解能力，不能自觉地意识到自己的存在，也不能进行复杂的思考。它们只是按照预定的规则或通过数据训练执行任务。

（3）没有情感和常识：弱人工智能无法像人类一样理解情感或拥有常识，它们的行为和决策完全基于算法和数据的处理。

2)弱人工智能的关键技术

弱人工智能的核心在于任务导向和模式学习。它依赖于大量数据、规则或者训练样本，在特定任务上自动学习最优解法。

(1)监督学习与无监督学习：通过训练样本学习任务规则。

(2)深度神经网络：模拟生物神经元连接结构，用于图像识别、自然语言处理等。

(3)强化学习：通过奖励机制优化决策策略，广泛用于游戏、机器人控制等。

(4)专家系统与符号逻辑推理：基于人工定义的规则进行决策。

这些方法虽然形式上模仿了人类的学习与推理行为，但本质上是基于数据统计与函数近似的过程。它们无法真正理解自己正在处理的内容。例如，语音助手 Siri 能够处理语音命令、设定提醒、播放音乐等任务，但不能进行自主决策或跨领域的推理；自动驾驶系统利用传感器和 AI 技术完成车辆导航和避障，但其能力仅限于交通环境；使用深度学习的图像识别系统可以在医学影像、安防监控中识别物体、病变或面部特征，但无法理解这些图像背后的意义。

弱人工智能在许多领域取得了巨大进展，尤其是在处理数据密集型任务时。尽管它们的能力超越了特定任务中的人类表现，但它们无法脱离特定的应用领域。

3)弱人工智能哲学与伦理思考

弱人工智能虽然不涉及意识与心灵的本体论问题，却在哲学层面引发了关于认知模拟与真实智能的深刻反思。

(1)表征与理解之别：弱人工智能能够对外界信息进行形式表征，但这种表征缺乏语义与情境背景，无法构成真正的理解。

(2)拟人化陷阱：人类容易将系统的外在表现误认为是内在理解(如把聊天机器人当作有思想的存在)，这在伦理上可能导致滥用或误信。

(3)责任与透明性问题：弱人工智能在诸如司法、医疗等领域的应用可能影响人的命运，但由于其黑箱性，很难追溯责任或解释行为。

(4)数据偏见的风险：弱人工智能极度依赖训练数据，而数据本身可能包含性别、种族、阶层等偏见，从而导致自动化歧视。

弱人工智能的局限性与边界。

弱人工智能之所以被称为"弱"，并非能力低下，而是因为它存在根本性局限：

(1)无通用性(AGI)：不能在多个任务之间迁移知识或策略。

(2)无自主性：不能设定自身目标，也不具有自我修正能力。

(3)无情境理解：不能处理含糊、隐喻、文化语境等复杂表达。

(4)无意识与价值判断：不能感知道德问题或社会后果。

这些局限使得弱人工智能即使具备强大的任务执行力，也无法构成真正意义上的"智能主体"。

弱人工智能，是这个时代最典型的技术代表之一。它不思考，却可以分析；它不理解，却能应答；它不感知道德，却参与了人类决策。它是人类理性能力的扩展器，也是人类哲学困境的新引子。

2. 强人工智能：通向意识机器的哲学与技术探索

强人工智能，也被称为通用人工智能或 AGI(Artificial General Intelligence)，是指一种能够执行任何智能任务的人工智能系统，其目标是模仿或复制人类智能的所有方面。强人工智能不仅仅在某些特定任务上表现出色，还具备像人类一样的认知能力、推理能力、学习能力、情感理解和自我意识。这是一个尚未实现的技术目标，但却长期作为人工智能研究的终极愿景，也牵动着哲学、神经科学、伦理学等多个学科的根本问题。

强人工智能不是在模仿也不是"看起来像人"，而是在本质上成为某种智能存在。其定义可以从以下几个层面理解：

(1)认知广度：能在多个领域表现出智能行为，不局限于某个特定任务。

(2)理解能力：不仅执行任务，还能理解任务的含义与目标。

(3)意识与主观体验：可能拥有知道自己知道的能力，即元认知与自我意识。

(4)自主性：可以设定目标、反思策略、优化行为。

简而言之，强 AI≠工具，而是潜在的思维主体。

1)强人工智能特征

(1)广泛性和多任务处理：强人工智能的核心特征是具备跨领域、跨任务的智能处理能力。它能够像人类一样处理多个不同类型的任务，从视觉感知到语言理解，从逻辑推理到复杂决策等。

(2)自我意识：强人工智能具有自我意识，能够理解自己在世界中的位置，并具备某种程度的"理解"能力。它不仅能执行任务，还能反思和调整自己的行为。

(3)推理与情感理解：强人工智能不仅能够完成任务，还能像人类一样进行复杂的推理、决策，并且具备情感理解能力。它能够理解语言的多重含义、识别他人情绪，并作出适当的反应。

(4)通用性：与弱人工智能专注于单一任务不同，强人工智能是一种"通用型"的智能，能够应对未知的、动态变化的环境，像人类一样解决各种问题。

2)强人工智能的核心难题

尽管强人工智能是许多科技幻想与未来学家的梦想，但要实现它，需要跨越一系列深层次的哲学与技术难题。

(1)理解与语义：目前的语言模型(如 GPT-4)可以生成连贯、流畅、甚至富有创造性的文本，但它们并不理解这些语言的含义。它们只是在概率空间中进行预测，而非建构语义世界。强 AI 必须拥有语义理解能力，不仅是句子之间的关系，还要理解其背后的意图、情境与文化语境。

(2)意识与主观体验：意识是一种高度主观的状态，包括感知自己存在的能力(自我意识)与拥有经验的能力(现象意识)。当前没有任何科学理论可以清晰地解释意识的产生机制，更无法构建可工程化的模型。强 AI 如果要拥有意识，不仅需模拟认知机制，还可能需要重现情绪、动机、生理反馈等复杂现象。

(3)身体与环境的交互：人类智能的产生并不仅仅源于大脑计算，而是来源于身体与环境互动。即智能是"嵌入式"的。强人工智能若要具备类人思维，可能需要具身存在——如机器人形态,并与环境进行长期的感知—行动—学习循环。

(4)价值体系与道德认知:强人工智能并不只是技术问题,也必须面对伦理判断与价值推理的问题。一个具有通用认知能力的系统,是否可以判断善恶?是否可以做出道德决策?这涉及价值的形式化与道德逻辑系统的设计,目前仍处在理论阶段。

3)强人工智能的哲学争议与现实警告

强人工智能是否可能,仍是悬而未决的问题。哲学家意见不一。支持者,如丹尼特、霍金、马斯克认为,智能本质上是信息处理,人工系统理论上完全可以具备。怀疑者,如塞尔、波兰尼指出,人类智能深植于经验、情感与非形式化知识之中,不可能被纯粹算法还原。

与此同时,如果强人工智能一旦实现,其对人类社会的冲击可能是根本性的。诸如下列问题就会成为困扰人类的问题:强人工智能是否具有人权或法律人格?强人工智能是否需要伦理保护?强人工智能若拥有比人类更高的认知能力,是否会产生控制风险?

强人工智能,是通往未来的一面镜子,也是一道哲学难题。它不仅挑战我们对智能的定义,也挑战我们对自身的理解。如果有一天,机器能够真正"知道自己是谁"我们是否仍能界定人类的独特性?而我们是否准备好与这样的存在共同生活、共建规则?

3. 弱人工智能与强人工智能的对比

表4-7列出了弱人工智能与强人工智能在任务、意识、学习及情感等方面的不同。

表4-7 弱人工智能与强人工智能对比表

特征	弱人工智能	强人工智能
任务范围	专注于特定任务,领域有限	能够执行广泛的任务,跨领域能力强
自我意识	无自我意识,无法反思或自我调整	具备自我意识和自我反思能力
学习能力	基于数据学习,任务有限	能像人类一样通过经验学习并应用于新环境
推理与情感	不具备复杂推理或情感理解	具备复杂推理、决策和情感理解能力
应用实例	语音助手、自动驾驶、图像识别等	理论上,具备人类级别智能的机器人或系统

随着人工智能日益具有人类行为特征(如自然语言、视觉识别、情感计算),人与机器的边界开始模糊。传统上,我们以理性、语言、创造力为人类独有特质,而现在机器正在快速逼近甚至超越某些领域。

人工智能不仅挑战哲学,也为哲学提供了一面崭新的"镜子"。通过对智能、学习、推理等过程的形式化建模,我们对人类本身的认知、心理与道德机制获得了前所未有的反思:

(1)人的思维是否就是一种算法?

(2)理解与情感是否只是更复杂的模式识别?

(3)意识是否只是大脑神经网络的"副产品"?

人工智能哲学的魅力正是在于,它既追问未来技术可能带来的影响,也不断回溯我们是谁、我们如何知道、我们为何自由。

今日的人工智能哲学已经发展成包括认知哲学、道德哲学、政治哲学、科学哲学等多个子领域。它不只是思辨的学问,也深刻介入现实问题:如人工智能偏见、算法治理、技术控制、智能伦理框架、人工智能的法律身份，以及存在性风险等议题。

4.3.2　人工智能伦理学困境

人工智能技术正以前所未有的速度融入人类社会，从语言生成模型到自动驾驶系统，从人脸识别到医疗诊断，其影响已超越单纯的技术范畴，深刻重塑我们的生活方式、价值体系与社会结构。然而，随着人工智能技术不断发展，我们也越来越频繁地面临一系列棘手的伦理学难题。这些问题并非源于人工智能的错误，而是技术的逻辑与人类社会的价值观之间所产生的张力。人工智能伦理学困境，正是这一张力最集中的表现。

1. 算法偏见与社会不公

人工智能系统的决策能力依赖于其所接受的训练数据。而这些数据往往来源于现实世界的历史记录，因此不可避免地携带着种族、性别、阶级等社会偏见。例如，面部识别系统对白人男性识别准确率极高，却在有色人种女性中错误率显著上升；自动招聘算法可能因为学习了过去的用人数据，而倾向忽略女性候选人；信用评分模型可能因地区或族群信息推断出风险较高的结论。

以上的现象体现了算法看似中立，结果却非中立的伦理困境。人工智能不但没有消除偏见，反而可能将其制度化、规模化，形成自动化歧视。

2. 责任归属的不确定性

当人工智能系统在关键领域出现错误时，谁应该为其后果负责？一辆自动驾驶汽车发生致命事故，是制造商、软件开发商、用户，还是系统本身的责任？如果人工智能辅助医生做出误诊，该由医生承担责任，还是人工智能系统开发者？

传统法律与伦理体系往往以"可归责的主体"为核心建立。但人工智能系统具有高度复杂性与黑箱性，其决策路径常常难以解释，从而形成责任真空。这一困境要求我们重新定义责任与可追责性之间的关系，特别是在"非人决策者"参与社会事务的时代。

3. 隐私侵犯与数据滥用

人工智能依赖大数据驱动，而获取这些数据往往涉及用户的行为、地理、医疗、生物识别等敏感信息。在缺乏有效监督的情况下，大数据收集与分析可能导致严重的隐私侵犯。常见问题包括用户未被明确告知即被收集数据（如智能音箱长期监听）、人脸识别技术被无授权用于监控与行为追踪、健康数据被出售给第三方用于精准广告或商业分析。

这种"数据即权力"的模式，已引发对个人信息主权丧失的担忧。一方面人工智能系统需要数据支撑其效能；另一方面，个体对自身数据几乎失去控制权，这构成典型的伦理张力。

4. 操纵认知与虚假现实

生成式人工智能，如 ChatGPT、图像生成模型、深度伪造技术等具备制造虚假内容的能力。它们可以合成不存在的人脸、伪造政治人物发言、仿冒专家写作风格，从而引发一系列认知操纵与信息污染问题。

这类问题导致普通公众难以分辨人工智能生成内容与真实信息之间的界限并且可能进一步导致信任崩塌，即"眼见不为实"，公众和社会对新闻、证据、沟通系统的基本信任机制将遭破坏。

这种"事实可制造"的时代,对伦理、法律、教育、媒体等多个系统提出巨大挑战。

5. 人类尊严与失业问题

人工智能的普及将替代大量劳动岗位,尤其是重复性强、可标准化的工作领域,如物流、客服、初级文案撰写等。未来甚至包括教师、医生、程序员等专业职位也可能受到冲击。

这类问题的伦理困境在于人类价值何在? 当机器在效率、成本、产出上优于人类,我们是否仍然需要"人"? 而对人类而言工作不仅是生计手段,也关乎尊严、社会认同与心理健康。同时也向企业和国家提出其是否应承担再教育与社会保障的责任。

6. 人工智能系统的道德地位与权利边界

随着人工智能系统变得越来越"类人化",例如拥有持续对话能力、情绪模拟、学习与记忆结构等,学界开始讨论人工智能是否应拥有"道德地位"或"权利"。

虽然今天的人工智能系统尚不具备意识或主观体验,但若未来出现具备一定程度认知自主性的人工智能个体,如类人机器人、智能伴侣等,是否应给予其类似权利保护? 是否可以随意销毁一个高度拟人的智能体?

7. 军事 AI 与自主武器系统

人工智能在军事领域的应用同样引发重大伦理担忧。如无人机在没有人工干预的前提下对目标实施攻击;决策系统在战时自动评估伤亡与策略选择等。这类问题讨论的是人类是否可以将"生死决策权"交给非人系统? 虽然人工智能效率更高,是否仍应保留人类最后审判这一道德底线?

8. 全球治理的不对称性

不同国家和地区对人工智能伦理的理解差异极大。如欧盟强调"数据保护"与"人类尊严"、美国更关注创新与自由市场。

在全球范围内形成统一的伦理规范变得异常困难。这种不对称性可能导致"伦理套利":某些企业在道德要求低的地区部署高风险人工智能技术,从而损害全球人群权益。

人工智能是人类认知能力的外化扩展,也是一面照出我们社会结构、道德盲区和治理能力的镜子。它本身没有道德倾向,真正的问题在于我们如何设定其边界、用途与责任链条。面对人工智能的伦理困境,我们需要的不只是规则或监管,更需要一种深层次的伦理自觉与制度创新,使技术发展始终服务于人的尊严、自由与社会公正。

在智能时代,我们必须学会的不只是如何制造智能系统,而是如何明智地使用它们。

4.3.3   人工智能法律法规

人工智能的法律法规体系正在全球范围内逐步建立,其核心目的是确保人工智能技术的发展既安全又可控,既尊重人权又促进创新。由于人工智能系统具有自主性强、应用广泛、后果复杂等特点,传统法律框架往往难以直接适用,因此,各国和国际组织正在积极制定新的法律法规与政策规范,以回应技术变革带来的挑战。

1. 人工智能法律的核心议题

(1)责任归属。

①人工智能造成事故(如自动驾驶伤亡)时,如何界定系统开发者、用户、平台之间的责任?

②是否需要设立人工智能责任保险制度?

(2)数据与隐私

①如何在 AI 训练中使用个人数据?

②如何对模型输出中可能泄露的隐私进行限制?

(3)可解释性与透明性:要求高风险人工智能系统具备决策可解释性,便于用户理解与追责。

(4)算法歧视与公平性:要求开发者进行算法公平性测试(如偏差检测、多样性评估)。

(5)知识产权。

①人工智能生成内容的版权归属?

②使用他人数据训练模型是否侵犯版权?

(6)自动化决策权与知情权。

①公民是否有拒绝 AI 决策、请求人工复核的权利?

②系统是否必须告知用户其为 AI 所控制?

2. 欧盟:《人工智能法案》

欧盟是全球首个制定全面人工智能立法草案的政治体。2021 年 4 月,欧盟委员会提出《人工智能法案(Artificial Intelligence Act)》,在 2024 年获得议会通过,预计于 2026 年全面生效。

该法案的核心特征是风险导向监管。

(1)人工智能禁止类:如社会信用系统、人脸识别实时监控(无授权)、情感操控系统等。

(2)人工智能高风险类:如用于教育、招聘、医疗、司法、执法的 AI 系统,需满足透明度、可解释性、数据质量等合规要求。

(3)人工智能有限风险类:需提示用户系统为人工智能系统。

(4)人工智能最小风险类:如人工智能聊天、游戏推荐,无特别限制。

此法案强调人工智能的透明性、公平性、可审计性,同时要求建立人工智能系统数据库与合规机制。

3. 联合国与 UNESCO:伦理框架

联合国教科文组织(UNESCO)于 2021 年发布《人工智能伦理建议书(Recommendation on the Ethics of Artificial Intelligence)》,提出全球性伦理法律原则。

(1)尊重人权和尊严。

(2)避免算法歧视。

(3)可追责与可解释。

(4)数据主权。

（5）可持续发展与环境考量。

这类文件虽无强制法律效力,但被视为未来国际人工智能立法的伦理基础。

4. 中国

中国政府在人工智能治理方面提出"发展与安全并重"的理念,出台多项政策法规。

（1）《生成式人工智能服务管理暂行办法》（2023）:对 AIGC 平台设定数据合法来源、标注虚拟内容、禁止生成违法信息等义务。

（2）《互联网信息服务算法推荐管理规定》（2022）:要求大型平台公开推荐机制、允许用户关闭推荐、禁止操控舆论。

（3）《网络信息内容生态治理规定》《中华人民共和国数据安全法》《中华人民共和国个人信息保护法》:共同构建了 AI 开发、数据使用、内容合规的监管框架。

这些法律强调平台责任、数据安全、内容审核和人工干预机制。

5. 美国

美国联邦层面尚未出台专门的人工智能法案,但已在多个维度设立监管指导:

（1）白宫《人工智能权利法案蓝图》提出五项核心保护原则:防止算法歧视、数据隐私权、解释权、选择权和人工备选机制。

（2）各州如加州、伊利诺伊州在面部识别、生物识别信息使用上有专门法律。

（3）拟推动由 NIST（国家标准与技术研究院）制定的《人工智能风险管理框架》作为行业指南。

美国强调技术创新自由、行业自律与问责结合。

6. 英国与其他国家

（1）英国采用非强制性框架,倡导轻度监管,由多个监管机构联合发布《AI 监管白皮书》。

（2）加拿大提出《人工智能和数据法案（AIDA）》草案。

（3）日本强调可信赖人工智能原则,推动企业自律性技术规范。

目前,人工智能模型,如大语言模型发展迅速,法规难以及时调整,应建立动态监管机制。此外,人工智能不具人格,不适用传统"法律主体"规则,但其行动影响实质等同于"代理人"。未来或需设立人工智能法律人格的中间模型,如有限责任代理体。

人工智能是一项通用型技术,法律的目标不是限制人工智能发展,而是为其设定边界、确立责任、保障人权。未来的人工智能治理体系将是技术、法律、伦理三者协同演进的结果。真正智能的社会,不仅需要会思考的机器,也需要有远见的规则。

第 5 章　人工智能技术

人工智能以模仿和扩展人类智能为目标,致力于让计算机系统具备感知—理解—推理—决策—执行的完整智能链条,构建能够处理复杂任务的系统。其核心依赖于数据、算法与算力的协同,并在近十年因深度学习和大模型的突破实现跨越式发展。

人工智能的发展不仅依赖强大的理论基础,也离不开工程实践中的技术支持。在技术原理上,机器学习与深度学习提供了强大的模型学习能力,符号推理与概率模型为逻辑决策提供理论基础;在技术分支上,人工智能不断渗透视觉、语言、语音、机器人与知识处理等多个领域,催生出丰富而高效的应用系统。

随着计算力增强、数据资源积累以及跨学科融合的发展,人工智能正加速从感知智能向认知智能演进,逐步迈向更高水平的通用人工智能。在这一过程中,理解其技术原理与应用分支不仅有助于推动技术进步,也为建设安全、可信、普惠的智能社会提供坚实基础。

5.1　机器学习

1952 年,IBM 的阿瑟·塞缪尔(Arthur Samuel)设计了一款可以学习的西洋跳棋程序。塞缪尔和这个程序进行多场对弈后发现:随着时间的推移,程序的棋艺变得越来越好。塞缪尔用这个程序推翻了以往"机器无法超越人类,不能像人一样写代码和学习"这一传统认识。塞缪尔在 1956 年正式提出了机器学习这一概念,因此他也被誉为"机器学习之父"。

1997 年,美国卡内基梅隆大学计算机学院院长,汤姆·米切尔(Tom M. Mitchell)出版了《机器学习》一书。在书中,他提出了机器学习定义:对于某类任务 T 和性能度量 P,如果一个计算系统通过经验 E 的积累使其在任务 T 上的性能 P 提升,那么这个系统就实现了学习。例如,如果一个电子邮件系统(任务 T)通过用户标记垃圾邮件的历史数据(经验 E)学习如何自动识别垃圾邮件,从而提高识别准确率(性能 P),那么它就实现了机器学习。

如今,随着时间的变迁,机器学习的内涵和外延在不断地变化。普遍认为,机器学习的处理系统和算法是主要通过找出数据里隐藏的模式进而做出预测的识别模式。同时,机器学习也是一门多领域交叉学科,涉及概率论、统计学、逼近论、凸分析、算法复杂度理论等多门学科。

图 5-1 阿瑟·塞缪尔

图 5-2 汤姆·米切尔

5.1.1 机器学习基础知识

机器学习是指计算机系统通过数据自动改进性能、发现模式并完成智能任务的技术和方法。相较于传统通过显式编程来解决问题的方式，机器学习的核心理念是经验驱动，即通过输入和输出的数据示例，自动建立预测模型。

1. 学习的本质

机器学习的核心任务是从输入 x 到输出 y 构建一个映射函数 $f(x)=y$。例如，在图像分类任务中，输入是图片像素矩阵，输出是标签（如猫或狗）；在房价预测中，输入是房屋面积、地段等特征，输出是价格。机器学习的核心机制是从数据中归纳映射关系，即通过训练数据集（已知的输入输出对）来学习函数 f 的近似形式，形成可以推广到新数据的模型。

要进行机器学习，最关键的是要有数据。我们根据丁师傅的经验，记录和收集了几条关于烹饪的数据，这些数据的集合称为数据集，如表 5-1 所示。

表 5-1 烹饪数据表

食材新鲜度	食材是否经过处理	火候	调味品用量	烹饪技术	菜肴评价
新鲜	是	偏大	偏大	熟练	中等
不够新鲜	否	适中	适中	一般	好
新鲜	是	适中	适中	熟练	好
新鲜	否	适中	偏小	一般	差
不够新鲜	是	偏小	适中	一般	差

以上数据集中的一行称为一条记录，即烹饪过程中各种影响因素和结果的组合，也叫作样本（sample）或者实例（instance）。影响烹饪结果的各种因素，如食材新鲜度和火候等，称为特征（feature）或者属性（attribute）。样本的数量叫作数据量，特征的数量叫作特征维度。

对于实际的机器学习任务，需要将整个数据集划分为训练集和测试集，其中前者用于训练机器学习模型,而后者用于验证模型在未知数据上的效果。假设要预测的目标变量是离散值,如本例中的菜肴评价,分为好、差和中等,那么该机器学习任务就是一个分类问题。但如果想要对烹饪出来的菜肴进行量化评分,比如表 5-1 的数据,第一条评为 5 分,第二条我们评为 8 分等,这种预测目标为连续值的任务称为回归问题。

分类和回归问题可以统称为监督学习问题。但当收集的数据没有具体的标签时,也可以仅根据输入特征来对数据进行聚类。聚类分析可以对数据进行潜在的概念划分,自动将上述烹饪数据划分为好菜品和一般菜品。这种无标签情形下的机器学习称为无监督学习。监督学习和无监督学习共同构建起了机器学习的内容框架。

2. 机器学习三要素

按照统计机器学习的观点,任何一个机器学习方法都是由模型、策略和算法三个要素构成的,即机器学习模型在一定的优化策略下使用相应求解算法来达到最优目标的过程。

(1)模型:机器学习中的模型就是要学习的决策函数或者条件概率分布,一般用假设空间来描述所有可能的决策函数或条件概率分布。

(2)策略:策略是在假设空间的众多模型中,机器学习需要按照什么标准选择最优模型。对于给定模型,模型输出 $f(x)$ 和真实输出 y 之间的误差可以用一个损失函数来度量。不同的机器学习任务都有对应的损失函数,回归任务一般使用均方误差,分类任务一般使用对数损失函数或者交叉熵损失函数等。

(3)算法:这里的算法指的是学习模型的具体优化方法。当机器学习的模型和损失函数确定时,机器学习就可以具体地形式化为一个最优化问题,可以通过常用的优化算法,比如随机梯度下降法、牛顿法、拟牛顿法等进行模型参数的优化求解。

3. 机器学习核心问题

机器学习的目的在于训练模型,使其不仅能够对已知数据而且能对未知数据有较好的预测能力。当模型对已知数据预测效果很好但对未知数据预测效果很差的时候,就引出了机器学习的核心问题:过拟合(over-fitting)。

例如,监督学习可以用如下公式来概括:

$$\min \frac{1}{N} \sum_{i=1}^{N} L(y_i, f(x_i)) + \lambda J(f)$$

该公式是监督机器学习中的损失函数计算公式,其中第一项为针对训练集的经验误差项,即训练误差;第二项为正则化项,也称惩罚项,用于对模型复杂度的约束和惩罚。所以,所有监督机器学习的核心任务无非就是正则化参数的同时最小化经验误差。

各类机器学习模型的差别无非就是变着方式改变经验误差项,即损失函数。不信当第一项是平方损失时,机器学习模型便是线性回归;当第一项变成指数损失时,模型则是 AdaBoost(一种集成学习树模型算法);当损失函数为合页损失时,便是 SVM(支持向量机)了。因此第一项经验误差项很重要,它能改变模型形式,在训练模型时要最大限度地把它变小。

但在很多时候,决定机器学习模型质量的关键通常不是第一项,而是第二项正则化项。正则化项通过对模型参数施加约束和惩罚,让模型时时刻刻保持对过拟合的警惕,即要保证训练集误差小,测试集误差也小,模型有着较好的泛化能力;或者模型偏差小,方差也小。

很多时候,当把经验损失(即训练误差)降到极低,但模型一到测试集上却表现得一塌糊涂。这种情况便是过拟合。所谓过拟合,指在机器学习模型训练的过程中,模型对训练数据学习过度,将数据中包含的噪声和误差也学习了,使得模型在训练集上表现很好,而在测试集上表现很差的一种现象。

机器学习是要归纳学习数据中的普遍规律,一定得是普遍规律,像这种将数据中的噪声也一起学习了的,归纳出来的便不是普遍规律,而是过拟合。欠拟合、正常拟合与过拟合的表现形式如图 5-3 所示。

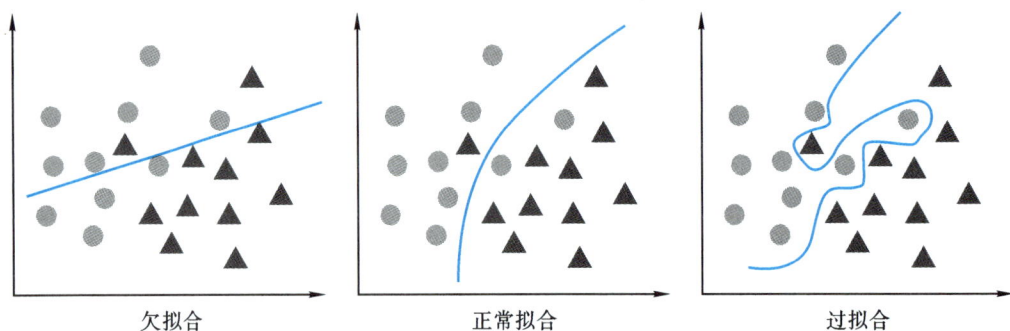

图 5-3 欠拟合、正常拟合与过拟合

由于过拟合十分普遍并且关乎模型的质量,在机器学习实践中,过拟合成为其核心问题。而机器学习的一些其他问题,诸如特征工程、扩大训练集数量、算法设计和超参数调优等都是为防止过拟合这个核心问题而服务的。

4. 机器学习流程

一个完整的机器学习项目的流程包括需求分析、数据采集、数据清洗、数据分析与可视化、建模调优与特征工程、模型结果展示与分析报告、模型部署与上线反馈优化几个部分(见图 5-4)。

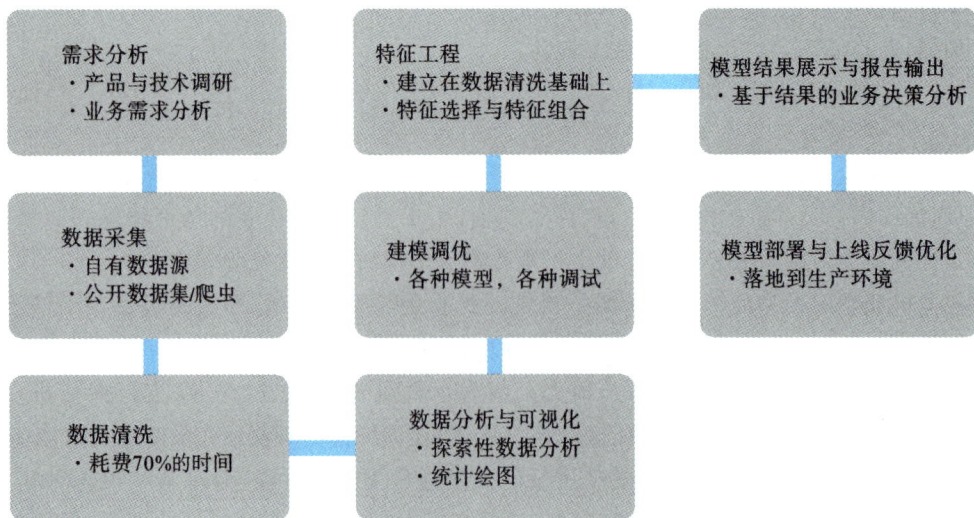

图 5-4 机器学习流程图

1）需求分析

需求分析的主要目的是为项目确定方向和目标。通过需求分析要明确机器学习目标，输入是什么，目标输出是什么，是回归任务还是分类任务，关键性能指标都有哪些，是结构化的机器学习任务还是基于深度学习的图像和文本任务，市面上项目相关的产品都有哪些，对应的模型有哪些，相关领域的前沿研究和进展都到什么程度了，项目有哪些有利条件和风险。

2）数据采集

一个机器学习项目要开展下去，最关键的资源就是数据。在数据资源相对丰富的领域，比如电商、O2O、直播以及短视频等行业，企业一般会有自己的数据源，业务部门提出相关需求后，数据工程师可直接根据需求从数据库中提取数据。但对于本身数据资源就贫乏或者数据隐私性较强的行业，比如医疗行业，一般很难获得大量数据并且医疗数据的标注也比较专业化，高质量的医疗标注数据尤为难得。对于这种情况，我们可以先获取一些公开数据集或者竞赛数据集进行算法开发。此外，如果目标数据在网页端，这时候可能需要使用像爬虫一类的数据采集技术获取相关数据。

3）数据清洗。

在生产环境下的数据都会比较"脏"，需要花大量时间清洗数据。

4）数据分析与可视化

数据清洗完后，一般不建议直接对数据进行训练。因为我们对于要训练的数据还是非常陌生的。在此步骤我们需要了解：数据都有哪些特征？是否有很多类别特征？目标变量分布如何？各自变量与目标变量的关系是否需要可视化展示？数据中各变量缺失值的情况如何？怎样处理缺失值？

5）建模调优与特征工程

数据初步分析完后，对数据就会有一个整体的认识，此时可以着手训练机器学习模型了。一般而言，训练完一个基线模型之后，需要花大量时间进行模型调参和优化。另外，结合业务的精细化特征工程工作比模型调参更能改善模型表现。建模调优与特征工程之间本身是个交互性的过程，在实际工作中我们可以一边进行调参，一边进行特征设计，交替进行，相互促进，共同改善模型表现。

6）模型结果展示与分析报告

经过一定的特征工程和模型调优之后，一般会有一个阶段性的最优模型结果，模型对应的关键性能指标都会达到最优状态。这时候需要通过一定的方式呈现模型，并对模型的业务含义进行解释。如果需要给上级领导和业务部门做决策参考，一般还需要生成一份有价值的分析报告。

7）模型部署与上线反馈优化

将模型部署到生产环境并能切实产生收益才是机器学习的最终价值。该阶段需要进行工程方面的一些考量，如是以 Web 接口的形式提供给开发部门，还是以脚本的形式嵌入到软件中，后续如何收集反馈并提供产品迭代参考等。

5.1.2 监督学习

监督学习是机器学习中最基础、最常见也是应用最广泛的一类方法。其核心思想是利用已标注的数据集,通过学习输入与输出之间的映射关系,构建一个可以对新数据进行预测的模型。监督学习在分类、回归、目标检测、语音识别、自然语言处理等领域都发挥着极其重要的作用。

监督学习中的"监督"是指在模型学习过程中,每一个输入样本都配有明确的目标输出,系统在训练阶段以此作为标准对照来逐步学习预测函数。

形式上,一个训练数据集 $D = \{(x_1, y_1), (x_2, y_2), \cdots, (x_n, y_n)\}$,其中 (x_i, y_i), $i = 1, 2, \cdots, N$ 为样本 $x_i \in \mathbb{R}^d$ 是特征值,$y_i \in Y$ 是对应的输出标签。目标是学习一个函数 $f : \mathbb{R}^d \to Y$,使得在新输入 x 下,$f(x)$ 尽可能接近真实标签。

构建一个能够对新样本进行有效预测的模型可以直接影响学习系统的表现,不同模型在可解释性、计算效率、表达能力、对噪声的鲁棒性等方面各有优势。在实际应用中,研究者与工程师通常需要根据数据特征、任务目标与资源限制,选择最合适的监督学习模型。

1. 线性回归

在机器学习模型中,线性模型是一种形式简单但包含机器学习主要建模思想的模型。线性回归是线性模型的一种典型方法,比如"双十一"中某款产品的销量预测、某数据岗位的薪资水平预测,都可以用线性回归来拟合模型。

例如,根据某二手房网站公开的某地区的二手房房价信息对二手房房价进行预测。如果影响二手房单价的主要因素包括面积、户型、朝向、是否精装、楼层、建筑形态、所属地段、所属城区和附近是否有地铁等。根据以上信息就可以建立起由自变量到因变量的线性回归模型,其中输入自变量包括上述特征,输出的因变量就是房价。

上例中,面积、户型和地段等因素作为输入 x_i,以房屋单价 y_i 作为输出,学习得到:$y = wx_i + b$,使得 $y \cong y_i$。该问题的关键问题在于确定参数 w 和 b,使得拟合输出 y 与真实输出 y_i 尽可能接近。

在回归任务中,通常使用均方误差来度量预测与标签之间的损失,所以回归任务的优化目标就是使得拟合输出和真实输出之间的均方误差最小化,所以有

$$(w^*, b^*) = \operatorname*{argmin} \sum_{i=1}^{m} (y - y_i)^2$$

$$= \operatorname*{argmin} \sum_{i=1}^{m} (wx_i + b - y_i)^2$$

为求得 w 和 b 的最小化参数 w^* 和 b^*,可分别对 w 和 b 求一阶导数并令其为 0,对 w 和 b 求导的推导过程如下:

$$\frac{\partial L(w, b)}{\partial w} = \frac{\partial}{\partial w} \left[\sum_{i=1}^{m} (wx_i + b - y_i)^2 \right]$$

$$= \sum_{i=1}^{m} \frac{\partial}{\partial w} \left[(y_i - wx_i - b)^2 \right]$$

$$= \sum_{i=1}^{m} \left[2 \cdot (y_i - wx_i - b) \cdot (-x_i) \right]$$

$$= \sum_{i=1}^{m} \left[2 \cdot (wx_i^2 - y_i x_i + bx_i) \right]$$

$$= 2 \cdot \left(w \sum_{i=1}^{m} x_i^2 - \sum_{i=1}^{m} y_i x_i + b \sum_{i=1}^{m} x_i \right)$$

$$\frac{\partial L(w,b)}{\partial b} = \frac{\partial}{\partial b} \left[\sum_{i=1}^{m} (wx_i + b - y_i)^2 \right]$$

$$= \sum_{i=1}^{m} \frac{\partial}{\partial b} \left[(y_i - wx_i - b)^2 \right]$$

$$= \sum_{i=1}^{m} \left[2 \cdot (y_i - wx_i - b) \cdot (-1) \right]$$

$$= \sum_{i=1}^{m} \left[2 \cdot (-y_i + wx_i + b) \right]$$

$$= 2 \cdot \left(-\sum_{i=1}^{m} y_i + \sum_{i=1}^{m} wx_i + \sum_{i=1}^{m} b \right)$$

$$= 2 \cdot \left[mb - \sum_{i=1}^{m} (y_i - wx_i) \right]$$

可解得 w 和 b 的最优解表达式为

$$w^* = \frac{\sum_{i=1}^{m} (x_i - \overline{x})}{\sum_{i=1}^{m} x_i^2 - \frac{1}{m} \left(\sum_{i=1}^{m} x_i \right)^2}$$

$$b^* = \frac{1}{m} \sum_{i=1}^{m} (y_i - wx_i)$$

其中 $\frac{1}{m} \left(\sum_{i=1}^{m} x_i \right)^2$ 为 x 的均值。这种基于均方误差最小化求解线性回归参数的方法就是最小二乘法(least squares method),如图 5-5 所示。

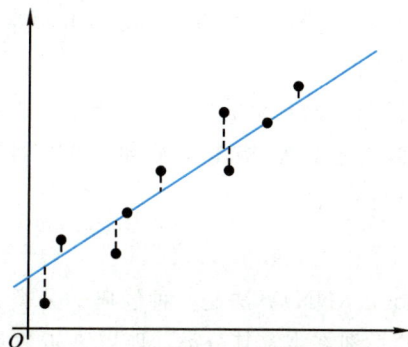

图 5-5 最小二乘法示例图

下面我需要将上述推导过程进行矩阵化以适应多元线性回归问题。所谓多元问题,就是输入有多个变量,如影响薪资水平的因素包括城市、学历、年龄和经验等。为方便矩阵化的最小二乘法的推导,可将参数 w 和 b 合并为向量表达形式:$\hat{w}=(w;b)$。训练集 D 的输入部分可表示为一个 $m(d+1)$ 维的矩阵 X,其中 d 为输入变量的个数。则矩阵 X 可表示为

$$X=\begin{bmatrix} x_{11} & x_{12} & \cdots & x_{1d} & 1 \\ x_{21} & x_{22} & & x_{2d} & 1 \\ \vdots & \vdots & \ddots & \vdots & \vdots \\ x_{m1} & x_{m2} & \cdots & x_{md} & 1 \end{bmatrix}=\begin{bmatrix} x_1^{\mathsf{T}} & 1 \\ \vdots & \vdots \\ x_m^{\mathsf{T}} & 1 \end{bmatrix}$$

输出 y 的向量表达形式为 $y=(y_1;y_2;\cdots;y_m)$,参数优化目标函数的矩阵化表达式为

$$\hat{w}^*=\arg\min(y-X\hat{w})^{\mathsf{T}}(y-X\hat{w})$$

令 $L=(y-X\hat{w})^{\mathsf{T}}(y-X\hat{w})$,求导,其推导过程如下。

$$L=y^{\mathsf{T}}y-y^{\mathsf{T}}X\hat{w}-\hat{w}^{\mathsf{T}}X^{\mathsf{T}}y+\hat{w}^{\mathsf{T}}X^{\mathsf{T}}X\hat{w}$$

$$\frac{\partial L}{\partial \hat{w}}=\frac{\partial y^{\mathsf{T}}y}{\partial \hat{w}}=\frac{\partial y^{\mathsf{T}}X\hat{w}}{\partial \hat{w}}=\frac{\partial \hat{w}^{\mathsf{T}}X^{\mathsf{T}}y}{\partial \hat{w}}+\frac{\partial \hat{w}^{\mathsf{T}}X^{\mathsf{T}}X\hat{w}}{\partial \hat{w}}$$

根据矩阵微分公式:

$$\frac{\partial a^{\mathsf{T}}x}{\partial x}=\frac{\partial x^{\mathsf{T}}a}{\partial x}=a$$

$$\frac{\partial x^{\mathsf{T}}Ax}{\partial x}=(A+A^{\mathsf{T}})x$$

可得:

$$\frac{\partial L}{\partial \hat{w}}=0-X^{\mathsf{T}}y-X^{\mathsf{T}}y+(X^{\mathsf{T}}X+X^{\mathsf{T}}X)\hat{w}$$

$$\frac{\partial L}{\partial \hat{w}}=2X^{\mathsf{T}}(X\hat{w}-y)$$

当矩阵 $X^{\mathsf{T}}X$ 为满秩矩阵或者正定矩阵时,令上式等于 0,可解得参数为:$\hat{w}^*=(X^{\mathsf{T}}X)^{-1}X^{\mathsf{T}}y$。但有些时候,矩阵 $X^{\mathsf{T}}X$ 并不是满秩矩阵,我们通过 $X^{\mathsf{T}}X$ 添加正则化项来使得该矩阵可逆。一个典型的表达式为 $\hat{w}^*=(X^{\mathsf{T}}X+\lambda I)^{-1}X^{\mathsf{T}}y$。其中 λI 即为添加的正则化项。在线性回归模型的迭代训练时,直接求解参数的方法并不常用,通常我们可以使用梯度下降之类的优化算法来求得最优估计。

从上述推导来看,线性回归蕴含的朴素的机器学习建模思想非常关键,即对于任何目标变量 y,我们总能基于一系列输入变量 X,构建从 X 到 y 的机器学习模型。根据目标变量的类型,分别构建回归和分类等模型。

2. k 近邻算法

k 近邻(k-nearest neighbor,k-NN)算法是一种经典的分类方法。k 近邻算法根据新的输入实例的 k 个最近邻实例的类别来决定其分类。所以 k 近邻算法不像主流的机器学习算法那样有显式的学习训练过程。也正因为如此,k 近邻算法的实现跟前几章所讲的回归模型略有不同。k 值的选择、距离度量方式以及分类决策规则是 k 近邻算法的三要素。

1)"猜你喜欢"的推荐逻辑

推荐系统目前算是机器学习模型与算法应用和落地最成功的方向之一。在移动互联网时代,一切都被数据化,推荐系统因而无处不在。甲同学昨天在京东上浏览了一款沙发,今天刷微博就弹出一条沙发广告;乙同学前几天在百度上搜索了备考公务员攻略,今天就收到了一家公务员考试培训机构的卖课短信;丙同学日常爱逛淘宝,平时搜索了某商品,下次打开 App 时"猜你喜欢"一栏便都是系统推荐的类似商品。

k 近邻算法可以通过两种方式来实现一个推荐系统。一种是基于商品的推荐方法,即为目标用户推荐一些他有购买偏好的商品的类似商品;另一种是基于用户的推荐方法,其思路是先利用 k 近邻算法找到与目标用户喜好类似的用户,然后根据这些用户的喜好来向目标用户做推荐。所以,k 近邻算法可以算是"猜你喜欢"背后的一种实现算法。

2)距离度量方式

距离用来衡量特征空间中两个实例之间的相似度,常用的距离度量方式包括闵氏距离和马氏距离等。

闵氏距离即闵可夫斯基距离,给定 m 维向量样本集合 X,对于任意 $x_i,x_j \in X$,$x_i = (x_{1i},x_{2i},\cdots,x_{mi})^{\mathrm{T}}$,$x_j = (x_{1j},x_{2j},\cdots,x_{mj})^{\mathrm{T}}$,样本 x_i 与样本 x_j 之间的闵氏距离可定义为

$$d_{ij} = \left(\sum_{k=1}^{m} \mid x_{ki} - x_{kj} \mid^{p}\right)^{\frac{1}{p}}, p \geqslant 1$$

当 $p=1$ 时,闵氏距离称为曼哈顿距离:$d_{ij} = \sum_{k=1}^{m} \mid x_{ki} - x_{kj} \mid$

当 $p=2$ 时,闵氏距离就是著名的欧式距离:$d_{ij} = \left(\sum_{k=1}^{m} \mid x_{ki} - x_{kj} \mid^{2}\right)^{\frac{1}{2}}$

当 $p=\infty$ 时,闵氏距离就变成了切比雪夫距离:$d_{ij} = \lim_{k \to \infty} \left(\sum_{k=1}^{m} \mid x_{ki} - x_{kj} \mid^{k}\right)^{\frac{1}{k}}$

马氏距离的全称为马哈拉诺比斯距离,是一种衡量各个特征之间相关性的距离度量方式。给定一个样本集合 $X = (x_{ij})_{mn}$,其协方差矩阵为 S,那么样本 x_i 与样本 x_j 之间的马氏距离可定义为

$$d_{ij} = \left[(x_i - x_j)^{\mathrm{T}} S^{-1} (x_i - x_j)\right]^{\frac{1}{2}}$$

当 S 为单位矩阵时,即样本各特征之间相互独立且方差为 1 时,马氏距离就是欧式距离。

k 近邻算法的特征空间是 n 维实数向量空间,一般直接使用欧式距离作为实例之间的距离度量,当然,也可以使用其他距离近似度量。

3)k 近邻算法的基本原理

k 近邻算法最直观的解释:给定一个训练集,对于新的输入实例,在训练集中找到与该实例最近邻的 k 个实例,这 k 个实例的多数属于哪个类,则该实例就属于哪个类。

该算法的几个关键点。

(1)找到与该实例最近邻的实例,这里就涉及如何找到,即在特征向量空间中,要采取何种方式来度量距离。

(2)k 个实例中的 k 如何选择。

（3）分类决策规则问题，k 个实例的多数属于哪个类，则该实例就属于哪个类，是一个多数表决的归类规则。当然还可能使用其他规则。

首先看特征空间中两个实例之间的距离度量方式，k 近邻算法一般使用欧式距离作为距离度量方式。

其次是 k 值的选择。一般而言，k 值的大小对分类结果有重大影响。在选择的 k 值较小的情况下，就相当于用较小的邻域中的训练实例进行预测，只有与输入实例较近的训练实例才会对预测结果起作用。但与此同时预测结果会对实例非常敏感，分类器抗噪能力较差，因而容易产生过拟合，所以一般而言，k 值的选择不宜过小。但如果选择较大的 k 值，就相当于用较大邻域中的训练实例进行预测，相应的分类误差会增大，模型整体变得简单，会产生一定程度的欠拟合。一般采用交叉验证的方式来选择合适的 k 值。

最后是分类决策规则。通常为多数表决方法。总的来看，k 近邻算法的本质是基于距离和 k 值对特征空间进行划分。当训练数据、距离度量方式、k 值和分类决策规则确定后，对于任一新输入的实例，其所属的类别唯一地确定。k 近邻算法不同于其他监督学习算法，它没有显式的学习过程。

3. 神经网络

神经网络（neural network）可以溯源到原先的单层感知机（perceptron），单层感知机逐渐发展到多层感知机，加入的隐藏层使得感知机发展为能够拟合一切的神经网络模型，而反向传播算法是整个神经网络训练的核心。

1）无处不在的图像识别

神经网络的一个最典型应用是图像识别。高铁站进站口的人脸识别、医学上利用计算机视觉技术对医学影像进行自动化辅助判读、自动驾驶汽车可以识别行车环境下所遇到的各种目标等，可以说图像识别已经在日常生活中随处可见。

图像识别的基本原理是通过神经网络自动化提取图像特征，经过大量数据训练，进而达到分类的目的。一个最经典的案例是 MNIST 手写数字识别项目。MNIST 数据库包括 60 000 张手写的 0～9 数字图像（见图 5-6），每张数字图像的像素为 28×28，通过神经网络对数字图像进行特征提取，然后转化为数值向量进行分类器训练的方式，我们可以准确识别 0～9 这 10 个数字。

图 5-6　MNIST 手写数字图

2)感知机推导

感知机就是一个线性模型,旨在建立一个线性分隔超平面对线性可分的数据集进行分类。其基本结构如图 5-7 所示。

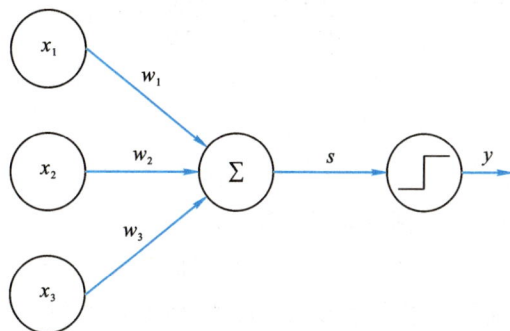

图 5-7　感知机模型

从左到右为感知机模型的计算执行方向,模型接收了 x_1、x_2、x_3 三个输入,将输入与权重系数 w 进行加权求和并经过 Sigmoid 函数进行激活,将激活结果 y 作为输出。

当执行完前向计算得到输出之后,模型需要根据输出和实际输出按照损失函数计算当前损失,计算损失函数关于权重和偏置的梯度,然后根据梯度下降法更新权重和偏置,经过不断的迭代调整权重和偏置使得损失最小,这便是完整的单层感知机的训练过程。

感知机的数学描述:给定输入实例 $x \in X$,输出 $y \in Y = \{+1, -1\}$,由输入到输出的感知机模型可以表示为 $y = \mathrm{sign}(w \cdot b + x)$。其中 w 为权重系数,b 为偏置参数,sign 为符号函数,即

$$\mathrm{sign}(x) = \begin{cases} +1, & x \geqslant 0 \\ -1, & x < 0 \end{cases}$$

感知机的学习目标是建立一个线性分隔超平面,以将训练数据正例和负例完全分开,可以通过最小化损失函数来确定模型参数 w 和 b。则可以通过定义误分类点到线性分隔超平面的总距离来定义感知机的损失函数。

假设输入空间中任意一点 x_0 到线性分隔超平面的距离为 $\dfrac{1}{\|w\|} |w \cdot x_0 + b|$。其中 $\|w\|$ 为 w 的 2-范数。对于任意一误分类点 (x_i, y_i),当 $w \cdot x_i + b > 0$ 时,$y_i = -1$;当 $w \cdot x_i + b < 0$ 时,$y_i = +1$,因而都有 $-y_i + (w \cdot x_i + b) > 0$ 成立。所以误分类点到线性分隔超平面的距离 S 为 $-\dfrac{1}{\|w\|} y_i(w \cdot x_i + b)$。

假设有 M 个误分类点,所有误分类点到线性分隔超平面的总距离为 $-\dfrac{1}{\|w\|} \sum_{x_i \in M} y_i(w \cdot x_i + b)$。在忽略 2-范数 $\dfrac{1}{\|w\|}$ 的情况下,感知机的损失函数可以表示为 $L(w,b) = -\sum_{x_i \in M} y_i(w \cdot x_i + b)$。其中 M 是该分类点的集合。对上式,可以使用随机梯度下降进行优

化求解。分别计算损失函数 $L(w,b)$ 关于参数 w 和 b 的梯度：

$$\frac{\partial L(w,b)}{\partial w} = -\sum_{x_i \in M} y_i x_i$$

$$\frac{\partial L(w,b)}{\partial b} = -\sum_{x_i \in M} y_i$$

然后更新权重系数：

$$w = w + \lambda y_i x_i$$

$$b = b + \lambda y_i$$

其中，λ 为学习步长，也就是神经网络训练调参中的学习率。

关于感知机模型，一个直观的解释是，当一个实例被误分类时，即实例位于线性分隔超平面的错误一侧时，我们需要调整参数 w 和 b 的值，使得线性分隔超平面向该误分类点的一侧移动，以缩短该误分类点与线性分隔超平面的距离，直到线性分隔超平面越过该误分类点使其能够被正确分类。

3）神经网络与反向传播

上述感知机是指单层感知机。单层感知机仅包含两层神经元，即输入神经元与输出神经元，可以非常容易地实现逻辑与、逻辑或和逻辑非等线性可分情形。对于像异或问题这样线性不可分的情形，单层感知机难以处理（所谓线性不可分，即对于输入训练数据，不存在一个线性分隔超平面能够将其进行线性分类），其学习过程会出现一定程度的振荡，权重系数 w 难以稳定下来，难以求得合适的解（见图 5-8）。

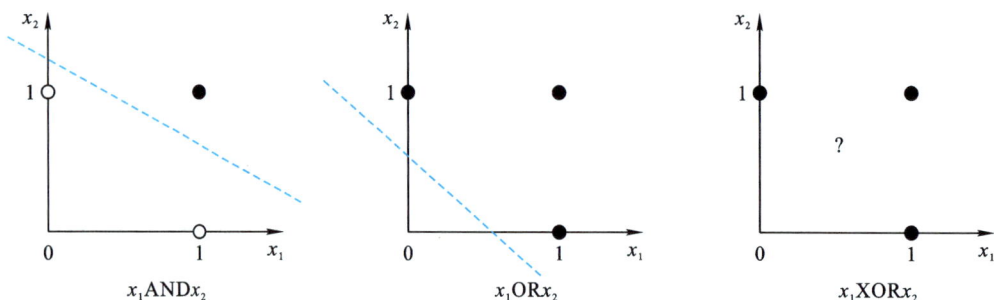

图 5-8 异或问题示例图

对于线性不可分的情况，在感知机的基础上一般有两个处理方向，一个支持向量机，旨在通过核函数映射来处理非线性的情况，另一个是神经网络模型。这里的神经网络模型也称多层感知机（muti-layer perception，MLP），它与单层感知机在结构上的区别主要在于MLP 多了若干隐藏层，这使得神经网络能够处理非线性问题。一个两层网络（多层感知机）如图 5-9 所示。

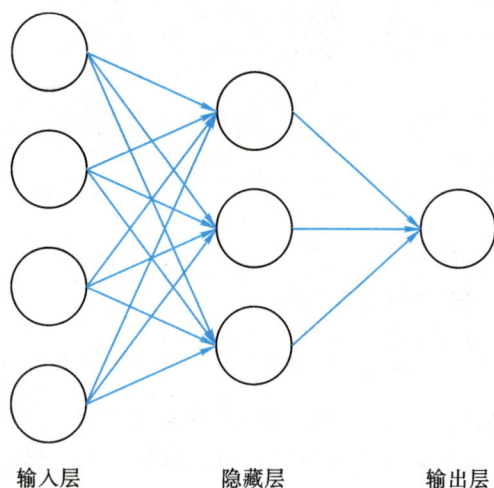

输入层　　　　　隐藏层　　　　　输出层

图 5-9　两层神经网络示例图

反向传播(back propagation,BP)算法也称误差逆传播,是神经网络训练的核心算法。通常说的 BP 神经网络是指应用反向传播算法进行训练的神经网络模型。现以一个两层(即单隐藏层)网络为例,也就是图 5-8 中的网络结构为例给出反向传播的基本推导过程。假设输入层为 x,有 m 个训练样本,输入层与隐藏层之间的权重和偏置分别为 w_1 和 b_1,线性加权计算结果为 $Z_1 = w_1 x + b$,采用 Sigmoid 活函数,激活输出为 $a_1 = \sigma(Z_1)$。而隐藏层到输出层的权重和偏置分别为 w_2 和 b_2,线性加权的计算结果为 $Z_2 = w_2 x + b$,激活输出为 $a_2 = \sigma(Z_2)$。所以,这个两层网络的前向计算过程为 $x \rightarrow Z_1 \rightarrow a_1 \rightarrow Z_2 \rightarrow a_2$。

直观而言,反向传播就是将前向计算过程反过来,但必须是梯度计算的方向反过来,假设这里采用如下交叉熵损失函数:$L(y,a) = -(y \lg a + (1-y) \lg(1-a))$。

反向传播是基于梯度下降策略的,主要是从目标参数的负梯度方向更新参数,所以基于损失函数对前向计算过程中各个变量进行梯度计算是关键。将前向计算过程反过来,基于损失函数的梯度计算顺序就是 $\mathrm{d}a_2 \rightarrow \mathrm{d}Z_2 \rightarrow \mathrm{d}w_2 \rightarrow \mathrm{d}b_2 \rightarrow \mathrm{d}a_1 \rightarrow \mathrm{d}Z_1 \rightarrow \mathrm{d}w_1 \rightarrow \mathrm{d}b_1$。我们从输出 a_2 开始进行反向推导,输出层激活输出为 a_2。首先,计算损失函数 $L(y,a)$ 关于 a_2 的微分 $\mathrm{d}a_2$;由前向传播可知,a_2 是由 Z_2 经激活函数激活计算而来的,所以计算损失函数关于 Z_2 的导数 $\mathrm{d}Z_2$ 必须经由 a_2 进行复合函数求导,即微积分中常说的链式求导法则。然后继续往前推,由前向计算 $Z_2 = w_2 x + b$ 可知,影响 Z_2 的有 w_2、a_1 和 b_2,继续按照链式求导法则进行求导即可。最终以交叉熵损失函数为代表的两层神经网络的反向传播向量化求导。计算公式如下。

$$\frac{\partial L}{\partial a_2} = \frac{\mathrm{d}}{\mathrm{d}a_2} L(a_2, y) = (-y \lg a_2 - (1-y) \lg(1-a_2))' = -\frac{y}{a_2} + \frac{1-y}{1-a_2}$$

$$\frac{\partial L}{\partial Z_2} = \frac{\partial L}{\partial a_2} \frac{\partial a_2}{\partial Z_2} = a_2 - y$$

$$\frac{\partial L}{\partial w_2} = \frac{\partial L}{\partial a_2} \frac{\partial a_2}{\partial Z_2} \frac{\partial Z_2}{\partial w_2} = \frac{1}{m}(a_2 - y)a_1$$

$$\frac{\partial L}{\partial b_2} = \frac{\partial L}{\partial a_2}\frac{\partial a_2}{\partial Z_2}\frac{\partial Z_2}{\partial b_2} = a_2 - y$$

$$\frac{\partial L}{\partial a_1} = \frac{\partial L}{\partial a_2}\frac{\partial a_2}{\partial Z_2}\frac{\partial Z_2}{\partial a_1} = (a_2 - y)w_2$$

$$\frac{\partial L}{\partial Z_1} = \frac{\partial L}{\partial a_2}\frac{\partial a_2}{\partial Z_2}\frac{\partial Z_2}{\partial a_1}\frac{\partial a_1}{\partial Z_1} = (a_2 - y)w_2\sigma'(Z_1)$$

$$\frac{\partial L}{\partial w_1} = \frac{\partial L}{\partial a_2}\frac{\partial a_2}{\partial Z_2}\frac{\partial Z_2}{\partial a_1}\frac{\partial a_1}{\partial Z_1}\frac{\partial Z_1}{\partial w_1} = (a_2 - y)w_2\sigma'(Z_1)x$$

$$\frac{\partial L}{\partial b_1} = \frac{\partial L}{\partial a_2}\frac{\partial a_2}{\partial Z_2}\frac{\partial Z_2}{\partial a_1}\frac{\partial a_1}{\partial Z_1}\frac{\partial Z_1}{\partial b_1} = (a_2 - y)w_2\sigma'(Z_1)$$

链式求导法则是对复合函数进行求导的一种计算方法,复合函数的导数将是构成复合这有限个函数在相应点导数的乘积,就像链子一样一环套一环,故称链式法则。有了梯度计算结果之后,便可根据权重更新公式更新权重和偏置参数了,具体计算为 $w = w - \eta \mathrm{d}w$。其中 η 为学习率,是个超参数,需要在训练时人为设定,当然也可以通过调参来取得最优超参数。

以上便是 BP 神经网络模型和算法的基本工作流程,如图 5-10 所示。总结起来就是前向计算得到输出,反向传播调整参数,最后以得到损失最小时的参数为最优学习参数。

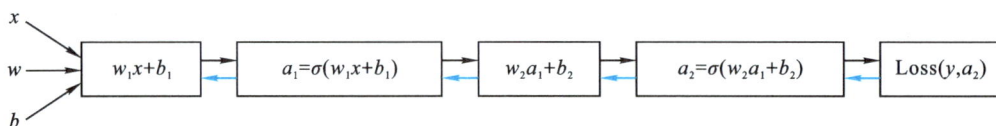

图 5-10 前向计算与反向传播示例图

现今,以神经网络为代表的深度学习理论与实践已经取得巨大发展。早在 20 世纪 60 年代,生物神经学领域的相关研究就表明,生物视觉信息从视网膜传递到大脑是由多个层次的感受野逐层激发完成的。到了 20 世纪 80 年代,出现了早期朴素卷积网络理论时期。到了 1985 年,鲁梅尔哈特(Rumelhart)和辛顿(Hinton)等提出了 BP 神经网络,即著名的反向传播算法来训练神经网络模型,这奠定了神经网络的理论基础。

进入 21 世纪后,由于计算能力不足和可解释性较差等多方面的原因,神经网络的发展经历了短暂的低谷,直到 2012 年 ILSVRC ImageNet 图像识别大赛上 AlexNet 一举夺魁,大数据逐渐兴起,以卷积神经网络(convolutional neural networks,CNN)为代表的深度学习方法逐渐成为计算机视觉领域的主流方法。除了视觉应用外,在自然语言处理和语音识别领域,以循环神经网络(recurrent neural networks,RNN)为核心的 LSTM 和以 Transformer 为核心的 BERT 等方法也逐渐得到广泛应用。

4. 支持向量机

在神经网络重新流行之前,支持向量机(support vector machine,SVM)一直是最受欢迎的二分类模型。支持向量机从感知机演化而来,提供了对非线性问题的另一种解决方案。通过不同的间隔最大化策略,支持向量机模型可分为线性可分支持向量机、近似线性可分支持向量机和线性不可分支持向量机。但无论是哪种情况,支持向量机都可以形式化为求解一个凸二次规划问题。

感知机是一种通过寻找一个线性分隔超平面将正负实例分开来的分类模型，但感知机模型很难处理非线性可分的数据分类。一种典型的解决方法就是神经网络，即通过对感知机添加隐藏层来实现非线性。感知机的学习目标是寻找一个线性分隔超平面，将训练实例分到不同类别。假设线性分隔超平面用方程 $w \cdot x + b = 0$ 来表示，能够将数据分离的线性分隔超平面可以有无穷多个，如图 5-11 所示。

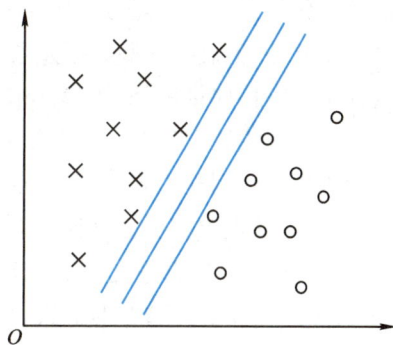

图 5-11　无穷多解的感知机

支持向量机是要从感知机的无穷多个解中选取一个到两边实例最大间隔的线性分隔超平面。当训练数据线性可分时，支持向量机通过求硬间隔最大化来求最优线性分隔超平面；线性当训练数据近似线性可分时，支持向量机通过求软间隔最大化来求最优线性分隔超平面。最关键的是当训练数据线性不可分的时候，感知机无法对这种数据进行分类，因此直接通过求间隔最大化的方法是不可行的。线性不可分支持向量机的做法是，使用核函数和软间隔最大化，将非线性可分问题转化为线性可分问题，从而实现分类。相较于神经网络通过给感知机添加隐藏层来实现非线性，支持向量机通过核函数的方法达到同样的目的。

1）线性可分支持向量机的原理

线性可分的情况实际上是一个二分类问题。也就是说，样本数据被标记为两类（例如 +1 和 -1），并且这些数据点在某个空间中可以被一条直线（在二维）、一个平面（在三维）或者一个超平面（在更高维度）完全分开，没有交叉或混杂。

支持向量机的主要目标：找到一条"最优"的分隔边界（超平面），将两类数据分开，并且让这个边界离两类数据点都尽可能远。为了增强分类的鲁棒性和泛化能力，如果边界离两类数据都远，即使未来有新样本略有扰动（比如带点噪声），它也更有可能被正确分类。这种"安全间距"在机器学习中被称为间隔，支持向量机追求的是使这个间隔最大化，所以常被称为最大间隔分类器。

在所有样本中，真正决定分隔边界的位置的，其实是最靠近这条边界的那几个点。这些点叫作支持向量。例如两群人对峙而立，中间放一块界碑。这个界碑要放在他们两方中离最靠前的代表都尽可能远的位置。而真正决定界碑位置的，只是两边最靠前的几个人——这些人就好比支持向量。一旦支持向量机找到那个最优边界，就可以用它来对新样本进行分类：看新样本是在边界的哪一侧；如果在正类一侧，就预测为正类，反之为负类；而且因为边界间距最大，所以新样本的判断更稳健。

2）近似线性可分支持向量机的原理

线性可分支持向量机假设所有样本都能被一条超平面完全分开。然而，这种理想状态很少出现在实际数据中。在真实的数据集中，常常存在一些杂音样本——如录入错误、标注错误，或者样本本身就是异常值。更常见的是，两类数据本身就存在一些重叠区域，根本无法被完美地划分。如果强行使用硬间隔的线性可分支持向量机，就会陷入过拟合的陷阱：模型为了让每一个样本都在正确的一边,不得不扭曲边界,牺牲了对整体结构的把握,反而降低了对新数据的预测能力。在现实世界中,经常会遇到两类数据大致可以用一条直线或一个平面分开,但总有一些数据点落在另一类的区域中,无法被完全正确地区分。这正是近似线性可分支持向量机(Soft Margin SVM)所要解决的问题。

为了解决这个问题,近似线性可分支持向量机引入了一个非常重要的概念——容错。它允许模型在划分边界时,接受部分样本越界或者被分错的现实。这种做法体现了一种工程智慧:与其追求完美的分界,不如容许适度的错误,以换取更强的泛化能力。近似线性可分 SVM 的核心思想是允许少数样本被分错或靠得近一些,但整体保持间隔尽可能大。例如,你要立一块界碑分开两群人,如果某个人站错了队,你可以允许他站在错误一侧,只要大多数人都被清楚地区分,而且界碑离主要人群还是远的,分界就是成功的。

实际上,支持向量机在做一件权衡的事情:一方面,它想要像以前那样让间隔尽可能大;另一方面,它允许一些样本落在间隔内,甚至被分错,但希望这些情况尽量少、尽量不严重。所以,近似线性可分 SVM 做的是一种最优妥协:对保留大间隔和减少错误二者做一个权衡。支持向量机的优化目标也随之发生了变化:一方面,它依然希望分界线尽可能宽,以保持模型的稳健性;另一方面,它也开始考虑某些样本如果不得不"犯错",应该以最小的代价来接受。

这种代价不是任意接受的。模型对每一个越界样本施加了一种惩罚,惩罚的总和会被纳入整体的优化目标。为了在最大间隔和最小惩罚之间做出平衡,SVM 引入了一个控制参数 C,它决定模型容忍错误的程度。若将 C 设得很大,模型会更趋向于减少分类错误,宁愿缩小间隔来尽量避免出错;若将 C 设得较小,模型则更愿意牺牲对某些异常样本的精度,以换取一个宽广、稳定的分界线。这种机制使得支持向量机在面对各种类型的数据时,能够灵活调整其行为。在这种框架下,支持向量的含义也发生了变化。不再只是那些贴着边界的点才是支持向量。现在,那些落在间隔内、甚至被分错的点,也可能成为支持向量,因为它们同样对边界的位置有直接影响。模型在训练时,关注的始终是那些"最棘手"的样本——无论它们是被准确分类但靠得很近,还是直接被分错。

最终,经过这种优化后的软间隔支持向量机,能够得出一条在总体上具有良好泛化能力的分类边界,这是一个更鲁棒、适应性更强的分类器。它不再一味追求对训练集的完美分类,而是在可接受的错误范围内,寻找对未来数据表现更佳的分割方式。这正是机器学习中一个重要的思想——容忍局部错误,换取整体正确。

近似线性可分支持向量机是一种基于现实妥协、但逻辑严密的分类方法。它用一种几何与统计思想结合的方式,实现了对复杂数据的有力建模,成为现代机器学习中极为重要的工具之一。近似线性可分支持向量机是在线性可分支持向量机的基础上发展出来的,它考虑了现实世界中数据不是完全可分的情况。

3)线性不可分支持向量机的原理

在实际的分类问题中,经常会遇到一种更加复杂的情形:不仅数据中有噪声、有重叠,而且数据本身在原始空间中根本无法通过一条直线或一个平面分开(见图 5-12)。这类问题被称为线性不可分问题,它超出了传统支持向量机所能直接处理的范畴。

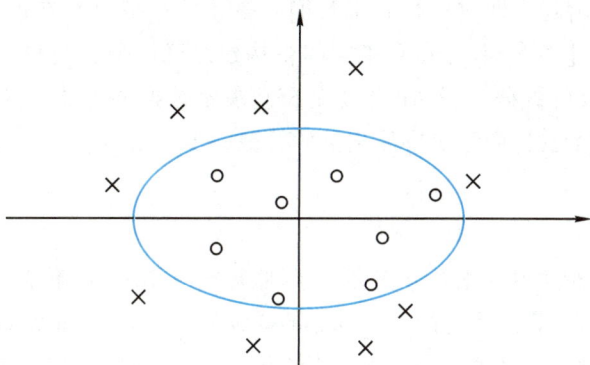

图 5 - 12　线性不可分数据示例图

　　为解决这一问题,需要对支持向量机进行进一步扩展,发展出了线性不可分支持向量机,也被称为核支持向量机(Kernel SVM)。这种模型的核心思想并不是试图在原始空间中硬掰出一个边界,而是采用一种更具想象力的方法:将原始数据映射到一个更高维的空间,在那个新空间中实现分离。

　　这种方法来自一个非常直观的几何观察:在低维空间中无法分开的数据点,到了高维空间,可能就能被轻松分开。例如想象有两个交错的圆环,如果你在二维平面中看它们,它们似乎纠缠在一起,无法用一条线隔开。但是,如果你将它们抬到三维空间,它们可能就在不同的高度上,轻而易举就能被一个平面分隔。这就是支持向量机在面对线性不可分问题时所采取的策略——不是死磕二维平面,而是把问题搬到一个新空间里解决。

　　实现这个搬运的过程,需要一个叫作映射函数的工具,它把原始空间中的每个数据点转化为高维空间中的一个新点。然而,这里就出现了一个计算上的困难:如果这个映射函数将数据从二维空间映射到几百维甚至上千维,那整个计算过程就变得极其庞大,甚至无法完成。为此,支持向量机采用了一个极为巧妙的办法——核技巧(见图 5 - 13)。它的本质是一种数学手段,可以让我们在不显式计算高维坐标的情况下,间接地完成高

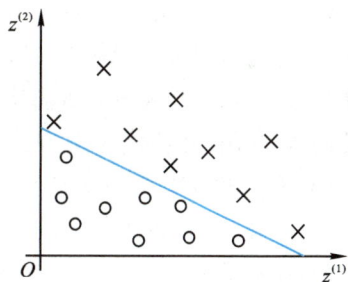

图 5 - 13　核技巧变换后的示例图

维空间的计算。通俗地说,就是我们并不真的把每个数据点搬到高维空间,而是在原始空间中完成对高维空间运算的模拟,即是所谓的"核函数"。

　　不同的核函数代表不同的高维映射方式。例如,多项式核可以模拟出曲线边界,高斯径向基核(RBF)则可以构造出复杂、非线性的决策边界。在线性不可分 SVM 中,依然保留了"最大间隔"的原则,即仍然试图在高维空间中找到一条尽可能远离支持向量的边界,同时也保留了对部分样本分类错误的容忍,即软间隔机制。只是在线性不可分的情况下,所有的分类边界构建和误差权衡都发生在那个高维空间中。

　　尽管这个高维空间不可见,但通过核函数与优化算法的配合,得到了一个既能拟合复杂数据、又具备良好泛化能力的分类模型。这种方法不仅适用于图像识别、文本分类等高维数据问题,也在许多实际工程中被广泛应用。

线性不可分支持向量机通过一种高维映射与核技巧相结合的方式,成功地将原本难以分离的数据转换为可分的形式,并在高维空间中构建最优的分类边界。它体现了一个经典的机器学习哲学:不改变数据本身,而是改变我们观察数据的方式。这种方法不仅理论优雅,而且实践有效,成为支持向量机发展史上的关键一步。

5.1.3 无监督学习

无监督学习是机器学习的重要分支之一,与监督学习相对,它不依赖于预先标注的训练数据。在无监督学习中,算法面对的是无标签的数据集,它的目标是从数据中自动发现潜在的结构、模式或特征分布。这种方法在现实中应用广泛,尤其适合那些无法或难以获得标注数据的场景,例如图像聚类、客户细分、异常检测等。

无监督学习的核心在于"自组织",即算法并不知道正确的输出或类别标签是什么,它需要凭借数据本身的内在特征进行归纳。常见的处理方式如下。

(1)寻找数据之间的相似性或差异性。

(2)识别隐藏在数据中的分布结构。

(3)发现数据的潜在维度或低维表示。

常见的无监督学习类型如下。

(1)聚类:试图将数据划分为若干个簇,使得同一簇中的样本彼此相似,而不同簇之间的样本差异较大。其典型算法包括:k 均值(k-Means),通过迭代寻找最优簇中心;层次聚类,构建树状结构表示聚类过程;DBSCAN,基于密度的聚类方法,可识别非球形结构与噪声点。

(2)降维:当数据维度过高时,分析和可视化都变得困难。降维技术可以将高维数据投影到低维空间,同时尽可能保留原始信息结构。代表算法包括:主成分分析(PCA),一种线性方法,通过保留最大方差方向实现降维;t-SNE,一种非线性方法,用于可视化高维数据;自编码器,利用神经网络构建压缩与解压模块实现降维。

(3)关联规则学习:该方法致力于发现数据集中变量之间的有趣关系,常用于购物篮分析。例如,"购买牛奶的人也更可能购买面包"。代表算法有 Apriori 与 FP-Growth。

(4)异常检测:无监督方式下的异常检测无需事先标注哪些是异常,只通过大部分正常数据的分布规律来发现偏离该规律的数据点,常用于预防金融欺诈、系统监控等领域。

无监督学习不依赖人工标注,节省成本和时间;适用于数据探索和特征提取;在数据稀缺或未知情况下仍能有效运行。但是,以此种方式形成的模型效果难以评估,因为没有正确答案作为对照;无监督学习的结果解释性较差,如聚类结果可能不符合人类直觉;无监督学习的质量高度依赖数据质量与特征选择,数据中的噪声或冗余特征会严重影响结果。

目前,无监督学习已广泛应用于各类任务中,如聚类方法用于社交网络中用户社群的发现、降维方法用于医疗数据中患者症状模式分、自动编码器析用于推荐系统中的兴趣建模、异常检测用于网络流量中的恶意行为检测。

无监督学习常涉及概率分布建模、密度估计或距离度量技术,是一种不依赖标签的学习方法,它使得计算机能够自主挖掘数据中的潜在结构和规律。尽管面临评估困难和解释性弱等挑战,但在数据日益丰富且标签稀缺的现实环境中,它正发挥着越来越重要的作用,是构建智能系统不可或缺的关键技术之一。

1. 聚类分析

聚类分析(cluster analysis)是在给定样本的情况下,聚类分析通过度量特征相似度或者距离,将样本自动划分为若干类别。

距离度量和相似度度量是聚类分析的核心概念,大多数聚类算法建立在距离度量之上。常用的距离度量方式包括 k 近邻算法中介绍的闵氏距离和马氏距离,常用的相似度度量方式包括相关系数和夹角余弦等。

(1)相关系数(correlation coefficent)是度量样本相似度最常用的方式。相关系数越接近 1,表示两个样本越相似;相关系数越接近 0,表示两个样本越不相似。样本 x_i 与样本 x_j 之间的相关系数可定义为

$$r_{ij} = \frac{\sum_{k=1}^{m}(x_{ki} - \overline{x}_i)(x_{kj} - \overline{x}_j)}{\left[\sum_{k=1}^{m}(x_{ki} - \overline{x}_i)^2 \sum_{k=1}^{m}(x_{kj} - \overline{x}_j)^2\right]^{\frac{1}{2}}}$$

(2)夹角余弦(angle cosine)也是度量两个样本相似度的方式。夹角余弦越接近 1,表示两个样本越相似;夹角余弦越接近 0,表示两个样本越不相似。样本 x_i 与样本 x_j 之间的夹角余弦可定义为

$$AC_{ij} = \frac{\sum_{k=1}^{m}x_{ki}x_{kj}}{\left[\sum_{k=1}^{m}x_{ki}^2 \sum_{k=1}^{m}x_{kj}^2\right]^{\frac{1}{2}}}$$

聚类算法通过距离度量将相似的样本归入同一个簇(cluster)中,这使得同一个簇中的样本对象的相似度尽可能大,同时不同簇中的样本对象的差异性也尽可能大。图 5-14 是一个聚类算法的示例图,可以看到,通过聚类算法对左图的样本数据进行聚类,得到了右图的三个聚类簇。

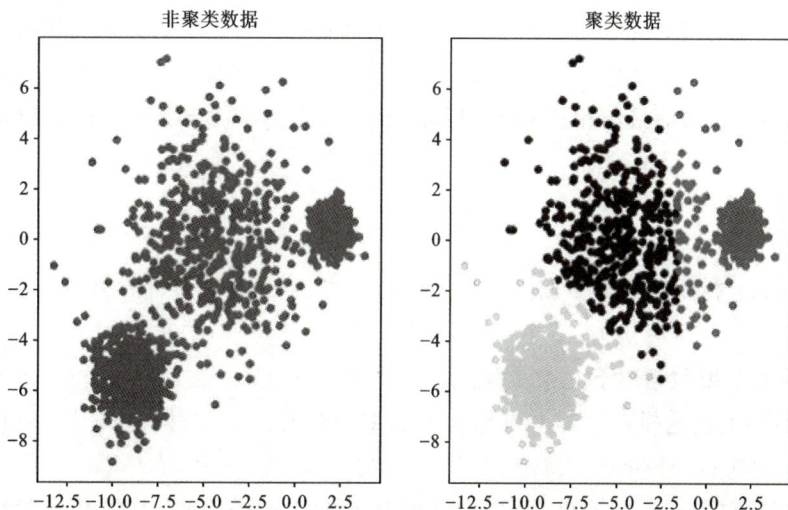

图 5-14 聚类算法示例图

常用的聚类算法有如下几种:基于距离的聚类,该类算法的目标是使簇内距离小、簇间距离大,最典型的就是 k 均值聚类算法;基于密度的聚类,该类算法是根据样本邻近区域的密度来进行划分的,最常见的密度聚类算法是 DBSCAN 算法;层次聚类算法,包括合并层次聚类和分裂层次聚类等;基于图论的谱聚类算法等。图 5-15 是 sklearn 在不同数据集上的10 类聚类算法效果对比。

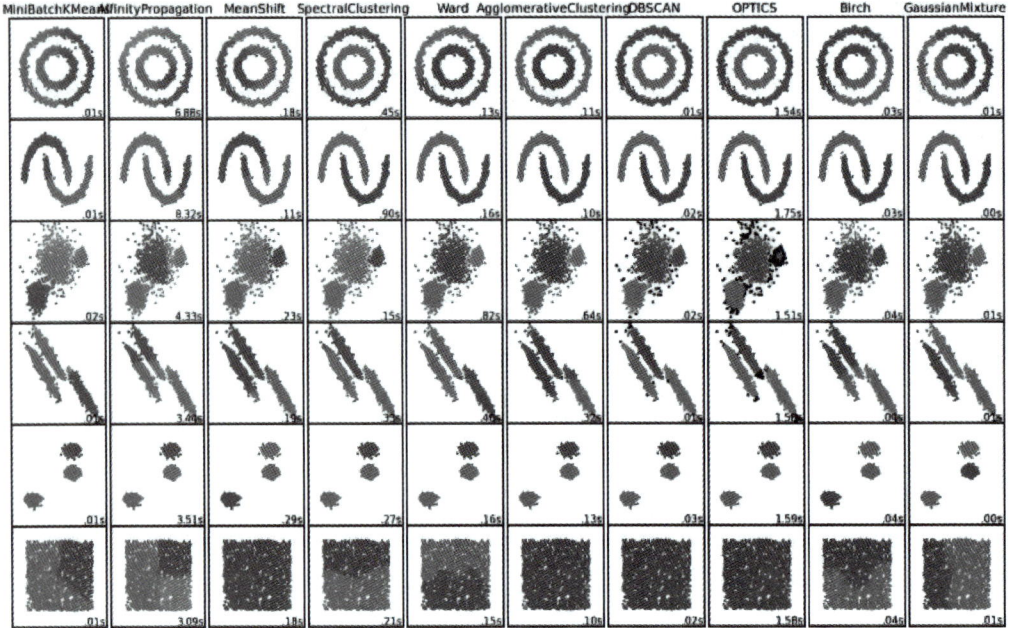

图 5-15　聚类算法效果对比示例图(sklearn 官网教程)

图 5-15 中从左至右分别为 k 均值聚类算法、近似传播算法、均值移动、谱聚类、Ward层次聚类算法、聚集聚类算法、DBSCAN、OPTICS、Birch 算法以及高斯混合算法,纵向为 6个不同的数据集。

以下以基于欧式距离的 k 均值聚类算法为例分析聚类算法。其基本思想是给定一个整数 k(即聚类的数量),通过迭代寻找 k 个聚类中心,使得每个样本点被分配到与其最接近的中心所代表的簇中,进而最小化所有点到其簇中心的距离平方和。k 均值的目标是最小化以下损失函数:

$$\sum_{i=1}^{K} \sum_{x \in C_i} \| x - \mu_i \|^2$$

式中,C_i 表示第 i 簇的样本集合;μ_i 为该簇的中心(质心);$\| x - \mu_i \|^2$ 表示样本点到中心的欧几里得距离。

k 均值聚类主要包括以下几个步骤。

(1)初始化:随机选择 k 个样本点作为初始聚类中心。这个过程可能影响最终结果,因此有改进策略(如 k-Means++)。

(2)分配簇:对于每个样本点,计算它到所有 k 个中心的距离,并将其分配给距离最近的簇。

（3）更新中心：对于每一个簇，重新计算该簇中所有样本点的均值，作为新的聚类中心。

（4）重复迭代：不断重复"分配—更新"两个步骤，直到聚类中心不再明显变化，或达到预设的迭代次数或误差阈值。

最终，每一个样本被归类到一个簇，算法输出 k 个簇的划分结果及其对应的中心。

k 均值聚类算法简单、易于实现，常用于初步探索性数据分析，且该算法收敛速度快，适用于大型数据集，在一定硬件资源下可扩展性良好。但是该算法需要预先指定 k 值：k 的选取对结果影响巨大，但没有通用的确定方法。此外，该算法对初始中心敏感，不同的初始化可能导致不同的聚类结果，甚至陷入局部最优。并且该算法对异常值敏感且容易受到离群点影响。

2. 主成分分析

现实世界中的数据往往具有高维特性。例如，一张彩色图像可以有上千维像素值，一个基因表达谱可能涉及数万个基因变量。然而，高维数据会带来许多挑战，被统称为维度灾难，包括：维度越高，存储和计算的复杂度越高导致计算负担大；高维空间中样本稀疏，模型容易学习到数据中的噪声而非规律，增加过拟合风险；在高维空间中，所有点之间的距离趋于相似，使得距离不再有意义；由于人类无法直接观察三维以上的数据结构，造成可视化困难。

因此，将高维数据转化为低维数据，既可以提升模型性能，又有助于理解数据结构。主成分分析（principal component analysis，PCA）是一种经典的降维算法。PCA 通过正交变换将一组由线性相关变量表示的数据转换为几个由线性无关变量表示的数据，这几个线性无关变量就是主成分。

降维并非仅仅"压缩"数据，而是追求信息的最优保留。一个好的降维方法，应当满足：尽可能保留数据的主要变异信息或结构特征；在低维空间中重构或解释原始数据时损失尽量小；在不影响后续任务（如聚类、分类）的前提下简化特征表示。

降维与特征选择常被混用，但二者是不同的概念，降维是特征变换：通过数学变换生成新的特征（如主成分），原始特征可能被融合或舍弃；特征选择是特征筛选：从已有特征中挑选出最相关的部分，不改变其表达形式。两者可以结合使用，先做特征选择再降维，或反之，提升效率与模型性能。

降维是处理高维数据的重要工具，其本质在于在压缩特征维度的同时，尽量保留数据的关键信息。它既是一种数据预处理手段，也是一种提升建模效率与解释性的策略。随着数据复杂性的日益增加，合理使用降维方法，对于构建高效、可靠、可解释的智能系统具有重要意义。

针对高维数据的降维问题，PCA 的基本思路如下：首先将需要降维的数据的各个变量标准化（规范化）为均值为 0、方差为 1 的数据集，然后对标准化后的数据进行正交变换，将原来的数据转换为由若干个线性无关向量表示的新数据。这些新向量表示的数据不仅要求相互线性无关，而且需要所包含的信息量最大。PCA 的一个示例如图 5-16 所示。

图 5-16 的左图是一组由变量 x_1 和 x_2 表示的二维空间，数据分布于图中椭圆形区域内，能够看到，变量 x_1 和 x_2 存在一定的相关关系；右图是对数据进行正交变换后的数据坐

标,由变量 y_1 和 y_2 表示。为了使得变换后的信息量最大,PCA 使用方差最大的方向作为新坐标系的第一坐标轴 y_1,方差第二大的作为第二坐标轴 y_2。

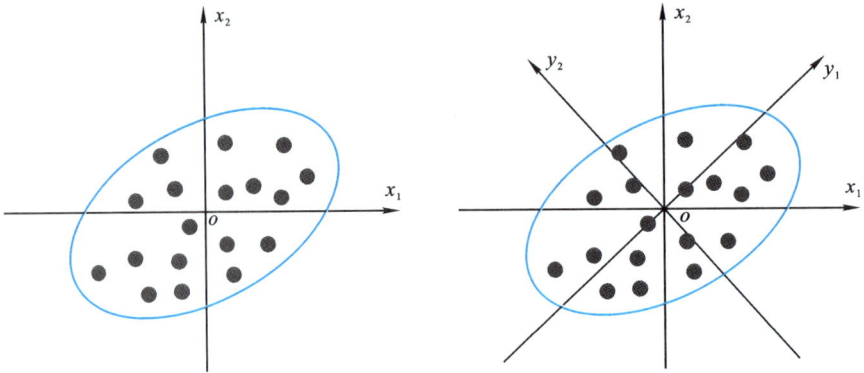

图 5-16 PCA 示例图

PCA 算法的核心目标是在保持数据最主要信息的前提下,将高维数据映射到低维空间,以实现数据压缩、可视化、降噪和特征提取等目的。PCA 不仅提高了计算效率,也有助于揭示数据的内在结构。

PCA 的基本思想源于协方差分析,它认为一个数据集中最重要的信息是变化最大的方向。具体来说,PCA 希望找到一组新的正交坐标轴(称为主成分),使得原始数据投影到这些新轴上后:第一主成分具有最大方差;第二主成分与第一主成分正交,且方差次大;依此类推,每一个后续主成分在保持与前面主成分正交的前提下尽可能保留剩余的信息。这些新的坐标轴称为"主成分",用来代替原始特征维度。因为主成分按解释能力递减排列,因此我们只保留前若干个主成分即可达到有效降维的目的。

PCA 的算法步骤。

(1)数据中心化,对每一个特征减去其均值,使所有变量具有 0 均值。这一步是为了确保 PCA 提取的是数据的协方差信息而非偏移量。

(2)计算协方差矩阵,将中心化后的数据构造成一个矩阵,然后计算其协方差矩阵。协方差矩阵刻画了各维特征之间的线性相关性。

(3)特征分解,对协方差矩阵进行特征值分解(或奇异值分解)。这一步得到的特征向量代表主成分方向,特征值则代表这些方向上的方差大小。

(4)选取主成分,按照特征值从大到小排序,选取前 k 个最大的特征值对应的特征向量,构成主成分空间。k 的选择通常根据保留的方差比例(如 95%)进行判断。

(5)投影到新空间,将原始数据投影到所选主成分构成的新坐标系中,得到降维后的数据表示。

从几何角度看,PCA 是在高维空间中找到一组新的坐标轴,使得数据在这些轴上的投影具有最大的"伸展性"。换言之,PCA 寻找的是能够"最大化数据展开"的方向。这些方向构成一个正交坐标系,相当于对原有坐标系的一次旋转变换。

PCA 算法具有明显的优势。

(1)无监督性:PCA 不依赖标签信息,只依赖数据的协方差结构。

（2）正交性强：所得主成分互相正交，避免冗余，便于可视化和分析。

（3）降噪能力：低方差主成分多为噪声，舍弃这些成分可提高模型鲁棒性。

（4）提高效率：在特征数量多但样本有限的场景中，PCA 能显著减少计算成本。

（5）解释性好：PCA 结果可以量化每个主成分对整体变异的贡献。

但是 PCA 算法也存在一些局限性：如该算法仅适用于线性关系，PCA 只能捕捉特征间的线性结构，难以处理复杂的非线性分布；该算法对缩放敏感：特征量纲不统一时，PCA 结果可能受到某些特征的主导，通常需进行标准化处理；主成分是原始特征的线性组合，难以直接解释其具体意义导致该算法可解释性不足。

PCA 算法广泛应用于图像处理，如人脸识别中的"特征脸"；基因数据分析，PCA 算法压缩成千上万个基因表达变量以进行聚类或分类；数据可视化，将高维数据映射为二维或三维图像便于理解等。

3. Apriori 算法

Apriori 算法是一种经典的关联规则学习算法，主要用于挖掘大型数据库中的频繁项集，并据此推导出有意义的关联规则。它最早由阿格拉瓦尔（Agrawal）等于 1994 年提出，在零售交易、推荐系统、文本分析、网络入侵检测等领域得到了广泛应用。

在日常生活中，我们常常希望发现一些有趣的共现模式，例如在超市中，购买牛奶的人也常常购买面包；在用户行为日志中，点击某个页面的人也倾向于浏览某一产品；在文本中，某些词汇总是一起出现，可能代表一个主题。这些项之间的共现关系被称为关联规则。Apriori 算法的主要目标就是从海量的事务型数据中，挖掘出具有统计显著性的频繁项集，并生成支持度和置信度较高的关联规则。

Apriori 算法名称来自先验原则，即一个频繁项集的所有子集也一定是频繁的；反之，一个非频繁项集的所有超集都不可能是频繁的。这一思想允许我们在搜索频繁项集时，大量剪枝，即避免对不可能成为频繁项集的组合进行计算，从而大幅提高效率。

简而言之，Apriori 采用一种自底向上、逐层扩展的策略：先找出所有频繁 1 项集；然后由频繁 1 项集生成候选 2 项集，筛选出频繁 2 项集；再由频繁 2 项集生成候选 3 项集，依此类推，直到找不到更多频繁项集。

Apriori 算法可以概括为两个阶段：频繁项集挖掘阶段和关联规则生成阶段。

1）频繁项集挖掘

输入为一个事务数据库（如一组购物记录），输出为所有满足最小支持度阈值的频繁项集。流程如下。

第一步　初始化扫描数据库，统计每个单个项的支持度，筛选出频繁 1 项集 L_1。

第二步　迭代生成与剪枝，利用频繁 k 项集 L_k，生成候选 $k+1$ 项集 C_{k+1}。候选项集中的每一项集，其所有 k 子集必须出现在 L_k 中，否则予以剪枝。

第三步　数据库扫描与支持度计数扫描数据库，统计 C_{k+1} 中每个候选项集的支持度，保留满足最小支持度的项集构成 L_{k+1}。

第四步　终止条件，若某一轮没有产生任何频繁项集，则算法结束。

2)关联规则生成

一旦获得所有频繁项集,Apriori接着生成满足最小置信度的规则。对于每个频繁项集 L,考虑它的所有非空子集 A,产生规则 $A \Rightarrow L \backslash A$,计算其置信度:

$$\text{conf}(A \Rightarrow B) = \frac{\text{support}(A \bigcup B)}{\text{support}(A)}$$

若置信度高于用户设定的阈值,则保留该规则。

Apriori算法算法清晰、逻辑直观,便于实现与理解;可解释性强:所得频繁项集和规则易于转化为实际语言;剪枝策略有效:大幅减少候选项集数量。但是该算法需多次扫描数据库:每一轮生成候选项集都需重新扫描整个数据库,代价较高;该算法存在候选集爆炸问题,即在项目数较多或支持度较低时,候选项集数量可能急剧增长;该算法只适用于离散型事务数据,不适合处理连续数值或结构化复杂数据;该算法难以挖掘长模式:由于支持度累积效应,长项集难以满足阈值。

Apriori算法广泛用于各类需要发现共现模式的场景,如超市购物篮分析,找出经常一起购买的商品组合,优化货架布局与交叉销售;推荐系统,根据用户历史操作生成行为关联推荐;生物信息学,识别常见基因片段组合;网页点击分析,识别用户常见浏览路径,优化网站结构;欺诈检测:分析不寻常的交易模式组合等。

Apriori算法在大规模数据中高效挖掘频繁项集,并从中推导出可靠的关联规则。尽管该算法在处理大数据时面临效率瓶颈,但其思想和结构对后续算法发展具有深远影响。作为理解关联分析、推荐系统、数据挖掘逻辑的基础工具,Apriori仍然具有重要的学习和实践价值。

机器学习是现代人工智能最重要的基础之一,其核心在于从数据中自动建模,提取规律,并泛化到新情况。它改变了计算系统的设计方式,使机器具备了学习的能力。掌握机器学习的基本概念与理论,不仅是理解人工智能技术的第一步,也是进入数据驱动时代的关键知识门槛。随着技术的发展与融合,机器学习将在越来越多的行业与领域中发挥核心作用。

5.2 深度学习

深度学习是通过建立多层次的人工神经网络,模拟人类大脑的学习过程,从大量数据中自动提取和学习高层次特征表示。深度学习的兴起得益于大规模数据集、强大的计算能力(尤其是GPU的发展),以及改进的训练算法,特别是在图像识别、语音识别、自然语言处理等领域取得了突破性成果。

深度学习的基础是人工神经网络。传统的神经网络可能只有一两层隐藏层,而深度学习网络则具有多个隐藏层,通常被称为深层神经网络。每一层神经元会对上一层的输出进行非线性变换,从而逐步抽象出更加复杂和抽象的特征。这种分层结构使得深度学习模型能够自动地从原始数据中提取有用的表示,而无需人工设计复杂的特征工程。深度学习网络的训练通常基于误差反向传播算法,通过梯度下降等优化方法来最小化预测输出与真实标签之间的损失函数。深度学习模型的学习目标是让整个网络的参数(即权重和偏置)朝着使损失最小的方向不断更新。

深度学习的最大优势在于其强大的特征学习能力。它可以从原始数据中自动提取有用特征,减少对专家经验的依赖。随着层数的加深,模型能够学习越来越抽象的概念,从而在复杂任务中表现出色。然而,深度学习也面临着一些挑战。例如,它通常需要大量的数据才能发挥出色性能,训练过程对计算资源依赖严重,同时也存在模型可解释性差的问题。此外,过拟合、梯度消失或爆炸、模型冗余等问题也影响模型的训练和泛化能力。

目前,深度学习已经广泛应用于多个领域。在图像领域,它被用于人脸识别、自动驾驶视觉系统、医学图像分析等;在语音领域,它应用于语音识别、语音合成等;在自然语言处理方面,它被用于机器翻译、情感分析、问答系统和聊天机器人等。近年来,深度学习也开始渗透到金融、教育、医疗、制造等行业,推动着人工智能的落地和发展。

5.2.1　深度学习基础知识

深度学习是机器学习的一个分支,二者之间的主要区别在于底层神经网络架构的结构。非深度学习的传统机器学习模型使用具有一到两个计算层的简单神经网络。深度学习模型使用三个或更多层(通常是数百或数千层)来训练模型。

虽然监督学习模型需要结构化的已标记输入数据才能产生准确的输出,但深度学习模型可以使用无监督学习。通过无监督学习,深度学习模型可以从原始的非结构化数据中提取出准确输出所需的特征、特性和关系。此外,这些深度学习模型甚至可以评估和完善其输出,以提高精度。

1. 深度学习的结构基石

深度学习以人工神经网络为基本架构,这种网络是对生物神经系统的抽象建模。一个典型的神经网络包括输入层、若干隐藏层以及输出层。每一层由多个神经元组成,这些神经元通过带有可学习参数的连接构成网络结构。

在前向传播过程中,输入数据被逐层传递,每个神经元会将前一层传来的加权输入求和,再通过一个非线性激活函数生成输出。这个输出将作为下一层的输入。随着网络层数的增加,神经网络能够逐步提取数据中更高层次、更抽象的特征。

深度神经网络是指具有多个隐藏层的神经网络。深层结构赋予模型更强的表达能力,但同时也带来了训练难度的提升,比如梯度消失、过拟合等问题,必须通过有效的机制加以解决。

2. 引入非线性能力

激活函数决定了神经网络是否能够模拟非线性函数关系。如果网络中不包含任何非线性操作,即便有多层结构,其整体仍然是一个线性变换,无法胜任复杂模式的学习任务。因此,引入非线性激活函数是深度学习的关键环节。

早期使用的 Sigmoid 函数能够将输入压缩到 0 和 1 之间,但其梯度在极端值附近会趋近于零,造成梯度消失问题;Tanh 函数类似于 Sigmoid,但将输出范围扩展到$[-1,1]$,表现稍优。近年来,ReLU(Rectified Linear Unit)成为主流激活函数,它在正区间保持线性,而负区间输出为 0,既简洁又高效。但 ReLU 在训练过程中可能出现神经元死亡问题,即某些神经元永远输出 0,不再更新。为此,研究者提出了改进型激活函数,如 Leaky ReLU(为负输入提供微弱梯度)和 ELU(指数线性单元)等,以提升网络的稳定性和泛化能力。

3. 衡量预测与真实差异的尺度

损失函数定义了模型预测值与真实标签之间的误差,是深度学习训练过程中优化的目标。不同任务类型采用的损失函数不同。在回归问题中,最常用的是均方误差(MSE),它度量的是预测值与真实值之差的平方平均值。在分类任务中,尤其是多类分类,交叉熵损失函数被广泛采用,它从信息论角度出发,刻画了两个概率分布之间的差异。

损失函数不仅决定了训练目标的形式,还影响着梯度的计算和模型的收敛速度。好的损失函数能够引导模型在训练过程中更快、更稳定地趋近最优。

4. 优化算法引导模型学习

深度学习的目标是通过最小化损失函数,找到使模型性能最优的参数集合。这一过程依赖于优化算法。最基本的优化方法是梯度下降,通过计算损失函数对参数的梯度,按照负梯度方向更新参数。标准梯度下降需遍历整个数据集计算梯度,在大规模数据场景下效率较低。因此,引入了随机梯度下降,每次仅利用一个或少数样本更新参数,大大提高了效率,但也带来了波动性。为加快收敛并提升稳定性,研究者提出了一系列改进优化器,如 Momentum(引入惯性项)、RMSProp(引入梯度平方的动态平均)、Adam(自适应一阶和二阶矩估计的结合)。Adam 是当前最常用的优化算法之一,具有鲁棒性强、调参少、适应性好的优点。

优化算法的性能依赖于学习率等超参数的设置。学习率过大可能导致振荡甚至发散,过小则收敛缓慢,因此往往需要调参策略(如学习率衰减)来实现动态优化。

5. 训练神经网络的关键机制

神经网络的训练本质是一个高维函数优化问题,其核心算法是误差反向传播。它基于链式法则,从输出层向输入层逐层传播误差信号,计算每一层权重的梯度。通过这些梯度配合优化器进行参数更新,使得模型在训练数据上预测效果逐步提升。

反向传播过程中,计算效率和稳定性至关重要。随着网络深度增加,容易发生梯度消失(梯度逐层减小)或梯度爆炸(梯度逐层放大)。为此,现代深度学习中引入了如 Batch Normalization 对每一层输出进行标准化和残差连接等技术,有效改善深层网络的可训练性。

6. 训练技巧与正则化手段

深度学习模型训练过程中常面临两个核心问题:一是过拟合,二是收敛效率低下。为了提升模型的泛化能力与训练效果,研究者开发了多种训练策略与正则化手段。

正则化(如 L1 与 L2 惩罚)通过限制模型参数的规模,防止模型过度依赖某些特征;Dropout 是一种随机屏蔽部分神经元的技术,能够打破神经元间的强依赖,提高网络的鲁棒性;Early Stopping 基于验证集性能判断何时停止训练,避免在训练集上过拟合;数据增强特别适用于图像任务,通过图像旋转、缩放、剪裁等操作扩展样本空间,提高模型适应性。这些技术组合使用,可以有效提升模型性能,特别是在数据量有限的现实应用中尤为重要。

5.2.2　卷积神经网络

卷积神经网络(Convolutional Neural Network，CNN)是深度学习中最具代表性的模型之一，广泛应用于图像识别、目标检测、视频分析、医学影像处理等领域。CNN 的核心优势在于它能够自动提取多层次的空间特征，并有效减少参数数量，是对传统全连接神经网络在视觉任务上的重大改进。这些网络利用线性代数，尤其是矩阵乘法的原理来识别图像中的模式。

1. 局部连接与参数共享

卷积神经网络是一种特定类型的神经网络，由节点层组成，包含一个输入层、一个或多个隐藏层和一个输出层。每个节点都与另一个节点相连，具有一个关联的权重和阈值。如果任何单个节点的输出高于指定的阈值，那么该节点将被激活，并将数据发送到网络的下一层。否则，不会将数据传递到网络的下一层。

传统神经网络在处理图像等高维数据时需要大量参数，因为每一层神经元都与上一层所有神经元相连接。这不仅造成巨大的内存开销和计算成本，而且会导致模型容易过拟合。CNN 通过引入局部感受野和参数共享机制，有效地解决了这一问题。

局部连接指的是每个神经元只与输入的一小块区域相连接，这种局部感知结构类似于人类视觉皮层中感受野的概念。通过滑动窗口的方式，CNN 可以覆盖整个输入图像，从而提取出关键的局部特征。而参数共享则意味着在一个卷积层中，同一个卷积核在所有位置使用相同的权重。这使得 CNN 在保持高表达能力的同时，大幅减少了需要学习的参数量，提升了训练效率。

CNN 至少由三种主要类型的层组成：卷积层、池化层和全连接层。针对复杂的用途，卷积神经网络可能包含多达数千个层，每层均建立在之前的层之上。通过卷积可以发现详细的模式。随着层级的递进，卷积神经网络的复杂性也逐步增加，能够识别图像的更多部分。靠前的层关注于简单的特征，比如颜色和边缘。随着图像数据沿着卷积神经网络的层级逐渐推进，它开始识别对象中更大的元素或形状，直到最终识别出预期的对象。

2. 卷积层

卷积层是 CNN 中最重要的组成部分。一个卷积层通常包含多个卷积核(Filter)，每个卷积核都是一个小尺寸的矩阵(如 3×3 或 5×5)，其作用是提取输入图像中的特定类型的局部特征。每个卷积核在图像上以一定步长滑动，并在滑动过程中对图像区域进行加权求和(卷积运算)，从而生成一张特征图。这些特征图会保留图像中的关键局部结构，如边缘、角点、纹理等。

卷积操作中两个重要的超参数是步幅(stride)和填充(padding)。步幅控制卷积核滑动的速度，而填充是在图像边缘补零，以保持输出尺寸或防止信息损失。深层网络中，多个卷积层会被堆叠使用，早期层捕捉低级特征如边缘或颜色，随着层级加深，网络可以学习到越来越抽象的语义信息，例如物体轮廓、结构乃至具体类别特征。

卷积就是两个函数的叠加，应用在图像上，则可以理解为拿一个滤镜放在图像上，找出图像中的某些特征,而我们需要找到很多特征才能区分某一物体,通过滤镜的组合,可以得出很多的特征。

首先一张图片在计算机中保存的格式为一个个的像素,比如一张长度为 1080,宽度为 1024 的图片,总共包含了 1080×1024 个像素,如果为 RGB 图片,因为 RGB 图片由 3 种颜色叠加而成,包含 3 个通道,因此我们需要用 1080×1024×3 的数组来表示 RGB 图片。假设有一组灰度图片,这样图片就可以表示为一个矩阵,假设我们的图片大小为 5×5,即为一个 5×5 的矩阵,接着用一组卷积核(Filter)来对图片过滤,过滤的过程就是求卷积的过程。假设 Filter 的大小为 3×3,从图片的左上角开始移动 Filter,并且把每次矩阵相乘的结果记录下来。每次 Filter 从矩阵的左上角开始移动,每次移动的步长是 1,从左到右,从上到下,依次移动到矩阵末尾之后结束,每次都把 Filter 和矩阵对应的区域做乘法,得出一个新的矩阵即是卷积的过程。而 Filer 的选择非常关键,Filter 决定了过滤方式,通过不同的 Filter 会得到不同的特征。

3. 激活函数

卷积操作本质上是线性的,因此 CNN 中必须引入非线性激活函数来提高模型的表达能力。激活函数的非线性变换使得网络能够从线性模型跃升为逼近任意复杂函数的通用近似器,这是深度学习能力的根本所在。

4. 池化层

池化层(Pooling Layer)的主要作用是降低特征图的空间维度,从而减小计算量,防止过拟合,并增强特征的平移不变性。最常见的池化方式是最大池化,即在每个小区域中选取最大值作为该区域的输出,也有平均池化等方法。池化操作一般不包含可训练参数,而是通过滑动窗口对特征图进行简单的降采样。例如,一个 2×2 的最大池化窗口在特征图上以步长 2 滑动,会将特征图尺寸缩小为原来的一半,并保留每个区域中最显著的特征响应(见图 5-17)。

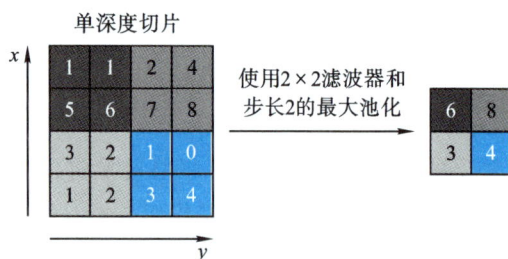

图 5-17 2×2 的最大池化示例图

图中把一个 4×4 的矩阵按照 2×2 做切分,每个 2×2 的矩阵里,我们取最大的值保存下来,红色的矩阵里面最大值为 6,所以输出为 6,绿色的矩阵最大值为 8,输出为 8,黄色的为 3,蓝色的为 4。这样就把原来 4×4 的矩阵变为了一个 2×2 的矩阵。

丢失的一部分数据会不会对结果有影响?实际上,池化层不会对数据丢失产生影响,因为每次保留的输出都是局部最显著的一个输出,而池化之后,最显著的特征并没丢失。我们只保留了认为最显著的特征,而把其他无用的信息丢掉,来减少运算。池化层的引入还保证了平移不变性，即同样的图像经过翻转变形之后，通过池化层，可以得到相似的结果。

5. 全连接层与输出层

在经过若干卷积和池化层后，特征图被展平成向量并输入到全连接层（Fully Connected Layer）中。全连接层的每个神经元都与上一层所有节点相连，其功能是对提取到的特征进行整合，输出一个最终的预测结果。在分类任务中，输出层一般使用 Softmax 函数对每个类别输出一个概率值，使得所有类别的概率之和为 1，便于后续的分类决策。回归任务中则使用线性输出层直接给出预测值。

全连接层就是一个完全连接的神经网络，根据权重每个神经元反馈的比重不一样，最后通过调整权重和网络得到分类的结果。因为全连接层占用了神经网络 80％的参数，因此对全连接层的优化就显得至关重要。

6. 反向传播与优化

CNN 的训练依赖于误差反向传播算法和优化算法。在前向传播中，模型会产生一个预测结果，并与真实标签计算损失函数（如交叉熵或均方误差）。在反向传播过程中，损失函数关于模型参数的梯度被逐层传播回来，从输出层向输入层依次计算每一层的权重梯度。这些梯度被用于更新权重参数，优化算法常采用如 SGD（随机梯度下降）或 Adam（自适应矩估计）等方法，使得模型在训练数据上的损失函数不断下降。训练过程通常还包含学习率调度、正则化和早停策略等机制，以防止过拟合并加速收敛。

CNN 在图像处理中的表现尤为突出。在图像分类中，CNN 能自动学习判别性特征，替代传统人工特征提取流程。在目标检测任务中，如 YOLO、Faster R-CNN 等模型利用 CNN 提取区域特征，实现物体位置与类别的联合预测。在图像分割中，U-Net 等基于 CNN 的结构被广泛用于医学影像和遥感图像分析。

CNN 作为深度学习的核心方法之一，以其强大的特征学习能力和高效的参数结构，彻底改变了图像处理的范式，并持续扩展到更广泛的应用领域。深入理解 CNN 的工作机制与训练原理，是掌握现代人工智能技术的必经之路。未来，随着更高效、可解释、多功能的 CNN 模型的不断出现，它将在智能社会建设中发挥越来越关键的作用。

5.2.3　循环神经网络

循环神经网络（Recurrent Neural Network，RNN）是一类擅长处理序列数据的人工神经网络，其核心思想是通过隐藏状态在时间维度上传递信息，从而具备记忆前文上下文信息的能力。相比传统的前馈神经网络，RNN 不仅考虑当前输入，还考虑历史信息，这使它成为自然语言处理、时间序列分析、语音识别等任务中的重要模型之一。

传统的人工神经网络和卷积神经网络的前提都是元素之间是相互独立的，输入与输出之间也是独立的。但现实世界中，很多元素之间是相关的，如一个人说："我最喜欢的地方是陕西，以后有机会我一定要去＿＿＿＿＿旅游。"根据上下文可知这里填空的答案应该都道是填"陕西"，这是根据上下文的内容推断出来的。因 RNN 就是要像人一样拥有记忆的能力，其输出就依赖于当前的输入和记忆。

1. RNN 的结构与工作原理

RNN 的基本结构由三个主要部分构成:输入层、隐藏层和输出层(见图 5-18)。图中,X 表示输入层的值;S 表示隐藏层的值,这一层其实是多个节点,节点数与 S 的维度相同;U 是输入层到隐藏层的权重矩阵;O 表示输出层的值;V 是隐藏层到输出层的权重矩阵。RNN 的隐藏层的值 S 不仅仅取决于当前这次的输入 X,还取决于上一次隐藏层的值 S。权重矩阵 W 就是隐藏层上一次的值作为这一次的输入的权重。

与前馈神经网络不同的是,RNN 的隐藏层之间存在时间上的连接,也就是说,某一时刻的隐藏状态不仅取决于当前输入,还取决于前一时刻的隐藏状态。这种结构使得网络能够处理变长的输入序列,并在序列中传播上下文信息。

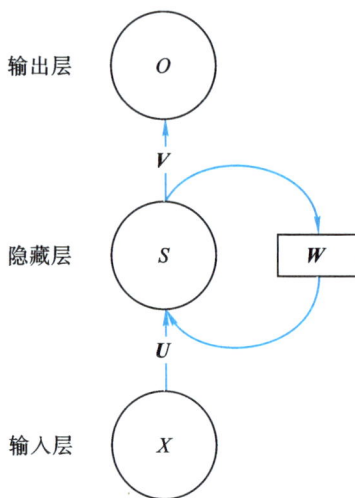

图 5-18　RNN 基本结构图

以一个简单的一层 RNN 为例,设输入序列为 $x_1, x_2, \cdots, x_t$;对应的隐藏状态为 $h_1, h_2, \cdots, h_t$;输出为 $y_1, y_2, \cdots, y_t$。

每个时间步的计算公式为:

$$h_t = \tanh(\boldsymbol{W}_{xh}x_t + \boldsymbol{W}_{hh}h_{t-1} + b_h)$$
$$y_t = \boldsymbol{W}_{hy}h_t + b_y$$

式中,$\boldsymbol{W}_{xh}$、$\boldsymbol{W}_{hh}$、$\boldsymbol{W}_{hy}$ 是权重矩阵;b_h、b_y 是偏置项;$\tanh$ 是非线性激活函数。隐藏状态 h_t 实际上就是网络的记忆,它承载了从 x_1 到 x_t 的信息,并将其传递到下一时间步 $t+1$。

把图 5-18 按时间线展开,可得图 5-19,即每一隐藏层的值不仅取决于输入 X,也取决于上一隐藏层的值。

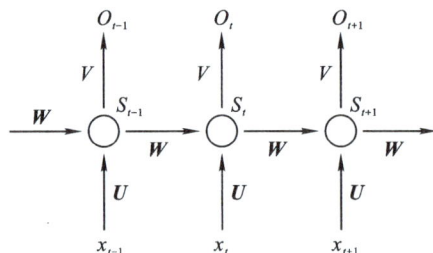

图 5-19　RNN 时间线展开图

2. RNN 的优势与局限性

由于其循环连接结构,RNN 在以下场景中具有天然优势:

(1)自然语言处理(NLP):文本是一种典型的序列数据,RNN 可以在生成下一个词时参考前文上下文,因此在语言模型、机器翻译、文本生成等任务中具有广泛应用。

(2)语音识别:语音信号也是随时间变化的序列,RNN 能够捕捉语音信号的时间依赖特性。

(3)时间序列预测:如股市预测、气温预测等依赖历史数据的任务,RNN 能利用前序信息建模趋势和周期。

尽管 RNN 理论上能够捕捉长期依赖信息,但在实际训练中面临两个主要问题。

(1)梯度消失与爆炸:在初始训练中,RNN 可能会错误地预测输出。此时,需要进行多次迭代来调整模型的参数,以降低错误率。当梯度呈指数增长直至 RNN 变得不稳定时,就会发生梯度爆炸。当梯度变得无限大时,会导致过拟合。梯度消失问题是训练中模型的梯度接近于零的情况。梯度消失时,RNN 无法有效地从训练数据中学习,从而导致欠拟合。

(2)并行计算受限:RNN 按顺序处理数据,这使其高效处理大量文本的能力受到限制。例如,RNN 模型可以从几句话中分析买家的情绪。但是,总结一页文章需要耗费大量的计算能力、内存空间和时间。

循环神经网络作为深度学习中处理序列数据的核心模型之一,开创性地将时间维度上的信息引入神经网络,使得模型能够理解上下文。尽管面临训练难题和效率瓶颈,RNN 及其改进版本(如 LSTM 和 GRU)依然在众多领域发挥着重要作用。同时,RNN 的研究也为后来的 Transformer 等模型奠定了理论与实践基础。

5.2.4　长短期记忆网络

长短期记忆网络(Long Short - Term Memory,LSTM)是一种特殊结构的循环神经网络(RNN),最初由霍赫赖特(Hochreiter)和施密德胡贝尔(Schmidhuber)于 1997 年提出,旨在解决传统 RNN 在处理长序列时存在的梯度消失和梯度爆炸问题。LSTM 通过引入门控机制,显著增强了对长期依赖关系的建模能力,因而在自然语言处理、语音识别、时间序列预测等任务中得到了广泛应用。

传统 RNN 通过隐藏状态将前一时刻的信息传递到当前时刻,使得网络可以处理时间序列数据。然而,在时间步较长的情况下,RNN 在反向传播过程中,梯度会随着时间步的增加不断缩小或膨胀,造成训练困难。这种长期依赖无法有效记忆的问题极大地限制了 RNN 的实际表现。

1. LSTM 的结构原理

LSTM 的核心创新在于引入了一个称为"细胞状态"的结构,它像一条信息通道,可以在时间维度上传递关键信息而不易衰减。同时,LSTM 通过三个门控单元控制信息的流动:遗忘门(forget gate)、输入门(input gate)和输出门(output gate)。

图 5 - 20 显示了 LSTM 具有一种链式结构,但 LSTM 并不是只增加一个简单的神经网络层,而是四个,它们以一种特殊的形式交互。图 5 - 20 中,每条线表示一个向量,从一个输出节点到其他节点的输入节点。这个深色圆圈表示逐点式操作,就像向量加法。方框是学习好的神经网络的层。线条合表示联结,相反,线条分叉表示内容被复制到不同位置。LSTM 有能力删除或者增加神经元状态中的信息,这一机制是由被称为门限的结构管理的。门限是一种让信息选择性通过的方式,它们是由 Sigmoid 神经网络层和逐点相乘器做成的。

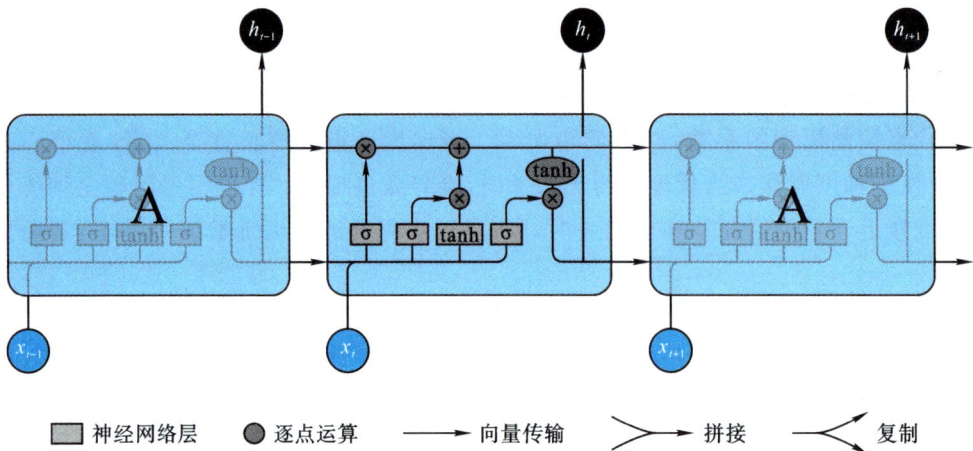

神经网络层　●逐点运算　→ 向量传输　＞ 拼接　＜ 复制

图 5-20　LSTM 基本结构图

在每一个时间步 t，LSTM 的运作过程如下。

(1)遗忘门决定保留多少来自上一个时刻的细胞状态 C_{t-1}：$f_t = \sigma(W_f \cdot [h_{t-1}, x_t] + b_f)$

(2)输入门决定当前输入信息中有多少被写入细胞状态：$i_t = \sigma(W_i \cdot [h_{t-1}, x_t] + b_i)$

(3)同时生成候选信息：$\widetilde{C}_t = \tanh(W_C \cdot [h_{t-1}, x_t] + b_C)$

(4)细胞状态更新：$C_t = f_t \cdot C_{t-1} + i_t \cdot \widetilde{C}_t$

(5)输出门控制当前单元对外的输出：$o_t = \sigma(W_o \cdot [h_{t-1}, x_t] + b_o)$

(6)最终输出隐藏状态：$h_t = o_t \cdot \tanh(C_t)$

其中，σ 是 Sigmoid 函数，输出值为 $(0,1)$，表示允许程度；而 $\tanh$ 则用于生成值范围在 $(-1,1)$ 的候选状态。

2. LSTM 的优势

相比传统 RNN，LSTM 具有以下显著优势。

(1)缓解梯度消失问题：通过门控机制和细胞状态，LSTM 可以在较长的时间步内保持稳定的梯度流，从而更好地学习长期依赖关系。

(2)结构可调节性强：门控结构使得 LSTM 可以动态调整信息流，学习何时记忆、何时遗忘。

(3)泛化性强：在文本生成、语音合成、机器翻译等任务中，LSTM 几乎都能提供比传统RNN 更优的性能。

3. 应用场景

LSTM 已广泛应用于各类与时间或序列相关的任务中。

(1)自然语言处理(NLP)：如语言模型、情感分析、问答系统。

(2)语音识别：捕捉语言中的时间依赖特征。

(3)金融与气象预测：用于建模时间序列的变化趋势。

(4)手写文字识别、视频理解等需要顺序建模的领域。

LSTM 是深度学习中处理序列数据的重要里程碑。它凭借结构上的创新有效缓解了传统 RNN 的长期依赖问题,使得序列建模从理论走向实际应用。虽然新架构如 Transformer 已在多个领域实现性能超越,但 LSTM 依然是构建高效、可解释、结构清晰的序列模型的重要工具之一。

5.2.5 Transformer 网络

Transformer 网络是深度学习中一种革命性的模型结构,由瓦斯瓦尼(Vaswani)等在 2017 年提出,论文名为 *Attention Is All You Need*。该模型完全摒弃了传统的循环结构(如 RNN 和 LSTM),转而使用一种被称为自注意力机制(Self-Attention)的方法,以并行高效的方式处理序列数据。Transformer 的出现不仅显著提升了自然语言处理任务的性能,也在图像、音频和多模态学习等领域掀起了深远的变革。

1. 为什么需要 Transformer

在 Transformer 出现之前,序列建模主要依赖于循环神经网络 RNN 及 LSTM。这些模型虽然能够捕捉上下文信息,但存在两大核心问题:难以并行计算,RNN 的输入是逐步处理的,无法充分利用现代计算资源进行并行训练;长期依赖问题,尽管 LSTM 已部分缓解该问题,但在处理超长序列时仍不稳定。

Transformer 彻底摆脱了这些限制,基于注意力机制实现了全序列的并行计算,并且能灵活建模任意距离的依赖关系。

2. Transformer 的核心结构

Transformer 模型由编码器(Encoder)和解码器(Decoder)两大部分组成,每一部分都由多个重复的模块堆叠而成。

1)编码器结构(Encoder)

每个编码器层包含两个子层:多头自注意力机制(Multi-Head Self-Attention)和前馈全连接网络(Feed-Forward Neural Network),每个子层外都采用了残差连接和层归一化。

2)解码器结构(Decoder)

每个解码器层包含三个子层:Masked 多头自注意力机制(屏蔽未来信息以确保自回归生成)、编码器-解码器注意力机制(关注输入序列的上下文)和前馈全连接网络。同样,每个子层也配有残差连接与归一化。

图 5-21 是 Transformer 用于中英文翻译的整体结构:Transformer 由 Encoder 和 Decoder 两个部分组成,Encoder 和 Decoder 都包含 6 个 block。Transformer 的工作流程大体如下。

第一步 获取输入句子的每一个单词的表示向量 X,X 由单词的 Embedding(Embedding 就是从原始数据提取出来的 Feature)和单词位置的 Embedding 相加得到(见图 5-22)。

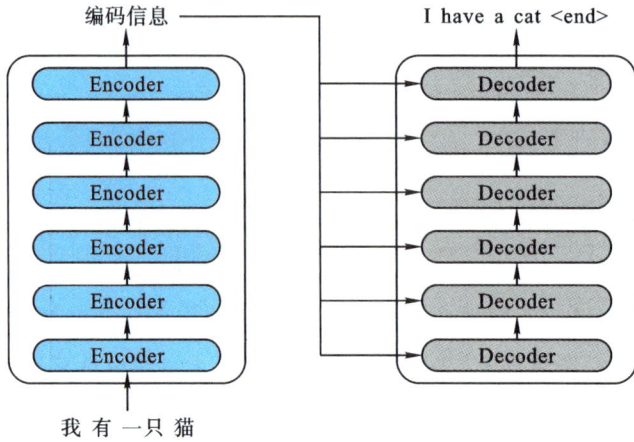

图 5 - 21　中英文翻译 Transformer 结构

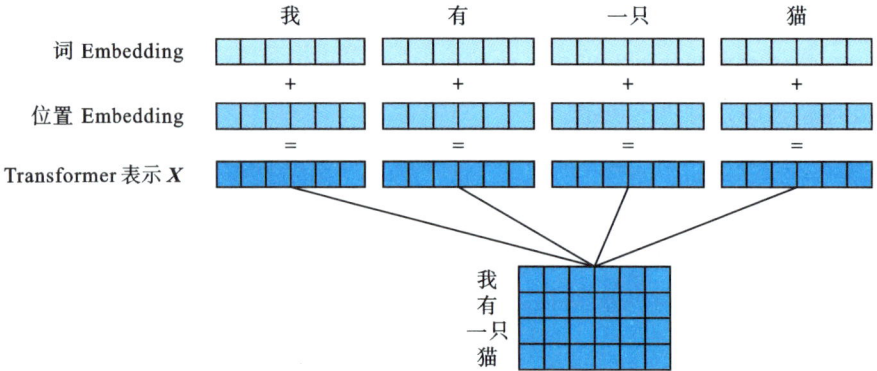

图 5 - 22　Transformer 工作流程 1

第二步　将得到的单词表示为向量矩阵,每一行是一个单词的表示 X 传入 Encoder 中,经过 6 个 Encoder block 后可以得到句子所有单词的编码信息矩阵 C,见图 5 - 23。单词向量矩阵用 $X_{n \times d}$ 表示,n 是句子中单词个数,d 是表示向量的维度。每一个 Encoder block 输出的矩阵维度与输入完全一致。

第三步　将 Encoder 输出的编码信息矩阵 C 传递到 Decoder 中,Decoder 依次会根据当前翻译过的单词 $1 \sim i$ 翻译下一个单词 $i+1$(见图 5 - 24)。在使用的过程中,翻译到单词 $i+1$ 的时候需要通过 Mask(掩盖)操作遮盖住 $i+1$ 之后的单词。

图 5 - 24 中 Decoder 接收了 Encoder 的编码矩阵 C,然后首先输入一个翻译开始符"<Begin>",预测第一个单词"I";然后输入翻译开始符"<Begin>"和单词"I",预测单词"have",以此类推。

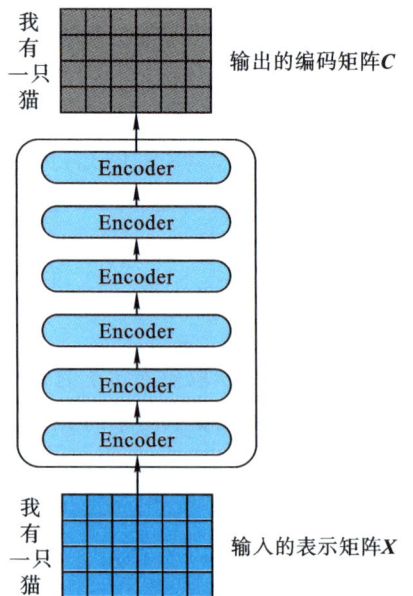

图 5 - 23　Transformer 工作流程 2

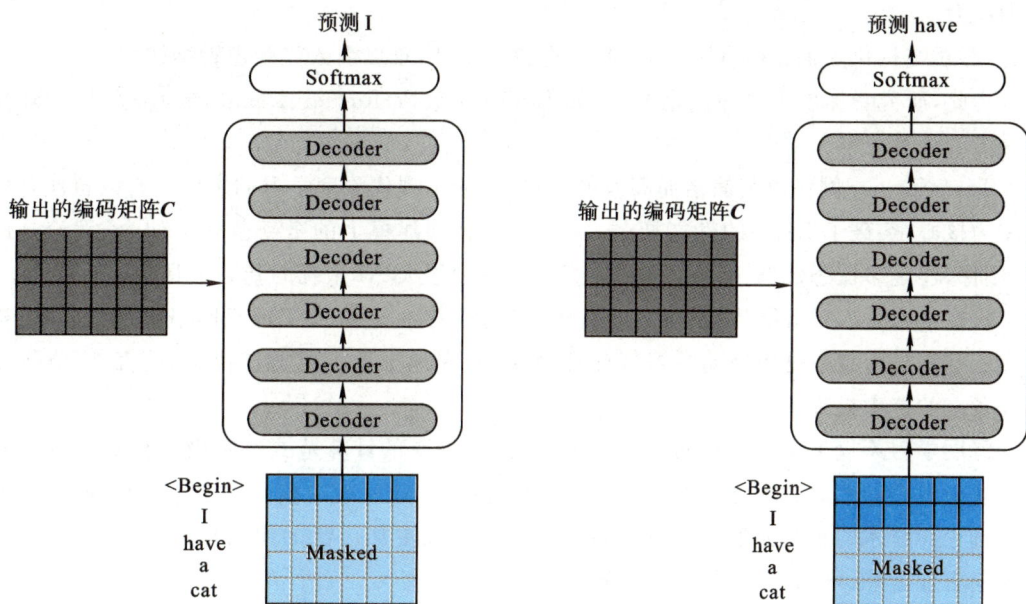

图 5-24　Transformer 工作流程 3

3. 自注意力机制

自注意力机制是 Transformer 的关键,它允许模型在处理某个位置的输入时,同时关注序列中的所有其他位置,并根据它们的内容动态加权。

计算步骤如下。

(1)将输入嵌入分别映射为 Query(查询)、Key(键)和 Value(值)三组向量。

(2)计算 Query 与所有 Key 的相似度(通常使用点积),得到注意力得分。

(3)对得分进行 Softmax 归一化,得到注意力权重。

(4)用这些权重加权 Value 向量,形成新的表示。

多个注意力头并行工作可增强模型的表示能力,这就形成了多头注意力。

4. 位置编码

由于 Transformer 不含循环结构或卷积,无法天然建模位置信息。因此,模型在输入中加入位置编码,使其感知词语在序列中的顺序。常用的方法是使用正弦和余弦函数构造的可加位置向量,其具有良好的插值性质。

5. Transformer 的优点

(1)高效并行:序列中所有位置的表示可同时计算,训练速度显著提升。

(2)长期依赖建模能力强:自注意力可以直接连接任意两个位置,避免了梯度消失。

(3)扩展性好:Transformer 架构清晰、模块化,易于组合、堆叠、修改,适合大规模训练。

6. 挑战与局限

尽管 Transformer 强大,但也存在一些挑战。

(1)计算与内存开销大:自注意力在序列长度 n 上是 $O(n^2)$ 复杂度,限制了其处理长序列的能力。

(2)对结构化知识建模有限:其机制偏重数据驱动,难以引入先验逻辑结构。

为此,研究者提出了多种优化方案,如 Linformer、Performer、Longformer 等,用于降低注意力的计算成本。

Transformer 网络以其简洁而高效的架构,引领了现代深度学习的发展。它以自注意力机制为核心,突破了 RNN 的性能瓶颈,实现了在序列建模上的全新范式。如今,无论是语言、图像,还是多模态数据,Transformer 都成为构建强大 AI 系统的基础工具。

深度学习是人工智能领域中最具代表性的技术之一,它以人工神经网络为基础,通过构建多层结构从海量数据中自动学习特征和规律,极大地推动了机器在视觉、语言、听觉等感知任务上的能力提升。

深度学习不仅是人工智能的一项技术,更是一种新的计算范式。它极大拓展了计算系统对复杂世界的感知和理解能力,已成为当代科技与产业变革的核心动力。未来,随着深度学习理论与技术的不断完善,我们有理由相信,它将在更加广泛的领域释放潜力,推动人工智能向更加智能、可靠、以人为本的方向演进。

5.3　人工智能技术

人工智能的实际应用需要将上述技术原理落地到具体系统中,因此人工智能发展出了多个技术分支。这些分支往往围绕不同任务展开,如感知、理解、推理与执行,各有侧重但彼此协同。

5.3.1　计算机视觉

计算机视觉赋予机器识别和理解图像的能力。基于深度学习的视觉技术已实现从简单图像分类到高精度目标检测、实例分割、三维重建等复杂任务。常用模型包括 ResNet、YO-LO、Mask R - CNN,以及近期发展的 Vision Transformer(ViT)。视觉系统广泛应用于人脸识别、自动计算机视觉(Computer Vision)是人工智能的重要分支,致力于使计算机拥有"看懂"图像和视频的能力。它通过模拟人类视觉系统,从数字图像或视频中自动获取、处理、分析和理解视觉信息,并作出决策或控制响应。计算机视觉不仅是图像识别和目标检测的基础技术,更广泛地服务于自动驾驶、安防监控、医学影像、工业检测、虚拟现实等多个领域,正逐步成为连接感知世界与数字世界的桥梁。

1.计算机视觉的基本任务

在人类社会中,视觉是最基本、最丰富的信息获取方式。我们通过眼睛观察世界,从中提取物体、环境、动作和语言等各种信息。而计算机视觉正是人工智能中赋予计算机类似视觉能力的关键技术,旨在让机器能够自动获取、理解并分析来自图像或视频的数据,最终做出智能决策。

计算机视觉试图让机器学会从二维像素中推理出三维结构、从视觉细节中理解语义信息,乃至预测未来动作。随着深度学习的兴起,计算机视觉进入了快速发展的黄金时期,在技术能力和应用深度上实现了质的飞跃。计算机视觉的核心目标是从视觉数据中提取结构化信息,其基本任务可分为以下几类。

(1)图像分类:判定一张图像属于哪个预定义类别。例如识别猫、狗、汽车等。代表模型有 AlexNet、ResNet。

(2)目标检测:不仅要识别图像中存在什么物体,还要标出其具体位置(通常用边框框出)。代表模型有 YOLO、Faster R-CNN、SSD。

(3)图像分割:将图像按像素级进行划分,确定每一个像素属于哪个物体或区域。常见的有语义分割(如 FCN、DeepLab)和实例分割(如 Mask R-CNN)。

(4)姿态估计:检测人体关键点的位置,判断肢体动作,广泛用于健身指导、动作识别、人体交互等。

(5)目标跟踪:在连续的视频帧中识别并跟踪特定对象的位置变化,常用于监控和视频分析。

(6)三维重建:从二维图像或视频中恢复出三维场景结构,如用于虚拟现实、机器人导航等。

(7)图像生成与增强:如超分辨率重建、图像修复、图像风格迁移,利用生成对抗网络(GAN)等方法重塑图像。驾驶、工业质检、安防监控、医学影像分析等场景。

2. 计算机视觉的核心技术

计算机视觉的核心任务是将图像转化为结构化的信息,这一过程包含多个层次。从最基础的图像分类,即判断图像中是哪一类对象,到目标检测,即识别图像中所有对象及其位置,再到像素级的图像分割——将图像按语义或实例进行细致划分。更高级的任务还包括姿态估计,用于理解人体动作,三维重建,用于还原立体空间,乃至视频中的目标跟踪与行为识别。每一项任务,都使机器向"理解世界"更进一步。

实现这些功能的背后,是多种复杂而强大的算法。传统视觉技术侧重边缘检测、模板匹配和图像变换等规则驱动方法,但这些方法在真实复杂场景中表现有限。深度学习的出现彻底改变了这一格局。卷积神经网络(CNN)成为图像建模的主力,能够自动学习特征,摆脱人工设计的瓶颈。注意力机制和 Transformer 架构的引入,则将计算机视觉推向了语义建模和全局建模的新高度。如今的视觉模型可以在数千个类别中准确识别物体,也能在图文之间建立语义联系,实现"图说"能力。

(1)卷积神经网络:是图像处理中的核心网络结构,擅长捕捉局部空间特征和图像纹理。典型架构包括 LeNet、VGG、ResNet、EfficientNet 等。

(2)区域提取与候选框生成:传统方法如 Selective Search,现代检测方法如 RPN(Region Proposal Network)用于高效生成候选区域。

(3)注意力机制与 Transformer:在视觉任务中引入空间注意力或多尺度注意力机制,提升对全局和复杂场景的建模能力。

(4)特征融合与金字塔结构:诸如 FPN(Feature Pyramid Network)等结构在多尺度检测中非常有效,提升了小物体检测的准确率。

3. 计算机视觉的关键挑战

尽管计算机视觉已经取得显著进展,但计算机视觉的挑战也不容忽视。现实世界是多变且复杂的,光照、遮挡、噪声、变形、尺度变化都会影响模型的准确性。同时,深度学习模型对数据和计算资源的高度依赖,也限制了其在低资源环境中的部署。更重要的是,视觉模型的"黑箱性",即难以解释的决策过程,仍是人工智能落地过程中的关键瓶颈。

(1)复杂环境适应性:如光照变化、遮挡、背景杂乱、尺度变化等都会影响识别效果。

(2)对抗鲁棒性差:视觉模型容易被微小扰动欺骗,带来安全隐患。

(3)数据依赖性强:高质量的大规模数据集是训练深度视觉模型的前提,但现实中标注成本高昂。

(4)模型泛化能力有限:训练于特定场景的模型往往难以迁移到新场景或域。

4. 计算机视觉的主要应用

计算机视觉已在多个关键领域实现突破。在自动驾驶中,摄像头成为识别车辆、行人、车道线等交通要素的核心传感器;在医疗影像分析中,AI 可以辅助医生识别肿瘤、分割器官、预测病变区域;在工业制造中,视觉检测系统替代人工完成高精度、全天候的质检流程;在人机交互中,表情识别、手势识别、AR 技术使虚拟与现实无缝连接。这些进展不仅提升了效率,更重塑了行业模式。

(1)自动驾驶:通过车载摄像头进行物体检测(行人、车辆、交通标志)、车道线识别、场景分割等。

(2)安防监控:用于人脸识别、异常行为检测、入侵报警等智能监控系统。

(3)医疗影像分析:如病灶检测、CT/MRI 图像分割、辅助诊断等,提高医疗效率与精度。

(4)工业自动化:产品缺陷检测、尺寸测量、装配定位等,提高生产质量与效率。

(5)人机交互:表情识别、手势控制、增强现实(AR)等提升用户体验。

(6)文档分析与 OCR:自动识别文本、图表、公式,实现文档结构理解与信息抽取。

计算机视觉作为人工智能实现"感知智能"的核心技术,其研究价值和应用潜力巨大。它不仅改变了机器与世界交互的方式,也正在重塑诸如交通、医疗、制造、教育等众多行业。未来,随着算法、硬件与数据协同演进,计算机视觉将更接近"类人视觉"的目标,为构建更加智能和可信的数字世界提供坚实基础。

5.3.2 自然语言处理

语言,是人类认知与沟通的核心工具,也是人类智能的集中体现。从简单的问候语,到复杂的哲学论证,我们用语言传递思想、情感与知识。如何让机器理解这种复杂而多变的人类语言,是人工智能研究的重大课题之一。自然语言处理(Natural Language Processing,NLP)正是这一研究方向的技术基础。它旨在赋予计算机理解、分析、生成自然语言的能力,让人与机器的沟通变得自然、高效。

在今天,NLP 已深入影响到我们的日常生活:智能助手能听懂语音指令,搜索引擎能理解用户意图,聊天机器人能与人对话,翻译软件能实现多语言互译。自然语言处理的能力已从规则分析、语法建模,发展到语义理解与上下文推理,逐步逼近人类的语言认知水平。

1. 自然语言技术发展

自然语言是一种由人类自然演化而来的语言系统,其特点是模糊性、歧义性和语境依赖性极强。这使得 NLP 并不是简单的字符处理,而是对语言背后语法结构、语义逻辑、情感倾向甚至文化常识的深度建模。早期的 NLP 多依赖语言学家手工制定规则,构建分析器。这类方法严谨但成本高,且泛化能力弱(见图 5-25)。

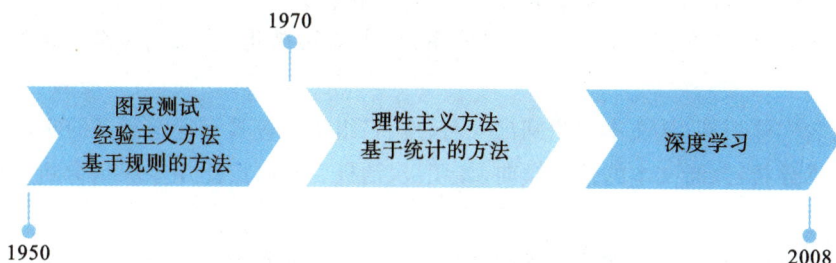

图 5-25　自然语言技术的发展

进入 21 世纪,统计学方法崛起,NLP 开始引入大数据与概率模型。通过对大规模语料的分析,模型可以“学习”语言中词语之间的共现关系与句法规律。虽然这种方法提升了语言处理的效率,但它仍难以处理复杂的上下文和抽象语义。

真正的飞跃来自深度学习的引入。2013 年左右,词向量模型如 Word2Vec 将词语表示为密集向量,使得计算机能够捕捉词语间的语义关系。随后,LSTM 等循环神经网络被广泛应用于序列建模,使 NLP 进入了语境感知的时代。然而,直到 2017 年 Transformer 模型的问世,NLP 才真正走上高质量、大规模、上下文建模的快车道。

基于 Transformer 的预训练语言模型通过在海量文本中学习语言规律,再在具体任务中进行微调,使得机器不仅能完成文本分类、情感分析、命名实体识别等任务,还能进行对话生成、自动写作、逻辑推理等高层语言活动。如今,像 ChatGPT、Claude、Gemini 等大型语言模型,已能进行流畅、逻辑严谨的对话,标志着 NLP 向通用语言智能迈出了重要一步。

1)20 世纪 50 年代到 70 年代——基于规则的方法

1950 年图灵提出的“图灵测试”一般被认为是自然语言处理思想的开端。这一时期,自然语言处理主要采用基于规则的方法。但是基于规则的方法具有不可避免的缺点:首先规则不可能覆盖所有语句;其次这种方法对开发者的要求极高,开发者不仅要精通计算机还要精通语言学。这一时期,没有真正实现自然语言理解。

2)20 世纪 70 年代到 21 世纪初——基于统计的方法

70 年代以后随着互联网的高速发展,研究人员拥有了丰富的语料库,自然语言处理思潮由经验主义向理性主义过渡,基于统计的方法逐渐代替了基于规则的方法。基于统计的方法将当时的语音识别率从 70% 提升到 90%。在这一阶段,基于数学模型和统计方法的自然语言处理取得了实质性的突破,自然语言处理技术从实验室走向了实际应用。

3)2008年至今——深度学习

从2008年至今,研究人员开始将深度学习引入自然语言处理研究,并在机器翻译、问答系统、阅读理解等领域取得了一定成功。

2. 自然语言处理的核心任务

自然语言处理涵盖从最底层的语言结构分析到最顶层的语义理解,主要包括以下几类任务。

(1)分词与词性标注:对连续的文本进行词语切分,并标注每个词的词性(如动词、名词、形容词等),是中文处理中的首要步骤。

(2)句法分析:建立词语之间的语法关系,如主谓宾结构、修饰关系等,帮助理解句子结构。

(3)命名实体识别:从文本中识别出人名、地名、组织名等具有特定意义的实体。

(4)情感分析:判断文本的情感倾向,如积极、消极、中性,广泛用于舆情分析和产品评价挖掘。

(5)机器翻译:将一种自然语言转换为另一种语言,如英译中、法译德等,是跨文化交流的重要桥梁。

(6)自动文本生成:根据提示自动生成符合语法与语义的文本,如智能写作、摘要生成、对话系统。

(7)问答系统与对话系统:让机器能回答人类提出的问题,或进行连续对话,是实现自然交互的关键。

(8)语义理解与推理:理解句子的深层含义、隐喻、歧义,并具备一定的常识推理能力,是通用智能的高阶目标。

3. 自然语言处理的挑战

尽管进步显著,自然语言处理仍面临诸多挑战。语言中的歧义、多义性、否定结构、隐喻、讽刺等现象,常常让机器误解人意;模型容易生成不真实或有害的信息,难以自证其推理过程;不同语言之间的结构差异,也使多语言处理面临障碍。解决这些问题,需要引入更多的外部知识(如常识图谱)、增强模型的可解释性与逻辑一致性。

(1)歧义性:语言中同一个词或句子可能有多种解释,需要借助上下文或常识判断。

(2)语境理解:对话或文章中的词义随语境变化,模型需具备动态理解能力。

(3)语言多样性:世界上存在数千种语言,方言、拼写差异、语法习惯使得模型适应性成为难题。

(4)逻辑与常识推理:即便是最先进的语言模型,在处理因果关系、条件句、否定等方面仍有局限。

(5)可解释性与安全性:生成型语言模型有时会输出不真实或有害的内容,需加强对模型的控制与解释能力。

4. 自然语言处理的应用

在实际应用方面,NLP已广泛服务于多个场景。企业客服借助对话机器人降低运营成本;金融行业利用舆情分析系统监测市场风险;医疗领域通过电子病历挖掘提升诊疗效率;教育平台实现作文批改、阅读理解训练等个性化教学;跨语言交流借助神经机器翻译系统克服语言壁垒。NLP 正在构建一个更智能、更开放的语言交互时代。

(1)智能客服与对话机器人:如银行、电商中的自动应答系统,提供全天候服务。

(2)搜索引擎优化:通过语义理解提升搜索准确性,实现更智能的信息检索。

(3)文本挖掘与舆情监测:从海量文本中提取观点、态度和趋势,辅助决策。

(4)教育与语言学习:智能批改作文、语法纠正、语言训练辅助系统等。

(5)医疗辅助:从病例和医学文献中抽取信息,辅助临床决策。

(6)法律文书分析:自动生成摘要、法律推理支持,提升司法效率。

自然语言处理,是一场关于语言、思维与智能的技术革命。它打通了人类与计算机之间最自然的交互方式,为构建通用人工智能奠定了坚实的基础。未来,随着 NLP 技术的不断进化,人机交流将不再需要适应,而是真正理解彼此,共创智慧社会。

5.3.3　语音识别与合成

语音识别与合成的结合,标志着人类与机器交流方式的根本转变。从键盘输入、鼠标点击,到语音交互,信息沟通正在回归人类最本能、最自然的方式。未来,语音将不仅是一种输入方式,更是人与智能系统之间理解、协作、共创的桥梁。而语音技术的不断进步,也正悄然重塑着我们生活的每一个细节。在人工智能的众多应用中,语音技术承担着极为重要的角色。它是人机交互最自然的方式之一,使我们能够说话给机器听,也让机器开口说话给我们听。

语音识别和语音合成正是这一交互的两个核心方向:一个是将语音信号转化为文字,另一个是将文字内容转化为自然、流畅的语音。它们共同构建了语音交互系统的基本框架,广泛应用于智能助手、导航系统、客服机器人、辅助医疗、教育工具等领域。语音技术是人工智能在人机交互中不可缺少的一环,包含语音识别与语音合成两大方向。当前技术以深度神经网络为核心,端到端模型大幅提升了识别精度与语音自然度,使人工智能能听懂与说话。

1. 语音识别

语音识别技术的核心目标是将人类的语音信号准确地转录为对应的文本。其技术流程大致包括以下几个阶段。

1)信号处理与特征提取

语音是一种连续的模拟信号。在进入识别系统之前,语音信号需要通过数字化处理(采样、量化)转换为离散数据。随后,从这些数据中提取具有区分度的声学特征,最常用的是梅尔频率倒谱系数(MFCC)和梅尔滤波器组能量(FBank),这些特征可以很好地表达语音的频谱结构。

2)声学模型

声学模型负责学习语音特征与语言单位(如音素、字词)之间的映射关系。早期使用隐马尔可夫模型与高斯混合模型的组合进行建模。近年来,深度神经网络(如 DNN、CNN、

RNN、LSTM)已成为主流,进一步提升了识别精度。

3)语言模型

语言模型用于约束识别结果,使得输出文本更符合语言习惯。例如,"我爱语音识别"比"我矮语音识别"更有可能是用户想说的句子。语言模型通过学习词序列的统计规律来进行预测,当前主流方法包括 n-gram 模型、RNN-LM 以及基于 Transformer 的预训练语言模型。

4)解码器与后处理

将声学概率与语言概率综合后,使用维特比算法或图搜索等方法,从可能的词序列中选出最佳路径,输出最终文本。后处理可能还包括标点恢复、数字转写、语义纠错等步骤。

5)端到端模型

近年来,端到端语音识别方法日渐成熟,它们将传统语音识别的多个模块整合为一个神经网络结构,在简化系统结构的同时也显著提升了性能。

2. 语音合成

语音合成,又称为文本转语音(TTS),旨在将文字信息转化为可理解的、自然流畅的语音信号。其发展经历了几个重要阶段。

1)拼接式语音合成

早期的语音合成技术基于语音片段拼接,通过将人类录音中预先存储的音节或音素进行重组实现语音输出。这种方法可以产生高质量的语音,但受限于录音库,灵活性差,不能合成从未出现过的内容。

2)参数化语音合成

代表方法是 HMM-TTS,通过建模语音的频率、音调、时长等参数来合成语音。虽然提高了可控性和数据利用率,但合成语音往往缺乏自然性,声音较为机械。

3)基于深度学习的 TTS

现代语音合成系统大多采用神经网络方法。其主流结构为两阶段模型:一是文本到语音特征,如 Tacotron 系列模型,将文字转为梅尔频谱图,采用注意力机制建模字音对齐;二是频谱到波形,如 WaveNet 等神经声码器模型,将频谱图转换为原始波形信号,提升音质自然度。

最新的端到端语音合成模型,如 VITS(Variational Inference Text-to-Speech)进一步打通了文本到音频的全过程,不仅提升了语音质量,还大幅加快了生成速度。

3. 语音识别与合成的挑战

语音识别与合成仍面临诸多挑战。例如,在识别中,复杂口音、方言、多说话人场景和背景噪声都会影响准确率;而合成方面,如何更真实地表达语调、情绪、语气,仍是一项技术难题。此外,高质量的语料数据难以获取也是制约发展的重要因素。实时性、设备资源限制、隐私保护等问题,也使得语音技术在实际部署中必须权衡性能与成本。

(1)多说话人与口音差异:不同人的声音、语速、口音差异会显著影响识别精度。

（2）背景噪声干扰：在嘈杂环境中，噪声会遮蔽语音特征，影响识别效果。

（3）语义与上下文理解：语音识别只能转录文字，无法理解语义；合成语音亦难表达复杂情感与语气。

（4）数据资源限制：高质量的训练语料获取成本高，特别是小语种或专业领域。

（5）实时性与资源消耗：尤其在边缘设备上，需要在保证识别准确率的同时降低计算开销。

4. 应用场景

在智能助手中（如 Siri、Alexa、小爱同学），用户可以用自然语言完成打电话、发消息、查天气等任务；在车载系统中，语音交互成为驾驶时的重要操作手段；在银行、电商、通信等行业，语音客服机器人已大幅降低运营成本等。语音识别与合成已在多个行业落地，成为提升人机交互体验的关键技术。

（1）智能助手：实现语音指令控制与自然对话。

（2）车载语音交互系统：提供驾驶过程中安全便捷的操作方式。

（3）客服与热线机器人：降低人工成本，提供全天候服务。

（4）语言学习辅助：实时反馈发音、听力训练与口语评测。

（5）无障碍通信：为视障与听障人群提供辅助工具，如语音朗读与字幕生成。

（6）会议与访谈记录：自动转录语音内容，提高信息整理效率。

语音识别与语音合成技术，是人类与机器之间最自然的沟通方式的桥梁。随着技术的日益成熟，语音将成为无处不在的交互媒介，让人与机器的距离前所未有地接近，也将深刻重塑我们使用语言、处理信息、连接世界的方式。

5.3.4　智能机器人

机器人技术集成了计算机视觉、路径规划、力控制与语音交互等多种人工智能子系统。机器人不仅要感知环境，还要做出实时决策并通过执行机构完成动作。

工业机器人、服务机器人、手术机器人、自动驾驶车辆等都是 AI 技术融合物理世界的典型体现。其中路径规划（如 A＊、RRT）与动态控制（如 MPC）是实现高效动作生成的关键。

机器人是一种物理 Agent，它通过对物质世界进行操作来执行任务。为了实现对物质世界的操作，机器人必须装备如机械腿、轮子、关节、抓握器等效应器，将物理力施加到环境。机器人还需要装备传感器以感知它所处的环境。目前的机器人技术使用了各种不同的成套传感器，包括用照相机和超声波测量它们的环境，用陀螺仪和加速计测量机器人自身的运动。

1. 机器人的分类

根据机器人对周围环境的作用和自身的可移动性可以将机器人分为三类（见图 5-26）。

（1）操纵器，或称机械手，是目前最常见的工业机器人类型。操纵器物理上被固定在工作场所，如固定在工厂装配线上或国际空间站上，它的运动通常包含一个完整的可控关节链,使机器人能够将它们的效应器放置到工作场所中的任何位置。

(2)移动机器人,利用轮子、腿或其他类似的机械装置在它们的环境中来回移动,如家里的扫地机器人。

(3)移动操纵器,既具有操纵器也具有移动性,常见的人形机器人就属于此类。

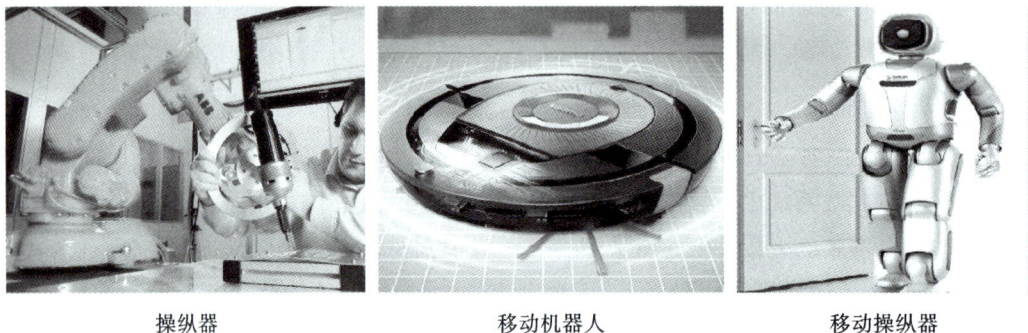

操纵器　　　　　　　　　移动机器人　　　　　　　　移动操纵器

图 5 - 26　机器人分类图

2. 机器人的应用

机器人技术可以应用于生活的方方面面,主要的应用领域如下。

(1)工业和农业,工农业是机器人的传统应用领域。机器人被用于那些需要繁重的人类劳动,但是结构化程度足够适合机器人自动化的领域。在装配线上,机械手程式化地执行装配、零件放置、材料处理、焊接、喷涂等任务;在野外,机器人用于收割、开采或挖土;自主采矿机器人能够比人更快更精确地在地下矿井中运送矿石。

(2)机器人汽车,很多人每天都需要开车,有些人在开车的时候会与人聊天等。驾驶有关的事故数据令人震惊——每年有超过一百万人死于车祸。机器人汽车可让驾驶变得更轻松、更安全。

(3)卫生保健,在对一些复杂器官如大脑、眼睛和心脏动手术时,机器人被用于协助外科医生放置器械。

(4)危险环境,机器人已经可以帮助人们清理核废料,它也实际被用于三哩岛和切尔诺贝利的清理工作。在世界贸易中心倒塌之后,机器人用于进入那些对人类搜索和救援人员来说过于危险的建筑物。

(5)探险,机器人已经到达过以前没人到过的地方,如火星表面。机器人手臂帮助宇航员配置和回收人造卫星、建造国际空间站;机器人协助进行海底探测,用于获取沉船的地图。机器人正在成为那些对于人类而言难以接近或很危险的区域收集信息的有效工具。

(6)个人服务,服务业是机器人的一个很有前途的应用领域。服务机器人能帮助个人完成日常的任务,包括自主的吸尘器、割草机、高尔夫球"球童"等。

(7)娱乐,机器人已经开始征服娱乐业和玩具工业。已有地方组织机器人足球赛、机器人马拉松等。

(8)人类增强,这是机器人技术的一个最终应用领域。研究人员已经开发出有腿能步行机器,这种机器人可以用来载人,非常像轮椅。一些研究正专注于开发这样的设备,通过附加的外部骨架提供额外的力,使人行走或移动手臂更容易。如果这样的设备永久地附在人身上,那么它们可以被认为是人工机器人肢体。

人工智能不再是孤立的算法集合,而是一个不断融合演化的技术系统。自然语言处理赋予机器"语言思维",计算机视觉让它"看见世界",语音识别与合成开启"听说交互",而智能机器人则让它"行动起来"。这些技术正共同构成一个从信息感知到语义理解、从知识推理到智能行为的完整闭环。

未来的人工智能将不再被限定于"语言模型"或"视觉识别系统",而是朝着具身化、通用化、协作化方向发展,成为真正能够理解世界、与人类共创未来的智慧伙伴。每一项技术的进步,都是在向这个目标迈进的坚实一步。

技术应用篇

第6章 计算机视觉与机器人

6.1 自然语言处理

随着人工智能技术的不断发展及广泛应用,人们已经接触到越来越多的智能语音产品,语音助手、智能客服、智能音箱等。2025 年之初,由深度求索人工智能基础技术研究有限公司发布的大型语言模型 DeepSeek - V3,更是在中外各大媒体平台掀起了一阵狂热之风。在与这些智能语音产品交流的过程中,你是否关注过其背后的工作原理? 其原理就是人工智能的一个子领域:自然语言处理(Natural Language Processing,NLP)。

6.1.1 自然语言处理的概念

自然语言是指汉语、英语、法语等人们日常使用的语言。作为由人类社会发展演变而来的语言,它是人类学习和生活中的重要工具。概括说来,自然语言是指人类社会约定俗成的、区别于如程序设计语言的人工语言。自然语言处理是以语言为对象,利用计算机技术对字、词、句、篇章进行输入、输出、识别、分析、理解、生成等操作和加工的一门学科,即把计算机作为语言研究的强大工具,在计算机的支持下对语言信息进行定量化研究,并提供可供人与计算机共同使用的语言描述。自然语言通信意味着要使计算机既能理解自然语言文本的含义,也能以自然语言文本来表达特定的意图、思想等。前者称为自然语言理解(NLU),重点是语义分析或确定文本的预期含义;后者称为自然语言生成(NLG),重点是机器生成文本。因此,自然语言处理大致包括自然语言理解和自然语言生成两个部分。NLP 与语音识别分开,但经常结合使用,语音识别旨在将口语解析为单词,将声音转换为文本,反之亦然。

自然语言处理的相关研究始于人类对机器翻译的探索,是人工智能领域的重要研究方向,融合了语言学、计算机科学、机器学习、数学、认知心理学等多个学科领域的知识,是一门集计算机科学、人工智能和语言学于一体的交叉学科,它包含自然语言理解和自然语言生成两个主要方面,研究内容包括字、词、短语、句子、段落和篇章等多种层次,是机器语言和人类语言之间沟通的桥梁。它旨在使机器理解、解释并生成人类语言,实现人机之间有效沟通。自然语言处理具体应用包括机器翻译、文本摘要、文本分类、文本校对、信息抽取、语音合成、语音识别等。

传统的 NLP 方法依赖于手工设计的特征和规则,难以扩展到复杂的语言任务。深度学习的兴起,特别是基于神经网络的表示学习,使得 NLP 领域发生了巨大转变。通过在大量文本上进行训练,模型可以自动学习语言的复杂模式,这催生了大语言模型的出现。

在人工智能领域及语音信息处理领域,学者们普遍认为采用图灵测试可以判断计算机是否理解了某种自然语言。

6.1.2 自然语言处理发展

自然语言处理的历史可以追溯到 20 世纪 50 年代,随着计算机科学的发展而逐渐形成,其发展历程可以分为四个主要阶段:

(1)萌芽起步阶段(20 世纪 50 年代至 60 年代)。NLP 研究始于机器翻译研究,二战期间,计算机在密码破译方面取得了巨大的成功,人们基于此开展机器翻译研究。但由于对人类语言、人工智能和机器学习结构认识不足,且计算量和数据量有限,最初的系统仅能进行单词级翻译查询及简单规则处理,如早期基于规则的机器翻译系统。

1949 年,美国人威弗首先提出了机器翻译设计方案。1954 年的乔治敦实验-IBM 实验设计将超过 60 句俄文自动翻译成为英文。

(2)规则主导阶段(20 世纪 70 年代至 80 年代)。早期的自然语言系统是基于规则来建立词汇、句法语义分析、问答、聊天和机器翻译系统。一系列基于规则手工构建的 NLP 系统出现,其复杂性和深度逐步提升,开始涉及语法和引用处理,部分系统可应用于数据库查询等任务。随着语言学和基于知识的人工智能发展,后期新一代系统受益于现代语言理论,明确区分陈述性语言知识及其处理过程,此阶段以手工构建的复杂规则系统为特点,推动了NLP 在语言理解复杂性方面的进步。早期系统的问题是覆盖面不足,像个玩具系统,规则管理和可扩展问题一直没有解决。

1972 年建成的自然语言处理系统 SHRDLU,是由特里·温诺格拉德(Terry Winograd)创建的,是第一个能够理解并执行复杂自然语言指令的程序,标志着自然语言处理技术的重大突破。

(3)统计学习阶段(20 世纪 90 年代至 2012 年)。随着互联网的兴起,数字文本日益丰富,大量文本数据的出现推动了统计学习方法在自然语言处理中的应用。基于统计的机器学习(ML)开始流行,很多自然语言处理开始用机器学习算法。统计自然语言处理的主要思路是利用带标注的数据,基于人工定义的特征建立机器学习系统,并利用数据经过学习确定机器学习系统的参数。运行时利用这些学习得到的参数,对输入数据进行解码,得到输出。机器翻译、搜索引擎都是利用统计方法进行的。这一时期人们重新定位了 NLP 研究方向,使得语言处理更加依赖于统计模型和算法,为后续深度学习时代的到来积累了数据和算法基础。例如决策树,是硬性的、"如果-则"规则组成的系统,类似当时既有的人工定的规则。

(4)深度学习阶段(2013 年至今)。2011 年以来,深度学习技巧纷纷出炉,在自然语言处理方面获得多项成果,例如语言模型、语法分析等。深度学习方法的引入彻底改变了 NLP 工作模式。2013 年至 2018 年,深度学习构建的模型能更好地处理上下文和相似语义,如通过向量空间表示单词和句子实现语义理解。2018 年起,NLP 成为大型自监督神经网络学习的成功范例,Transformer 模型和预训练语言模型(如 BERT、GPT)进一步提升了 NLP 的性能,推动 NLP 在各领域广泛应用并迈向新阶段。

2016 年,AlphaGo 打败李世石;2017 年 Transformer 模型诞生;2018 年 BERT 模型推出,提出了预训练的方法。自 2014 年以来,人们尝试直接通过深度学习建模,进行端对端的训练。目前已在机器翻译、问答、阅读理解等领域取得了许多成功案例。2022 年底,随着 ChatGPT 等大语言模型的推出,自然语言处理的重点从自然语言理解转向了自然语言生成。

6.1.3　自然语言处理应用

自然语言在不同的行业中被广泛应用。结合不同行业的特点,主要包含以下应用场景。

(1)金融——简历抽取与合同审核比对:依靠算法分析相关非结构化文本(文档、描述、网页等),并从文本中获取结果,用于银行简历抽取与合同审核比对等场景,快速、高效地缩短审批流程,极大减少了人工成本和时间成本。

(2)司法——信息抽取、分类:针对大量裁判文书中的判决时间、案发地点、原告信息、被告信息等信息的抽取,私有化部署,在本地化通过平台进行文书的数据标注、模型训练,快速对大量裁判文书进行结构化处理,大大提升审核效率。

(3)医疗——病历质检/DRGs:基于非结构化文本病历数据,通过医学知识图谱能力构建医学质检引擎,支持病历质量管理,做到事中提醒、事后检查,减少医疗事故,提高服务质量;同时根据病案数据进行 DRGs 分组,保障医院运营及医保正常结算。

(4)互联网——外呼意图识别:在与客户的通话过程中,通过实时语音识别客户意图,根据预设的流程话术精准回复,以真人语音或语音合成播报的形式与客户进行沟通交流,从而帮助企业从海量用户中高效、精准地触达目标客户,实现数据全链路管理。

(5)新零售——商品评价解析:用于分析消费者反馈的评价、点评内容,同时也可以对类似微博的口语化内容、短文本进行分析。品牌商从中可以解析出商品最吸引人的卖点,以及最需要改进的地方,进而获知当前的消费者理念,预判流行趋势,提高购买转化。

(6)客户服务:聊天机器人和虚拟客服代表使用 NLP 提供 7×24 小时的客户服务,能够理解和回应客户的咨询,减轻客服人员的工作负担。

(7)情感分析:是对文本的情感意图进行分类的过程。一般来说,情感分类模型的输入是一段文本,输出是所表达的情感是正面、负面或中性的概率。通常,此概率基于手动生成的特征、单词 n-gram、TF-IDF 特征,或使用深度学习模型来捕获连续的长期和短期依赖性。情绪分析用于对各种在线平台上的客户评论进行分类等。

(8)毒性分类:是情感分析的一个分支,其目的不仅是对敌对意图进行分类,而且还对特定类别进行分类,例如威胁、侮辱、淫秽和对某些身份的仇恨。这种模型的输入是文本,输出通常是每类毒性的概率。毒性分类模型可用于通过压制攻击性评论、检测仇恨言论或扫描文档是否存在诽谤来调节和改善在线对话。

(9)机器翻译:可以自动实现不同语言之间的翻译。这种模型的输入是指定源语言的文本,输出是指定目标语言的文本。如谷歌翻译、百度翻译等。

(10)命名实体:用于将一段文本中的实体提取到预定义的类别中,例如人名、组织、位置和数量。这种模型的输入通常是文本,输出是各种命名实体及其开始和结束位置。命名实体识别在总结新闻文章和打击虚假信息等应用中非常有用。

(11)垃圾邮件检测:是 NLP 中常见的二元分类问题,其目的是将电子邮件分类为垃圾邮件或非垃圾邮件。垃圾邮件检测器将电子邮件文本以及标题和发件人姓名等各种其他潜文本作为输入。其目的是输出邮件是垃圾邮件的概率。很多电子邮件提供商使用此类模型,通过检测未经请求和不需要的电子邮件并将其移至指定的垃圾邮件文件夹来提供更好的用户体验。

(12)语法错误纠正:模型对语法规则进行编码以纠正文本中的语法。这主要被视为序列到序列的任务,其中模型以不符合语法的句子作为输入和正确的句子作为输出进行训练。

(13)主题建模:是一种无监督的文本挖掘任务,它获取文档语料库并发现该语料库中的抽象主题。主题模型的输入是文档的集合,输出是主题列表,该列表定义了每个主题的单词以及文档中每个主题的分配比例。潜在狄利克雷分配(LDA)是最流行的主题建模技术之一,它尝试将文档视为主题的集合,将主题视为单词的集合。主题建模正在商业上用于帮助律师在法律文件中查找证据。

(14)文本生成:更正式地称为自然语言生成(NLG),生成与人类编写的文本相似的文本。这些模型可以进行微调,以生成不同类型和格式的文本,包括自媒体文章、博客,甚至计算机代码。文本生成是使用马尔可夫过程、LSTM、BERT、GPT-2、LaMDA 等其他方法执行的。它对于自动完成和聊天机器人特别有用。

(15)自动完成功能:可以预测接下来出现的单词,一些聊天应用程序中使用了不同复杂程度的自动完成系统。搜索引擎使用自动完成来预测搜索查询。GPT-2 是最著名的自动完成模型之一,它被用于撰写文章、歌词等。

(16)聊天机器人:它们可以分为以下两类,一类是数据库查询,我们有一个问题和答案的数据库,我们希望用户使用自然语言对其进行查询。另一类是对话生成,这些聊天机器人可以模拟与人类伙伴的对话。

(17)信息检索:找到与查询最相关的文档。这是每个搜索和推荐系统都面临的问题。目标不是回答特定的查询,而是从可能数以百万计的文档集合中检索与查询最相关的集合。搜索引擎将其搜索功能与可处理文本、图像和视频数据的多模式信息检索模型集成在一起。

(18)摘要:用来抽取最相关信息的任务。摘要分为两个方法类:一是提取式摘要,侧重于从长文本中提取最重要的句子,并将它们组合起来形成摘要。通常,提取摘要对输入文本中的每个句子进行评分,然后选择几个句子来形成摘要。二是抽象摘要其通过释义产生摘要,这类似于撰写包含原文中不存在的单词和句子的摘要。抽象摘要通常被建模为序列到序列的任务,其中输入是长格式文本,输出是摘要。

6.1.4 自然语言处理的工作原理

自然语言处理的工作原理是查找语言组成部分之间的关系,包括建立语言模型、分词、词法分析、句法分析、语义理解与生成。上下文理解与记忆以及利用机器学习和深度学习算法进行训练和优化,而模型训练和优化需要大量数据集支持。这些技术的结合使得计算机能够更好地理解和处理人类语言,为人类提供更智能、更自然的交互体验。

语言模型:NLP 首先需要建立一个语言模型,用于计算自然语言中单词或序列的概率。语言模型能够评估一段文本中的语法、上下文和单词顺序等信息,为后续的文本处理提供基础。

词法分析:词法分析是对文本进行词法层面的处理,包括词形还原、词性标注等。通过词法分析,可以识别出文本中每个单词的词性(如名词、动词、形容词等)和形态(如单数、复数、过去时等)。

句法分析:句法分析是对句子结构进行分析的过程,旨在揭示句子中词语之间的依存关系。通过句法分析,可以确定句子中各个成分的语法功能和语义角色,从而理解句子的意义。

语义理解与生成:语义理解是指对文本意义的理解和分析,包括实体识别、关系抽取、情感分析等任务。语义生成则是根据特定主题或需求,自动生成语义连贯、符合语法规则的自然语言文本。

6.1.5　自然语言处理的关键技术

NLP 技术大量使用机器学习和深度学习算法,以训练和优化模型。这些算法可以自动提取特征并学习文本数据的内在规律和模式,从而不断提高 NLP 系统的性能和准确度。

1. 传统机器学习 NLP 技术

逻辑回归是一种监督分类算法,旨在根据某些输入预测事件发生的概率。在自然语言处理中,逻辑回归模型可用于解决情感分析、垃圾邮件检测和毒性分类等问题。

朴素贝叶斯是一种监督分类算法,它使用以下贝叶斯公式查找条件概率分布 P(标签|文本):P(标签|文本)=P(标签)×P(文本|标签)/P(文本)。然后根据哪个联合分布具有最高概率进行预测。朴素贝叶斯模型中的朴素假设各个单词是独立的。在自然语言处理中,此类统计方法可用于解决垃圾邮件检测或查找软件代码中的错误等问题。

决策树是一类监督分类模型,是一种模仿人类决策过程的机器学习算法,它通过学习简单的决策规则来预测目标变量的值。它根据不同的特征分割数据集,以最大化这些分割中的信息增益。

例如在某公司因业务发展急需招聘一批专业技术人才,考虑学历、英语水平、工作经验三个因素,考虑公司需要新人立马能开始工作,因此给各因素赋权分为 3 分、2 分、5 分,6 分以上可以参加面试。则可构造如图 6-1 所示决策树。

潜在狄利克雷分配(LDA)用于主题建模。LDA 尝试将文档视为主题的集合,将主题视为单词的集合。LDA 是一种统计方法。作为基于贝叶斯学习的话题模型,是潜在语义分析、概率潜在语义分析的扩展。LDA 在文本数据挖掘、图像处理、生物信息处理等领域被广泛使用。

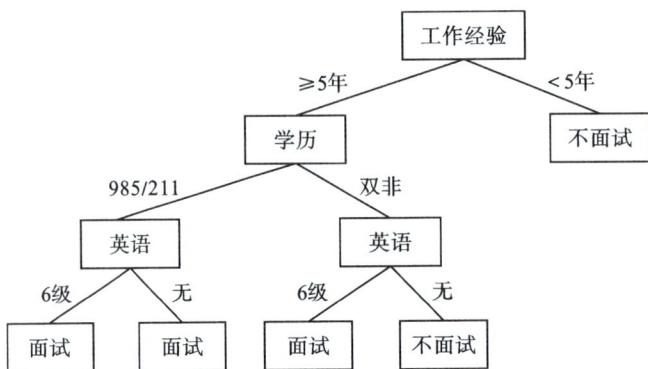

图 6-1 决策树

隐马尔可夫模型:马尔可夫模型是根据当前状态决定系统下一个状态的概率模型。例如,在 NLP 中,我们可能会根据前一个单词建议下一个单词。我们可以将其建模为马尔可夫模型,在该模型中我们可能会找到从 word1 到 word2 的转换概率,即 P(word1|word2)。然后我们可以使用这些转移概率的乘积来找到句子的概率。隐马尔可夫模型(HMM)是一种在马尔可夫模型中引入隐藏状态的概率建模技术。隐藏状态是不能直接观察到的数据的属性。HMM 用于词性(POS)标记,其中句子的单词是观察到的状态,POS 标记是隐藏状态。HMM 增加了一个概念,叫发射概率;给定隐藏状态的观察概率。在前面的示例中,这是给定词性标签的单词的概率。HMM 假设这种概率可以逆转:给定一个句子,我们可以根据一个单词具有特定词性标签的可能性以及特定词性标签的概率来计算每个单词的词性标签。词性标记遵循分配给前一个单词的词性标记。实际上,这是使用维特比算法来解决的。

2. 深度学习 NLP 技术

卷积神经网络(CNN):使用 CNN 进行文本分类的想法最早在金允(Yoon Kim)的论文"用于句子分类的卷积神经网络"中提出。核心思想是将文档视为图像。然而,输入不是像素,而是表示为单词矩阵的句子或文档。

循环神经网络(RNN):许多使用深度学习的文本分类技术,使用 n 元语法或窗口(CNN)处理邻近的单词。它们可以将"纽约"视为一个实例。但是,它们无法捕获特定文本序列提供的上下文。它们不学习数据的顺序结构,其中每个单词都依赖于前一个单词或前一个句子中的单词。RNN 使用隐藏状态记住先前的信息并将其连接到当前任务。门控循环单元(GRU)和长短期记忆(LSTM)的架构是 RNN 的不同架构,旨在长时间记住有用信息。此外,双向 LSTM/GRU 保留了两个方向的上下文信息,这有助于文本分类。RNN 还被用来生成数学证明并将人类思想转化为文字。

自动编码器:是深度学习编码器-解码器,近似从 X 到 X 的映射,即输入=输出。其首先将输入特征压缩为低维表示(有时称为潜在代码、潜在向量或潜在表示)并学习重建输入。表示向量可以用作单独模型的输入,因此该技术可用于降维。在许多其他领域的专家中,遗传学家已经应用自动编码器来发现与氨基酸序列疾病相关的突变。

编码器-解码器:编码器-解码器架构是处理不定长输入和输出序列的重要模型,在翻译、摘要和类似任务中广泛应用。编码器将文本中的信息封装成编码向量。与自动编码器不同,解码器的任务不是从编码向量重建输入,而是生成不同的所需输出,例如翻译或摘要。

Transformers:Transformer 是一种模型架构,由谷歌在 2017 年首次提出,其核心是自注意力机制。由于这种机制一次处理所有单词(而不是一次一个),与 RNN 相比,它降低了训练速度和推理成本,而且它是可并行的。近年来,Transformer 架构彻底改变了 NLP,产生了 BLOOM、Jurassic-X 和 Turing-NLG 等模型。它还成功应用于各种不同的视觉任务,包括制作 3D 图像。

6.1.6 几个 NLP 大语言模型

大语言模型(Large Language Model,LLM)是在大量数据上训练的大规模神经网络,通常具有数亿甚至数千亿的参数。这些参数使模型具备了处理语言复杂性的能力,并能在没有明确规则的情况下生成具有连贯性和语义合理性的文本。大语言模型的核心技术是 Transformer 架构。Transformer 最初用于机器翻译任务,但其强大的自注意力机制(Self-Attention)使它迅速成为 NLP 的主流架构。

生成式预训练 Transformer3(GPT-3)是一个 1750 亿个参数的模型,可以根据输入提示编写出与人类相当的流利程度的原创散文。该模型基于变压器架构,之前的版本 GPT-2 是开源的。微软从 OpenAI 那里获得了访问 GPT-3 底层模型的独家许可,但其他用户可以通过应用程序编程接口(API)与其进行交互。包括 EleutherAI 和 Meta 在内的多个组织已经发布了 GPT-3 的开源解释。

ChatGPT 是基于 Transformer 架构的生成式预训练模型(GPT),由 OpenAI 开发。ChatGPT(全名:Chat Generative Pre-trained Transformer),基于 GPT 系统大模型构建,是 OpenAI 采用"从人类反馈中强化学习"训练方式,ChatGPT 的本质是提高人脑对各种信息资料进行收集、整理、计算、分析等能力的智能工具,是为人脑观念建构提供丰富、精准的方案、图式等资料或条件等的工具体系。2022 年 11 月 30 日发布了能够对话的 GPT-3.5 版本。2023 年 3 月 14 日,OpenAI 推出 GPT-4,并先后推出 iOS 版、安卓版、企业版、自定义版本、团队版、教育版 ChatGPT 应用。ChatGPT 是一款聊天机器人程序,能够基于在预训练阶段所见的模式和统计规律生成回答,还能根据聊天的上下文进行互动,真正像人类一样来聊天交流。它强大的自然语言处理能力和多模态转化能力使之可用于多个场景和领域。它可用来开发聊天机器人,编写和调试计算机程序,撰写邮件,进行媒体、文学相关领域的创作,包括创作音乐、视频脚本、文案、童话故事、诗歌和歌词等。它还可以用作自动客服、语音识别、机器翻译、情感分析、信息检索等。

对话应用程序语言模型(LaMDA)是由谷歌开发的对话聊天机器人。LaMDA 是一种基于 Transformer 的模型,通过对话而不是通常的网络文本进行训练。该系统旨在为对话提供明智且具体的响应。

专家混合(MoE):虽然大多数深度学习模型使用相同的参数集来处理每个输入,但 MoE 模型的目标是基于高效的路由算法为不同的输入提供不同的参数,以实现更高的性能。Switch Transformer 是 MoE 方法的一个示例,旨在降低通信和计算成本。

DeepSeek-V3 为深度求索公司自研的 MoE 模型,671B 参数,激活 37B,在 14.8

Ttoken 上进行了预训练。DeepSeek-V3 技术上首创了 FP8 混合精度训练框架,改进了 MoE 架构,并采用了多 Token 预测机制。DeepSeek-V3 的应用场景涵盖聊天机器人、自动编程(如生成电商网站代码)、多语言翻译、复杂系统设计、图像生成和 AI 绘画等场景。2024 年 12 月 26 日晚间,杭州深度求索人工智能基础技术研究有限公司宣布,全新系列模型 DeepSeek-V3 首个版本上线并同步开源。2025 年 1 月 27 日,DeepSeek-V3 登顶苹果中国地区和美国地区应用商店免费 APP 下载排行榜,标志着中国开源模型首次实现对国际顶尖产品的全面追赶。

6.2 计算机视觉

视觉,是一个生理学词汇。光作用于视觉器官,使其感受细胞兴奋,其信息经视觉神经系统加工后便产生视觉(vision)。通过视觉,人和动物感知外界物体的大小、明暗、颜色、动静,获得对机体生存具有重要意义的各种信息。对人类(或动物)来说,视觉是最重要的感觉,也是很平常的事物。我们甚至都不需要有意识地训练自己,就可以看见并认识世界。对机器而言,能"看"世界,已经不是新闻,而认识世界(理解图像)却是一项极其困难的任务。

早在清朝年间,就有人借着镁条闪光拍照片。到 1888 年,乔治•伊士曼生产出了标准透明片基胶卷,1981 年索尼公司生产出了世界上第一款数字相机。机器"看"世界的概念已经步入人们生活一百多年了,但始终都是"看",没有"见"。随着数字图像的普及,图像的信息量已经明显超出了人们精力所能及的事物认识量,人类开始思考:是不是应该不只让机器"看见世界",也该让机器学习"认识世界"了?

"我们已经造出了超高清的相机,但是我们仍然无法把这些画面传递给盲人;我们的无人机可以飞越广阔的土地,但是却没有足够的视觉技术去帮我们追踪热带的变化;安全摄像头到处都是,但当有孩子在泳池里溺水时,它们无法向我们报警。"(摘自李飞飞女士的 TED 演讲。)

针对上述问题,可以使用计算机视觉来解决。计算机视觉就是在机器"眼睛"的后面安上"大脑"。是一个让计算机能看懂图像的过程。该过程中包含以下任务:采集图像(摄像头、数码相机)→图像处理(计算机)→控制设备(机械手、警报器或者反馈到下一个处理单元)。当然,控制设备不总是必要的,这取决于我们怎么使用计算机获取的信息。

总的来说,计算机视觉是指用计算机实现人的视觉功能,即对客观世界三维(3D)场景的感知、识别和理解。这意味着计算机视觉技术的研究目标是使计算机具有通过二维(2D)图像认知三维环境信息的能力。因此,计算机视觉技术不仅需要使机器能感知三维环境中物体的几何信息,如形状、位置、姿态、运动等,还需要能对它们进行描述、存储、识别与理解。计算机视觉与人类或动物的视觉是不同的,它借助于几何、物理和学习技术来构筑模型,用统计方法来处理数据。

目前,计算机视觉有广泛的应用,例如,医疗成像分析被用来辅助疾病的预测、诊断和治疗;人脸识别被元宇宙用来自动识别照片里的人物,在安防及监控领域被用来指认嫌疑人;在购物方面,消费者可以用智能手机拍摄产品,进而获得更多购买选择等。

6.2.1　什么是计算机视觉

要定义计算机视觉,首先要定义什么是视觉。也就是,什么是所谓的"看见"。通常,我们可以简单地把"看见"动作分成两个部分:一是"看"这个动作,通过瞳孔采集,将客观世界的光影、轮廓、特征形成图像;二是"见"这个动作,获得图像后,还需要知道这些东西都代表了什么意义。也就是说,人在完成一次"看见"动作时,先采集了图像,又理解了图像。计算机视觉就是一个让计算机"看见"的过程。

再具体一些讲,计算机视觉就是让计算机拥有人能所见、人能所识、人能所思的能力。具备这种能力后就可以称计算机拥有视觉,即计算机视觉(Computer Vision,CV)。

人能所见,是指人能看得见。对计算机而言,其是指能够获取图像。最常见的是通过摄像头来获取图像,所以摄像头这样的获取图像的设备被称作计算机的"眼睛"。人能所识,是指人能够对看到的景象进行辨识,即回答看到的是什么。对计算机而言,其是指物体检测。人能所思,是指人能够理解看到的景象有什么关联。举个例子,你看到一群人,你可以知道这群人正在干什么,或者将要干什么,又或者是刚干完什么,哪怕你看到的只是一张静态图像。对计算机来说,其就是指让计算机理解图像之间的联系,或者是图像里不同物体间的联系。

"所见""所识""所思"缺一不可,计算机视觉中缺少其中的任何一个都不能称为完整的计算机视觉。也就是说,必须同时达到 3 个能力,才能称为真正的计算机视觉。

计算机视觉是一门关于如何运用照相机和计算机来获取我们所需的,被拍摄对象的数据与信息的学问。形象地说,就是给计算机安装上眼睛(照相机)和大脑(算法),让计算机能够感知环境。计算机视觉是使用计算机及相关设备对生物视觉的一种模拟。它的主要任务就是通过对采集的图片或视频进行处理以获得相应场景的三维信息,就像人类和许多其他类生物每天所做的那样。

从专业角度来看,计算机视觉是人工智能的一个研究领域,旨在通过计算机使用复杂算法(可以是传统算法,也可以是基于深度学习的算法)来理解数字图像和视频并提取有用的信息。其主要目标是,先理解静止图像和视频的内容,然后从中收集有用的信息,以便解决越来越多的问题。最终目标是使计算机能像人那样通过视觉观察和理解世界,具有自主适应环境的能力。

与计算机视觉容易混淆的另一个概念是机器视觉。机器视觉是用机器代替人眼来做测量和判断。机器视觉系统是通过图像摄取装置将被摄取目标转换成图像信号,传送给专用的图像处理系统,得到被摄目标的形态信息,根据像素分布和亮度、颜色等信息,转变成数字化信号;图像系统对这些信号进行各种运算来抽取目标的特征,进而根据判别的结果来控制现场的设备动作。从学科分类上,二者都被认为是人工智能下属科目,不过计算机视觉偏软件,通过算法对图像进行识别分析,而机器视觉软硬件都包括(采集设备、光源、镜头、控制、机构、算法等),指的是系统,更偏实际应用。

6.2.2　计算机视觉的发展历程

从 2006 年开始,随着深度学习算法的出现,计算机视觉研究发生了一个比较本质的变化。这种改变到底是怎样产生的,它对我们解决现在的特定问题会带来什么样的影响呢?要解决这样的问题,先要看一下整个计算机视觉的发展历程。它是一个跨越数十年的逐步演变过程,涵盖了从早期的图像处理技术到现代深度学习方法的持续创新。

计算机视觉的发展历史可以追溯到 1966 年。在这年夏天,一个非常有名的人工智能学家马文·明斯基,给他的学生布置了一道非常有趣的暑假作业,就是让学生在电脑前面连一个摄像头,然后想办法写一个程序,让计算机告诉我们摄像头看到了什么。这道题太有挑战了,它代表了计算机视觉的全部:通过一个摄像头让机器告诉我们它到底看到了什么。所以,1966 年被认为是计算机视觉的起始年。

70 年代,研究者开始去试图解决这样一个问题,就是让计算机告知他到底看到了什么东西。当时,大家认为要让计算机认知到底看到了什么,可能首先要了解人是怎样去理解这个世界的。当时有一种普遍的认知,认为人之所以理解这个世界,是因为人有两只眼睛,他看到的世界是立体的,他能够从这个立体的形状中理解世界。在这种认知情况下,研究者希望先把三维结构从图像里面恢复出来,在此基础上再去做理解和判断。

80 年代,是人工智能发展的一个非常重要的阶段。当时,在人工智能界的逻辑学和知识库推理大行其道,大家开始做很多类似于现在的专家系统,计算机视觉的方法论也开始在这个阶段产生一些改变。在这个阶段,人们发现要让计算机理解图像,不一定先要恢复物体的三维结构。例如,让计算机识别一个苹果,假设计算机事先知道对苹果的形状或其他特征,并且建立了这样一个先验知识库,那么计算机就可以将这样的先验知识和看到物体表征进行匹配。如果能够匹配上,计算机就算识别或者理解了看到的物体。所以,80 年代出现了很多方法,包括几何以及代数的方法,将我们已知的物品转化成一些先验表征,然后和计算机看到的物品图像进行匹配。

90 年代,人工智能界又出现了一次比较大的变革,也就是统计方法的出现。在这个阶段,经历了一些比较大的发展点,比如现在还广泛使用的局部特征。研究者找到了一种统计手段,能够刻画物品最本质的一些局部特征,比如要识别一辆卡车,通过形状、颜色、纹理,可能并不稳定,如果通过局部特征,即使视角、灯光变化了,也会非常稳定。局部特征的发展,其实也导致了后来很多应用的出现。比如图像搜索技术真正的实用,也是由于局部特征的出现。我们可以对物品建立一个局部特征索引,通过局部特征可以找到相似的物品。其实,通过这样一些局部点,可以让匹配更加精准。

到 2000 年左右,机器学习开始兴起。以前需要通过一些规则、知识或者统计模型去识别图像所代表的物品是什么,但是机器学习的方法和以前完全不一样。机器学习能够从我们给定的海量数据中自动归纳物品的特征,然后去识别它。在这样一个时间点,计算机视觉界有几个非常有代表性的工作,如人脸识别。要识别一个人脸,第一步需要从图片中把待识别的人脸区域提取出来,一般叫作人脸检测。像在大家拍照时,会看到相机上有个小方框在闪,那其实是人脸识别必要的第一步工作,也就是人脸框的检测。在以前,这是非常困难的工作,但是在 2000 年左右,出现了一种非常好的算法,它能够基于机器学习,非常快速地检测人脸,我们称之为 Viola-Jones 人脸检测器,它奠定了当代计算机视觉的一个基础。

在这期间,还出现了一些非常有影响力的数据集,其中比较有代表性的就是 ImageNet。

ImageNet 是由李飞飞教授发起的一个项目,她通过众包的方式,标注了超过 1400 万张图片,包含 2 万多个类别。自 2010 年以来,ImageNet 项目每年举办一次软件比赛,即 ImageNet 大规模视觉识别挑战赛(ILSVRC)。其中最著名的是 2012 年 AlexNet 模型的提出,该模型大幅降低了图像分类的错误率,标志着深度学习在计算机视觉领域的崛起。

到 2010 年,计算机视觉研究进入深度学习的年代。随着深度学习技术的快速发展,计算机视觉也获得了新的突破。深度学习是利用人工神经网络进行模式识别的一种技术,它可以处理非常复杂的数据集和模式。通过深度学习技术的应用,计算机视觉可以更好地完成更加复杂的任务。

6.2.3　计算机视觉的应用场景

目前计算机视觉技术在各种场景均有典型的应用,如人脸识别、自动驾驶、医疗图像分析等。

(1)人脸识别:高铁站、门禁等地方广泛应用,刷脸系统让进出更便捷,甚至银行取钱、公共交通也能直接刷脸完成。

(2)无人安防:智能摄像头自动识别异常行为和可疑人物,及时提醒安防人员或报警,增强安全防范。

(3)无人驾驶:无人驾驶技术通过计算机视觉识别道路、路标、红绿灯和行人,实现自主驾驶或辅助驾驶,提升安全性。

(4)车牌识别:不仅能识别车牌号码,还能识别车型,提升交通管理效率。

(5)智能识图:将纸质文档图像中的文字转成电子文档,并翻译成其他语言,以图搜图功能也很强大。

(6)3D 重构:在工业领域应用广泛,用于三维物体建模、测量和复制。

(7)VR/AR:VR 技术让人身临其境,AR 技术则在现实场景中加入虚拟元素,如手机翻译功能。

(8)医学图像:B 超、磁共振、X 光拍片等诊断中,AI 根据图像特征分析疾病可能性。

(9)无人机:军用无人机自动识别目标并导航,民用的无人机则用于实时拍照和手势控制。

(10)工业检测:产品缺陷检测、工业机器人姿态控制等,提高生产效率和产品质量。

6.2.4　计算机视觉的工作原理

目前主流的计算机视觉方法为基于深度学习的方法,其原理跟人类大脑工作的原理比较相似。

人类的视觉原理如图 6-2 所示:从原始信号摄入开始(瞳孔摄入像素 Pixels),接着做初步处理(大脑皮层某些细胞发现边缘和方向),然后抽象(大脑判定,眼前的物体的形状,细节特征),然后进一步抽象(大脑进一步判定该物体是人头像)。

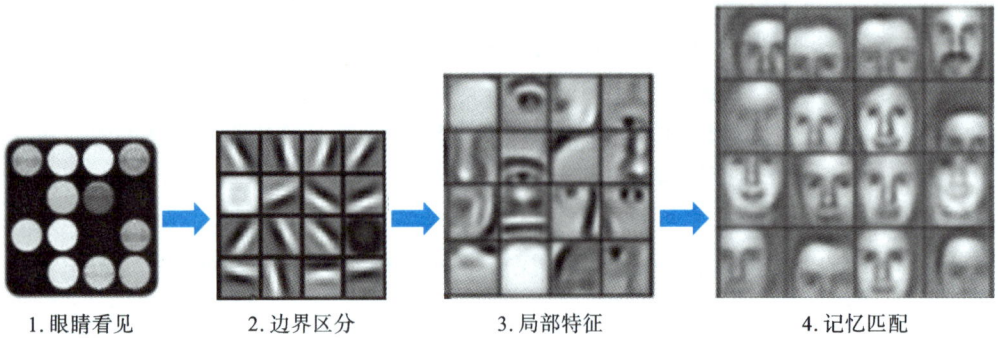

1. 眼睛看见　　　2. 边界区分　　　3. 局部特征　　　4. 记忆匹配

图 6-2　人类大脑看图的原理

计算机视觉的图像分析方法也是类似的：构造多层的神经网络，较低层的识别初级的图像特征，若干底层特征组成更上一层特征，最终通过多个层级的组合，最终在顶层做出分类，如图 6-3 所示。

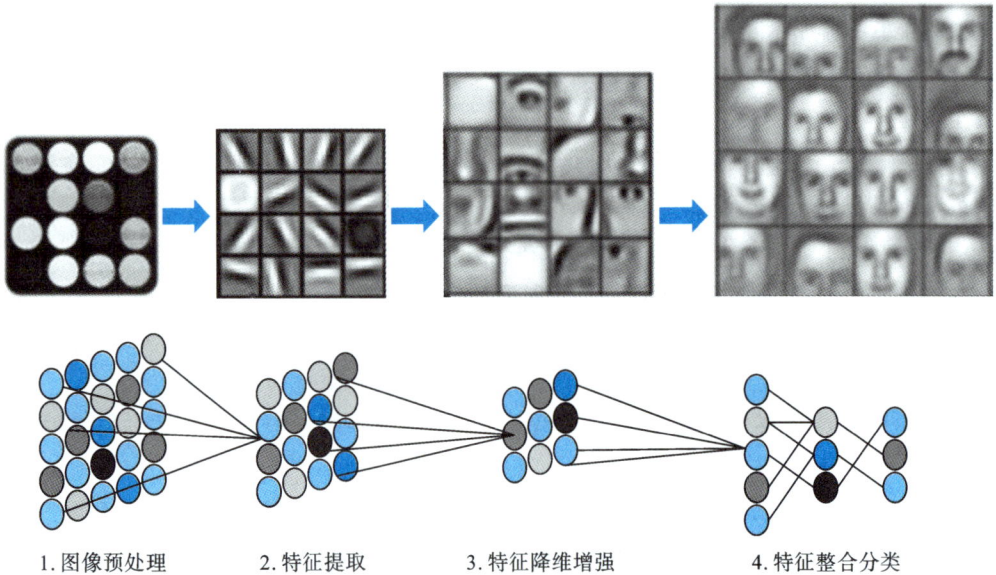

1. 图像预处理　　　2. 特征提取　　　3. 特征降维增强　　　4. 特征整合分类

图 6-3　计算机视觉处理的原理

对于人类来说看懂图片是一件很简单的事情，但是对于机器来说这是一件非常难的事情，比如典型的难点有 2 个：

（1）特征难以提取。同一只猫在不同的角度，不同的光线，不同的动作下。像素差异是非常大的。就算是同一张照片，旋转 90°后，其像素差异也非常大！所以，图片里的内容相似甚至相同，但是在像素层面，其变化会非常大。这对于特征提取是一大挑战。

（2）需要计算的数据量巨大。手机上随便拍一张照片就是 1000×2000 像素。每个像素 RGB3 个参数，一共有 1000×2000×3＝6 000 000 像素。随便一张照片就要处理 600 万参数，再算算现在越来越流行的 4K 视频。就知道这个计算量级有多可怕。

卷积神经网络（Convolutional Neural Networks，CNN）是一类包含卷积计算且具有深度结构的前馈神经网络（Feedforward Neural Networks），是深度学习（deep learning）的代表

算法之一。CNN 很好地解决了上面所说的两大难点,可以有效地提取图像里的特征,并将海量的数据(不影响特征提取的前提下)进行有效降维,大大减少了对算力的要求。

6.2.5　计算机视觉的关键技术

1. 图像分类

图像分类是根据各自在图像信息中所反映的不同特征,把不同类别的目标区分开来的图像处理方法。它利用计算机对图像进行定量分析,把图像或图像中的每个像元或区域划归为若干个类别中的某一种,以代替人的视觉判读。图像分类问题需要面临以下几个挑战:视点变化、尺度变化、类内变化、图像变形、图像遮挡、照明条件和背景杂斑。

图像分类常用方法包括基于色彩特征的索引技术、基于纹理的图像分类技术、基于形状的图像分类技术、基于空间关系的图像分类技术等。

另外,研究人员提出了一种基于数据驱动的计算机视觉方法。该算法并不是直接在代码中指定每个感兴趣的图像类别,而是为计算机每个图像类别都提供许多示例,然后设计一个学习算法,查看这些示例并学习每个类别的视觉外观。也就是说,首先积累一个带有标记图像的训练集,然后将其输入到计算机中,由计算机来处理这些数据。

目前较为流行的图像分类架构是卷积神经网络(CNN)——将图像送入网络,然后网络对图像数据进行分类。卷积神经网络从输入“扫描仪”开始,该输入“扫描仪”也不会一次性解析所有的训练数据。比如输入一个大小为 100×100 的图像,你也不需要一个有 10 000 个节点的网络层。相反,你只需要创建一个大小为 10×10 的扫描输入层,扫描图像的前 10×10 个像素。然后,扫描仪向右移动一个像素,再扫描下一个 10×10 的像素。输入数据被送入卷积层,而不是普通层。每个节点只需处理离自己最近的邻近节点,卷积层也随着扫描的深入而趋于收缩。除了卷积层之外,通常还会有池化层。池化是过滤细节的一种方法,常见的池化技术是最大池化,它用大小为 2×2 的矩阵传递拥有最多特定属性的像素。

现在,大部分图像分类技术都是在 ImageNet 数据集上训练的,测试图像没有初始注释(即没有分割或标签),并且算法必须产生标签来指定图像中存在哪些对象。

第一届 ImageNet 竞赛的获奖者是亚历克斯·克里泽夫斯基(Alex Krizhevsky)(NIPS 2012),他在扬·勒丘恩(Yann LeCun)开创的神经网络类型基础上,设计了一个深度卷积神经网络。该网络架构除了一些最大池化层外,还包含 7 个隐藏层,前几层是卷积层,最后两层是全连接层。在每个隐藏层内,激活函数为线性的,要比逻辑单元的训练速度更快、性能更好。除此之外,当附近的单元有更强的活动时,它还使用竞争性标准化来压制隐藏活动,这有助于强度的变化。

Alex 网络结构如图 6-4 所示,它在两个 Nvidia GTX 580 GPU 上实现了非常高效的卷积网络。GPU 非常适合矩阵间的乘法且有非常高的内存带宽。这使它能在一周内完成训练,并在测试时快速地从 10 个块中组合出结果。如果我们能够以足够快的速度传输状态,就可以将网络分布在多个内核上。

随着内核越来越便宜,数据集越来越大,大型神经网络的速度要比老式计算机视觉系统更快。在这之后,已经有很多种使用卷积神经网络作为核心,并取得优秀成果的模型,如ZFNet(2013),GoogLeNet(2014),VGGNet(2014),RESNET(2015),DenseNet(2016)等。

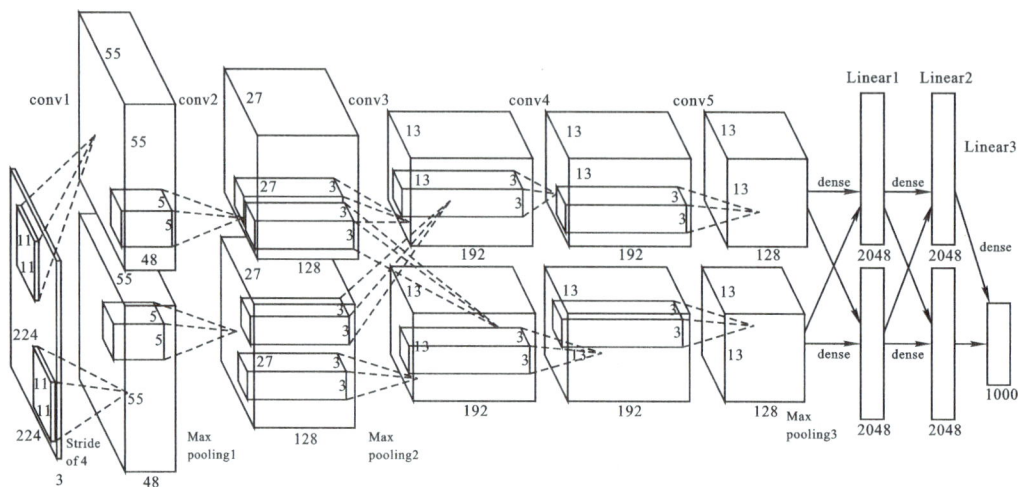

图 6 - 4　AlexNet

2. 对象检测

目标检测是指在图像或视频中,识别出目标物体所在的位置,并标注出其所属的类别的任务。相比于图像分类任务,目标检测需要对目标的位置和数量进行准确地识别,因此其难度更大,但也更加实用。在实际应用中,可以根据具体场景和需求,选择不同的模型和算法来实现追踪、识别和分析等目标检测任务。

如果使用图像分类和定位图像类似的滑动窗口技术,我们则需要将卷积神经网络应用于图像上的很多不同物体上。由于卷积神经网络会将图像中的每个物体识别为对象或背景,因此我们需要在大量的位置和规模上使用卷积神经网络,但是这需要很大的计算量!

为了解决这一问题,神经网络研究人员建议使用区域(region)这一概念,这样我们就会找到可能包含对象的"斑点"图像区域,这样运行速度就会大大提高。第一种模型是基于区域的卷积神经网络(R-CNN),其算法原理如图 6-5 所示。

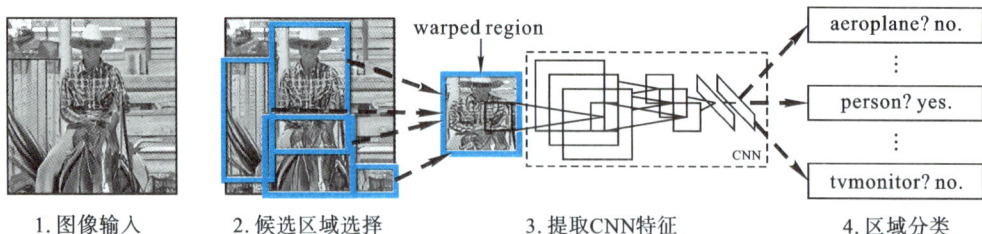

图 6 - 5　基于区域的卷积神经网络 R - CNN

通过 R - CNN 网络,我们可以将对象检测转换为一个图像分类问题。但是也存在这些问题:训练速度慢,需要大量的磁盘空间,推理速度也很慢。

R - CNN 的第一个升级版本是 Fast R - CNN,其通过使用了 2 次增强,使得 Fast R - CNN 的运行速度要比 R - CNN 快得多,但是,选择性搜索算法生成区域提议仍然要花费大量时间。

Faster R-CNN 是基于深度学习对象检测的又一个典型案例,该算法用一个快速神经网络代替了运算速度很慢的选择性搜索算法。通过插入区域提议网络(RPN)快速且高效地扫描每一个位置,来评估在给定的区域内是否需要做进一步处理。由 RPN 决定查看"哪里",这样可以减少整个推理过程的计算量。一旦我们有了区域建议,就直接将它们送入 Fast R-CNN。同时,我们还添加了一个池化层、一些全连接层、一个 softmax 分类层以及一个边界框回归器,用以提高速度。

虽然以后的模型在提高检测速度方面做了很多工作,但很少有模型能够大幅度超越 Faster R-CNN。也就是说,Faster R-CNN 可能不是最简单或最快速的目标检测方法,但仍然是性能最好的方法之一。

近年来,主要的目标检测算法已经变得更快、更高效,常用模型如下。

(1)Faster R-CNN:是一种基于深度神经网络的目标检测模型,它通过在区域提议网络(Region Proposal Network,RPN)中引入锚点来提高检测速度,同时采用了 RoI Pooling 层来实现不同大小的目标检测。

(2)YOLO(You Only Look Once):是一种基于单阶段目标检测算法的模型,它将目标检测任务转化为一个回归问题,通过卷积神经网络预测目标的类别和位置。

(3)SSD(Single Shot MultiBox Detector):也是一种基于单阶段目标检测算法的模型,通过在每个特征层上应用不同大小和形状的先验框,从而实现对不同尺度目标的检测。

3. 目标跟踪

目标跟踪是指在视频序列中,对于已知的初始目标,在后续帧中通过对目标的特征提取和跟踪算法进行处理,实现对目标位置、形态等信息的实时跟踪。目标跟踪在无人驾驶领域很重要,例如 Uber 和特斯拉等公司的无人驾驶。

目标跟踪的常用方法有以下几种。

(1)基于相关滤波的跟踪方法:将目标与模板进行相关性计算,计算得到的结果可以表示目标在当前帧的位置。

(2)基于粒子滤波的跟踪方法:通过在目标周围随机生成多个粒子,然后根据目标的运动模型,对这些粒子进行预测,再用观测信息对预测的粒子进行权重更新,最终选择权重最高的粒子来表示目标的位置。

(3)基于深度学习的跟踪方法:使用深度学习算法对目标进行特征提取和表示,然后根据目标在前一帧的位置和特征,对目标在当前帧的位置进行预测。常用的深度学习跟踪算法包括循环神经网络(RNN)、卷积神经网络(CNN)等。

为了通过检测实现跟踪,我们检测所有帧的候选对象,并使用深度学习从候选对象中识别想要的对象。有两种可以使用的基本网络模型,即堆叠自动编码器(SAE)和卷积神经网络(CNN)。

鉴于 CNN 在图像分类和目标检测方面的优势,它已成为计算机视觉和视觉跟踪的主流深度模型。一般来说,大规模的卷积神经网络既可以作为分类器和跟踪器来训练。具有代表性的基于卷积神经网络的跟踪算法有全卷积网络跟踪器(FCNT)和多域卷积神经网络

(MD Net)。

  FCNT 充分分析并利用了 VGG 模型中的特征映射,这是一种预先训练好的 ImageNet 数据集。因此,FCNT 设计了特征选择网络,在 VGG 网络的卷积 4-3 和卷积 5-3 层上选择最相关的特征映射。然后为避免噪声的过拟合,FCNT 还为这两个层的选择特征映射单独设计了两个额外的通道(即 SNet 和 GNet),GNet 捕获对象的类别信息,SNet 将该对象从具有相似外观的背景中区分出来。SNet 和 GNet 都使用第一帧中给定的边界框进行初始化,以获取对象的映射。而对于新的帧,对其进行剪切并传输最后一帧中的感兴趣区域,该感兴趣区域是以目标对象为中心。通过 SNet 和 GNet,分类器最后得到两个预测热映射,而跟踪器根据是否存在干扰信息,来决定使用哪张热映射生成的跟踪结果。FCNT 的结构如图 6-6 所示。

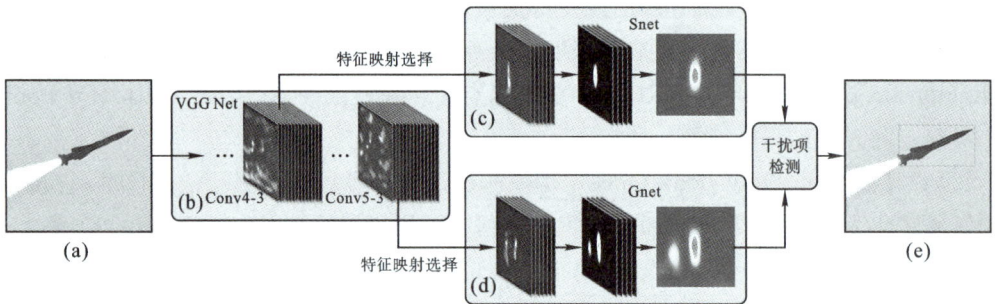

图 6-6 FCNT 结构及工作流程

  与 FCNT 的思路不同,MDNet 使用视频的所有序列来跟踪对象的移动。上述网络使用不相关的图像数据来减少跟踪数据的训练需求,并且这种想法与跟踪有一些偏差。该视频中的一个类的对象可以是另一个视频中的背景,因此,MDNet 提出了"多域"这一概念,它能够在每个域中独立地区分对象和背景,而一个域表示一组包含相同类型对象的视频。如图 6-7 所示,MDNet 可分为两个部分,即 K 个特定目标分支层和共享层:每个分支包含一个具有 softmax 损失的二进制分类层,用于区分每个域中的对象和背景;共享层与所有域共享,以保证通用表示。

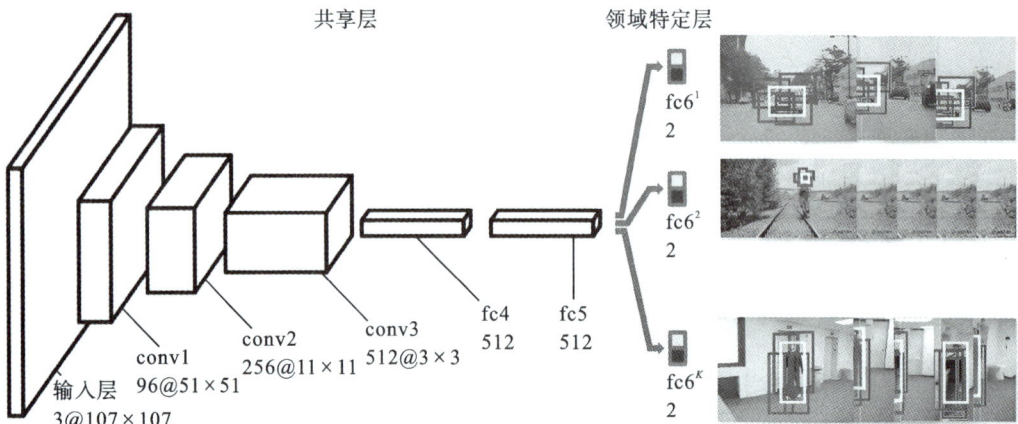

图 6-7 MDNet 结构及工作流程

4. 语义分割

语义分割旨在将输入图像中的每个像素标记为属于哪个语义类别。与目标检测和图像分类不同，语义分割不仅可以识别图像中的物体，还可以为每个像素分配标签，从而提供更详细和准确的图像理解。

常用模型：FCN(Fully Convolutional Network)、U-Net、DeepLab 等。近年来还涌现出了许多基于深度学习的新型语义分割模型，如 PSPNet、DeepLab V3＋等，它们在精度和效率等方面都有所提高。

计算机视觉的核心是分割，它将整个图像分成一个个像素组，然后对其进行标记和分类。特别地，语义分割试图在语义上理解图像中每个像素的角色（比如，识别它是汽车、摩托车还是其他的类别）。如图 6-8 所示，除了识别人、道路、汽车、树木等之外，我们还必须确定每个物体的边界。因此，与分类不同，我们需要用模型对密集的像素进行预测。

图 6-8　图像中的多物体

最流行的原始方法之一是通过滑动窗口进行块分类，利用每个像素周围的图像块，对每个像素分别进行分类。但是，因为我们不能在重叠块之间重用共享特征，其计算效率非常低。

解决效率问题的方案就是加州大学伯克利分校提出的全卷积网络（FCN），它提出了端到端的卷积神经网络体系结构，其实现原理如图 6-9 所示，在没有任何全连接层的情况下进行密集预测。这种方法允许针对任何尺寸的图像生成分割映射，并且比块分类算法快得多，几乎后续所有的语义分割算法都采用了这种范式。

即使采用 FCN，仍然存在一个问题，就是在原始图像分辨率上进行卷积运算代价非常高。为了解决这个问题，FCN 在网络内部使用了下采样和上采样，下采样层被称为条纹卷积（Striped Convolution），而上采样层被称为反卷积（Transposed Convolution）。尽管采用了上采样和下采样层，但由于池化期间的信息丢失，FCN 会生成比较粗糙的分割映射。

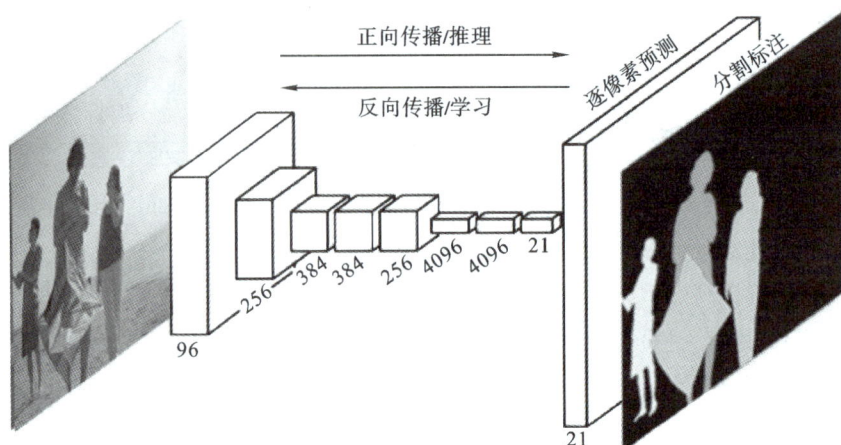

图 6 - 9　FCN 图像边界分割

5. 实例分割

实例分割是结合目标检测和语义分割的一个更高层级的任务。实例分割是计算机视觉中的一项任务,旨在同时检测图像中的物体,并将每个物体分割成精确的像素级别的区域。与语义分割不同,实例分割不仅可以分割出不同类别的物体,还可以将它们分割成独立的、像素级别的区域。图像分类通常来说就是识别出包含单个对象的图像是什么,但在分割实例时,我们需要执行更复杂的任务。我们会看到多个重叠物体和不同背景的复杂景象,我们不仅需要将这些不同的对象进行分类,而且还要确定对象的边界、差异和彼此之间的关系。

我们使用卷积神经网络,通过边界框有效定位图像中的不同对象,那么,能否使用卷积神经网络对每个对象的精确像素进行定位以便实现实例分割。Facebook AI 则使用了MaskR - CNN 架构对实例分割问题进行了探索,其基本框架如图 6 - 10 所示。

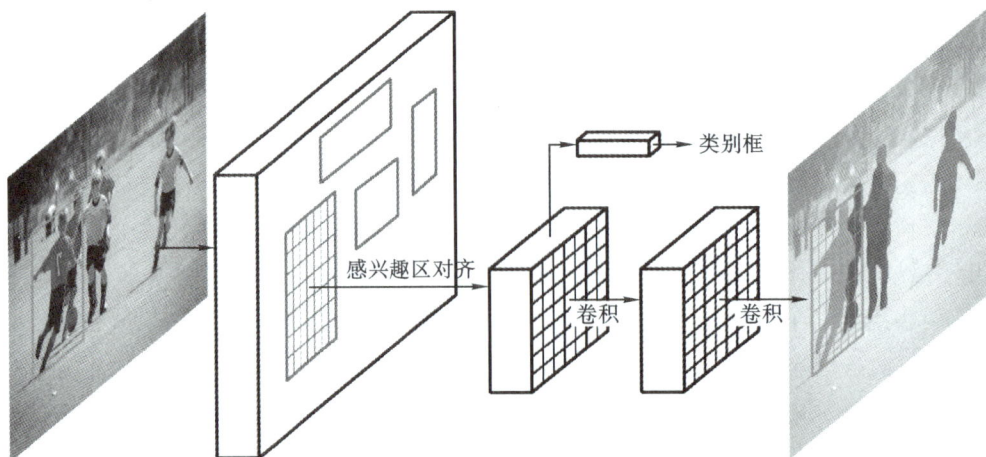

图 6 - 10　Mask R - CNN 模型

鉴于 Faster R-CNN 在物体检测方面效果很好,MaskR-CNN 通过向 Faster R-CNN 添加一个分支来进行像素级分割,该分支是基于卷积神经网络特征映射的全卷积网络。该分支输出一个二进制掩码,该掩码表示给定像素是否为目标对象的一部分,其中像素属于该对象的所有位置用 1 表示,其他位置则用 0 表示。通过二进制掩码,MaskR-CNN 将 RoI Align 与来自 Faster R-CNN 的分类和边界框相结合,以便进行精确的分割。

另外,当在原始 Faster R-CNN 架构上运行且没有做任何修改时,感兴趣池化区域(RoI Pool)选择的特征映射区域或原始图像的区域稍微错开。由于图像分割具有像素级特性,这与边界框不同,自然会导致结果不准确。MaskR-CNN 通过调整 RoI Pool 来解决这个问题,使用感兴趣区域对齐(Roialign)方法使其变得更精确。

6.3　机器人与自主系统

机器人是具备感知、决策和执行能力的智能机械装置,其核心构成包括控制系统(作为"大脑"处理信息)、驱动系统(执行指令)、传感器(采集环境数据)及结构件(物理支撑)。自主系统在此基础上增加了动态环境适应能力,可通过实时感知与调整实现无预设路径的独立作业。自主系统能够在无须人类干预的情况下独立完成任务,不仅具备学习能力,还能在复杂多变的环境中持续自我适应和优化。智能机器人融合了人工智能技术,能模拟人类认知过程,在复杂场景中完成精确操控。

机器人最早应用于汽车制造行业。早期的机器人主要用于汽车制造过程中的焊接、喷漆、上下料和搬运等工作。这些工业机器人能够精准、高效地执行重复性任务,显著提高了生产效率,降低了人工成本,并减少了因人为疲劳导致的操作失误。

6.3.1　机器人的基本概念

有关工业机器人,目前世界各国尚无统一定义,分类方法也不尽相同。

20 世纪 70 年代美国对工业机器人的一般定义为,一种可重复编程的多功能操作装置,它可以通过改变程序,来完成各种工作,主要用于搬运材料、传递工件和工具。美国机器人协会对工业机器人的定义为一种用于移动各种材料、零件、工具或专用装置的,通过程序动作来执行各种任务,并具有编程能力的多功能操作机(Manipulator)。

日本对工业机器人提出了各种定义,1971 年日本通产省"工业机器人制造业高度化计划"中给出的定义,即"工业机器人是整机能够回转,有抓取(或吸住)物件的手爪和能够进行伸缩、弯曲、升降(俯仰)、回转及其复合动作的臂部,带有记忆部件,可部分代替人进行自动操作的具有通用性的机械"。之后,日本工业机器人协会对工业机器人的定义为,工业机器人是一种装备,有记忆装置和末端执行装置的、能够完成各种移动来代替人类劳动的通用机器。

1987 年国际标准化组织对工业机器人进行了定义:工业机器人是一种具有自动操作和

移动功能,能完成各种作业的可编程操作机。

我国在 20 世纪 80 年代参考国外,初步对"机械手"和"工业机器人"做了定义。

机械手就是附属于主机,动作简单,工作程序固定,定位点不能灵活改变,用来重复抓放物料的操作手。工业机器人就是一种机体独立,动作自由度较多,程序可灵活变更,能任意定位,自动化程度高的自动操作机械,主要用于搬运物料,传递工件和操作工具。

简而言之,机器人就是一种自动执行工作的机械装置。它是整合控制论、机械电子计算机、材料和仿生学的一种产物。目前在工业、医学甚至军事等领域中均有重要用途。

6.3.2　机器人的发展历史

西周时期(约公元前 11 世纪),中国能工巧匠偃师制造了能歌善舞的机械伶人,被视为最早的机器人概念雏形。

现代机器人形象和机器人一词,最早出现在科幻和文学作品中。1920 年,一名捷克作家发表了一部名叫《罗萨姆的万能机器人》的剧本,剧中叙述了一个叫罗萨姆的公司把机器人作为人类生产的工业品推向市场,让它充当劳动力代替人类劳动的故事,引起了人们的广泛关注。后来,这个故事就被当成了机器人的起源。

现代机器人的出现,则是 1959 年,乔治·德沃尔与约瑟夫·恩格尔伯格合作开发了世界上第一台工业机器人"尤尼梅特"(Unimate),标志着现代机器人的开端。

1961 年,Unimate 首次应用于通用汽车生产线,执行搬运零件的重复性工作。

现代机器人从出现至今,按其技术发展,经历了三个阶段。

1. 第一阶段:示教再现型机器人

第一代机器人一般是指能通过离线编程或示教操作生成动作程序,并再现动作的机器人。第一代机器人所使用的技术和数控机床十分相似。第一代机器人的全部行为完全由人控制,它没有分析和推理能力,不能改变动作,无智能性,其控制以示教、再现为主,故又称示教再现机器人。第一代机器人现已实用和普及,目前使用的大多数工业机器人都属于第一代机器人。

2. 第二阶段:感知型机器人

第二代机器人装备有一定数量的传感器,它能获取作业环境和操作对象等简单信息并通过计算机的分析与处理,做出简单的推理,适当调整自身的动作和行为。例如,探测机器人可通过所安装的摄像头及视觉传感系统识别图像,判断和规划自身的运动轨迹,它对外部环境具有一定的适应能力。第二代机器人已具备一定的感知和简单推理等能力,有一定程度上的智能,故又称感知机器人或低级智能机器人。

3. 第三阶段:智能机器人

第三代机器人应具有高度的自适应能力,它有多种感知功能,可通过复杂的推理,做出判断和决策,并自主决定机器人的行为,具有相当程度的智能,故又称为智能机器人。第三代机器人已经超出了传统工业机器人的范畴,目前许多公司已经推出了一些产品,但总体上还处于实验和研究阶段。

6.3.3　机器人的应用场景

当前机器人的应用场景已覆盖工业制造、公共服务、特种作业、家庭生活等多个领域,具体如下。

1. 工业制造领域

汽车制造:焊接、喷涂、装配等环节应用工业机器人,提升精度与效率。

电子生产:精密贴片、焊接及自动化检测。

食品加工:分拣、包装、码垛等流程自动化。

工厂实训:人形机器人在新能源汽车工厂实训,逐步替代人工装配。

2. 公共服务领域

医院场景:消杀机器人、物流机器人、手术机器人(如达·芬奇系统)及康复辅助设备。

药品生产:自动化制药与包装。

警务巡逻:如杭州"滨小新"机器人,支持防爆安检、空气监测及群众服务。

迎宾导览:银行、医院、商场的迎宾机器人提供业务咨询与情感交互。

物流配送:社区"最后一公里"无人配送,机器狗夜间投递包裹。

3. 特种作业与安全应急

矿山救援:智能巡检、井下救援及危险环境作业机器人。

消防排险:消防排烟机器人进入易燃易爆现场灭火。

城市管理:排涝机器人处理内涝积水。

极端环境:适应高温、辐射、有毒气体的勘查与作业机器人。

4. 家庭与生活场景

家务助手:扫地、烹饪、洗衣机器人。

智能控制:灯光、空调、窗帘等物联网联动。

老人照护:外骨骼辅助行走、用药提醒及健康监测。

儿童教育:编程教学、安全看护及互动学习机器人。

5. 文体娱乐领域

艺术表演:人形机器人弹琴、绘画、书法及仿生机器人演出。

体育竞技:足球对抗、俯卧撑等运动展示。

互动娱乐:机器狗陪伴、情感交互及春晚秧歌表演。

6. 农业与新兴场景

农业应用:分拣机器人、巡检机器人应用于农产品加工。

商业服务：便利店机器人理货、咖啡拉花。

6.3.4 机器人的构成及基本原理

机器人系统一般包括机械系统、驱动系统、感知系统和控制系统这四个部分，如图 6-11 所示，对于第二代工业机器人及第三代工业机器人，还包括高级的感知系统、分析系统和决策系统。

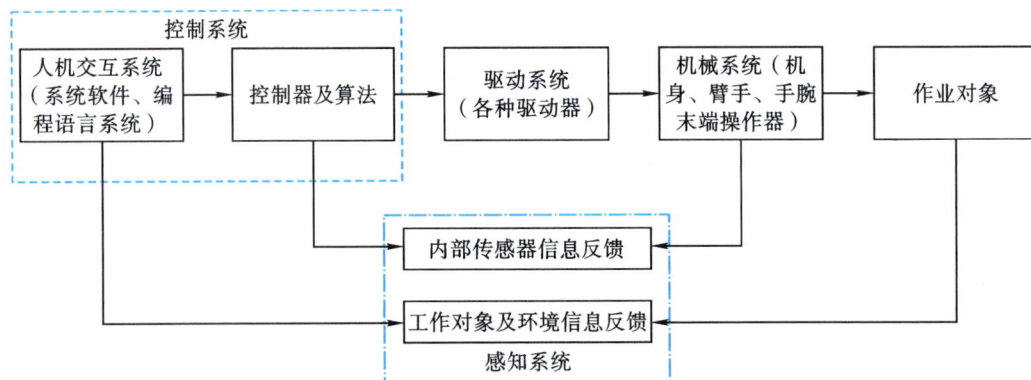

图 6-11 机器人系统构成

机械结构系统又称操作机或执行机构系统，是工业机器人的主要承载体，它由一系列连杆、关节等组成。机械系统通常包括机身、基座、手臂、手腕、关节和末端执行器，每一个部分都具有多自由度，构成一个多自由度的机械系统。

驱动系统是驱使工业机器人机械臂运动的机构。按照控制系统发出的指令信号，借助动力元件使工业机器人运行起来，给各个关节即每个运动自由度安装传动装置，这就是驱动系统。其作用是提供工业机器人各部位，各关节动作的原动力。根据驱动源的不同，驱动系统可分为电动、液压和气动三种，也包括把它们结合起来应用的综合系统。驱动系统可以与机械系统直接相连，也可通过同步带、链条、齿轮和谐波传动装置等与机械系统间接相连。

感受系统通常由内部传感器模块和外部传感器模块组成，其作用是获取内部和外部环境中有意义的信息，并把这些信息反馈给控制系统。内部传感器用于检测各关节的位置和速度等变量，为闭环控制系统提供信息。外部传感器用于检测周围环境的一些状态变量如距离、接近程度和接触情况等，便于识别物体并做出相应的处理。

控制系统的任务是根据工业机器人的作业指令程序及从传感器反馈回来的信号，控制工业机器人的执行机构，使其完成规定的运动和功能，其组成如图 6-12 所示。

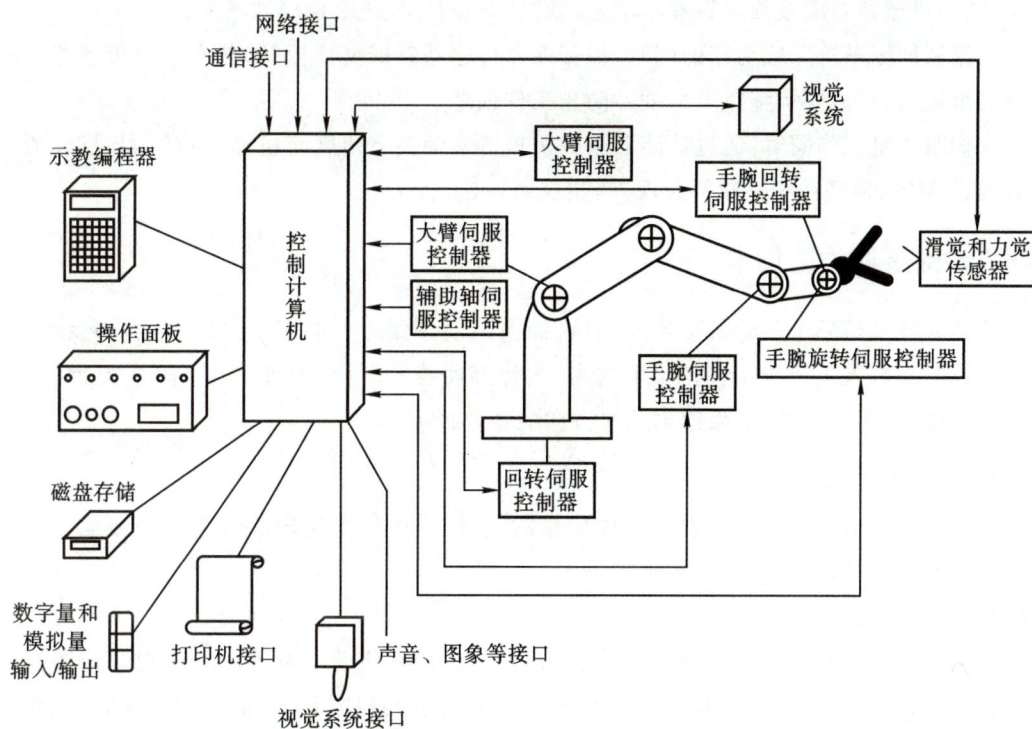

图 6 - 12 工业机器人控制系统

机器人的工作原理遵循"感知—决策—规划—控制"的闭环逻辑,以工业机械臂与自主移动码垛机器人的为例,其典型工作流程如下。

1. 环境感知(输入层)

视觉系统:摄像头采集工件图像,通过高斯滤波去噪并校正镜头畸变,利用 CNN 模型识别目标位姿。例如,机械臂视觉引导系统通过 RGB - D 相机重建工件三维模型,定位精度非常高。

多传感器融合:激光雷达扫描环境点云,IMU 数据补偿运动姿态,结合视觉信息构建 SLAM 地图(如 Cartographer 算法)。AMR(自主移动机器人)通过此方式实时探测货架位置与动态障碍物。

2. 决策与规划(处理层)

机器"大脑"首先将要完成的任务进行分解,将"抓取工件 A 并放置到区域 B"分解为路径规划、末端轨迹生成等子任务。

其次,机器"大脑"对各个完成各自任务的动作路径进行规划。如计算全局路径(A * 算法计算无碰撞路径,AGV(智能搬运机器人)从起点到货架的最优路线);根据感知系统数据结果计算局部避障路径(RRT * 算法动态调整轨迹,避开突发障碍物);基于动力学模型对运动轨迹进行优化,生成平滑关节运动曲线,减少机械振动。

3. 动作执行(输出层)

机器"大脑"根据决策规划好的路径数据,控制伺服系统完成动作。通过 PID 调节电机转矩,驱动机械臂末端按预设轨迹移动,实现"抓取工件 A 并放置到区域 B"。

在控制伺服系统完成动作的同时,根据抓力传感器数据反馈控制(如六维力传感器实时监测夹爪压力,自适应调整抓取力度),防止工件损坏。

在伺服系统工作同时,通过传感器获取机械臂实际关节角度与机械手位置,与目标值对比后通过 MPC 模型预测控制补偿误差,实现闭环校正。

6.3.5 机器人关键技术

机器人技术是一个多学科交叉的领域,涵盖从硬件到软件的多个关键方面,涉及机械、电子、自动控制、人工智能、运动学、生物力学、传感器技术、信息处理、仿生学、神经网络、材料科学等许多学科领域。下面给出几个方向的主要技术。

1. 感知技术

感知技术是机器人获取和理解环境信息的基础,它可以给应用层带来更多可能。一般可分为视觉感知、听觉感知和触觉感知等大类。

1)视觉感知技术

机器人视觉感知技术包括硬件传感器的研发、软件算法的研发等。主流视觉传感器系统包括单目、双目立体、全景、混合等。依据不同的应用场景选择合适的传感器配置,从而得到目标视觉信息的全周期、全覆盖。

单目视觉系统仅使用一个摄像头,由于三维空间的深度信息在成像过程中丢失,这种系统无法直接测量物体的距离,通常依靠其他技术或算法间接估计深度。单目系统的视角取决于摄像头镜头的参数,通常视角有限,但可以通过调整镜头来改变,广泛应用于目标跟踪、室内定位导航等不需要非常高精度深度信息的场合。

双目视觉系统通过两个摄像头模仿人眼的体视功能,利用三角测量原理获得场景的深度信息,可以比较准确地恢复视觉场景的三维形状和位置,如图 6-13 所示。双目系统的视角较宽,因为两个摄像头从不同角度捕获图像,有助于深度信息的获取。用于需要高精度深度信息的应用,如移动机器人的定位导航、避障和地图构建。

全景视觉系统是具有较大水平视场的多方向成像系统,突出的优点是有较大的视场,可以达到 360°,全景视觉系统可以通过图像拼接的方法或者通过折反射光学元件实现,适合需要大范围监测的应用,但本质上是一种单目系统,无法直接获取深度信息。适用于机器人导航和某些监控任务,需要大范围监视但不需深度信息的场景。

混合视觉系统结合了多种视觉系统的优点,例如单目或双目视觉系统与其他传感器,如激光雷达的结合,能够同时提供宽广的视场和精确的深度信息。混合系统的视角取决于组合的各个传感器,可以实现广角监测同时也能精确测距。混合系统结构配置复杂,需要多种传感器的配合,多用于复杂的应用环境,如自动驾驶,既需要广阔的视野又需精确的障碍物检测与测距。

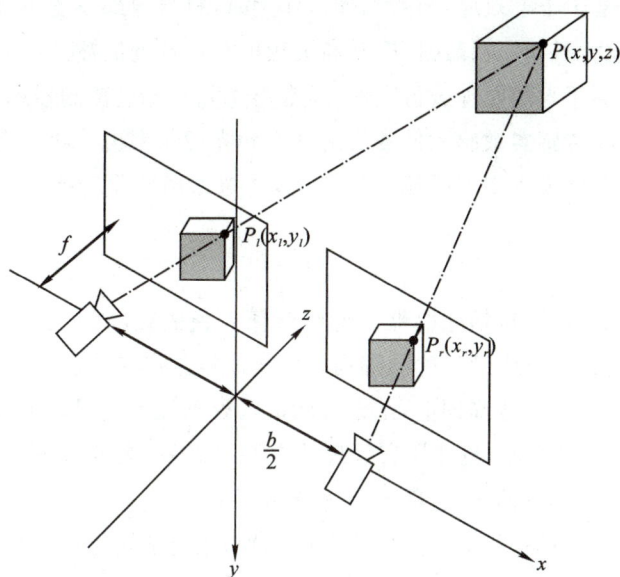

图 6-13　双目视觉系统原理

2）触觉感知技术

机器人的触觉感知能力是实现与物体之间柔性交互的重要部分。触觉感知技术是现代机器人领域的关键技术，它模拟人类的触觉，使机器人能够更智能地与环境和人类进行交互，如图 6-14 所示。触觉传感器根据其信号转换机制的不同，可以分为多种类型，每种类型具有不同的工作原理和应用场景。

图 6-14　机器人的触觉感知

压阻型传感器：利用弹性体材料的电阻率随压力变化的性质制成。当外力作用在传感器上时，弹性体发生形变，导致电阻变化，进而将机械刺激转化为电信号。

电容型传感器：利用两极板间电容的变化来检测受力信息。当外力作用于传感器时，两极板间的相对位置或介质厚度发生变化，导致电容值变化，通过检测电容变化量来获取受力信息。

压电型传感器：基于压电效应，当受到外力作用时，材料内部发生电极化现象，从而产生电信号。常用的压电材料如锆钛酸铅，因其高灵敏度和快速响应被广泛采用。

光电式传感器：利用光学原理进行工作，通常由光源和光电探测器构成。当施加在界面上的压力发生变化时，传感器敏感元件的反射强度和光源频率也会相应变化。

磁导式传感器：在外力作用下磁场发生变化，并把磁场变化转换为电信号，以此感受接触面上的压力信息。

3）听觉感知技术

机器人听觉感知的应用包括让机器人能够听懂人说的话，此时需要在机器人系统上增加声波传感器、语音接口，对应的传感器阵列可以全面接收声音信息，解析复杂的声波频率，提取连续自然语言中单独语音和词汇，结合自然语言处理技术实现人机语音交互。自 Chat-GPT 等大语言模型、语音智能、自然语言处理技术爆发以来，服务型机器人如引导服务机器人、迎宾机器人、展厅讲解机器人、智能音箱等产品广受推崇。

机器人听觉感知，不单单指对于人类语音的识别，还包括通过声音传感器对于一切物体发出声音的判断。相比较机器人视觉感知对于物体判断的简单直接，听觉感知确实是人们一直忽略的领域。

在我们的日常生活场景中，其实除了用视觉来判断物体的远近、颜色和大小之外，我们通常也会用到听觉来识别物体的距离远近、质地，推测事件的发生。声源定位技术也是机器人主要的听觉感知技术之一。例如在巡检任务中，机器人的听觉感知可以帮助其快速定位到异常声源，实时监测工业设备的噪声状态。

4）激光雷达

激光雷达成像可以简单理解为使用激光发射部件向一定视场角 FOV（Field of View）内发射光线，同时使用接收部件接收范围内反射回的光线，利用已知和获取的发射光线与反射光线的相关信息，直接计算或推导出反射点的信息（速度、距离、高度、反射强度等）。

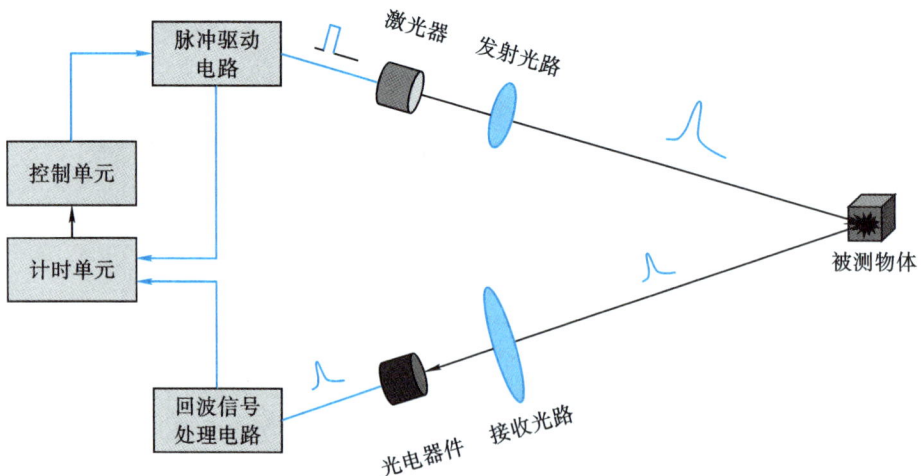

图 6-15 激光雷达 TOF 测试

激光雷达探测技术可以分为 TOF 飞行时间法与相干探测法。如图 6-15 所示,飞行时间(TOF)法通过计算光波发射与返回的时间差来测量目标的距离;相干探测法通过测量发射电磁波与返回电磁波的频率变化解调出目标的距离及速度。

FOV 即视场角,指激光雷达能够探测到的视场范围,可以从垂直和水平两个维度以角度来衡量范围大小。以常见的车载激光雷达为例,垂直 FOV 通常在 25°,形状呈扇形;水平 FOV 可以达到 360°范围,通常布置于车顶;常见的车载半固态激光雷达通常可以达到 120°范围,形状呈扇形,可布置于车身或车顶。

5)多传感器融合

在自动驾驶、移动机器人应用里,当机器人处于未知环境中,移动机器人的运动规划前提是要有精确的自主定位和环境感知,摄像头和激光雷达都可以对环境进行信息感知,同时配置两者在一定程度上可以做到信息互补,补完路况中的不确定性。将摄像头与激光雷达产生的信息进行融合,利用冗余互补的信息形成更全面、更可靠的感知结果。

机器人感知技术的发展趋势指向更加智能化、综合化的方向。多模态感知融合技术将视觉、触觉、听觉等多种感知方式结合起来,使机器人在复杂多变的环境中具备更强的适应性和决策能力。深度学习的应用推动了感知技术的快速进步,通过大量的数据训练,机器人可以更准确地识别和处理复杂的感知信息。

2. 算法与模型

机器人算法是机器人实现各种功能的核心,它决定了机器人的行为和性能。下面介绍几种常用的机器人算法原理,包括路径规划算法、定位算法和运动控制算法,不同的算法适用于不同的应用场景。路径规划算法用于机器人在环境中找到最优路径,定位算法用于确定机器人的位置,运动控制算法用于控制机器人的运动。在实际应用中,需要根据具体需求选择合适的算法,并进行优化和改进,以提高机器人的性能和可靠性。

1)路径规划算法

路径规划是机器人在环境中找到从起始位置到目标位置的最优路径的过程。常用的路径规划算法有以下几种。

(1)Dijkstra 算法,该算法是一种用于求解图中最短路径的算法。它通过维护一个距离源点距离最短的顶点集合,不断扩展这个集合,直到目标点被加入集合中。

(2)A * 算法,该算法是一种启发式搜索算法,它在 Dijkstra 算法的基础上引入了启发函数,以估计从当前顶点到目标顶点的距离。通过综合考虑实际距离和估计距离,A * 算法可以更快地找到最优路径。

(3)RRT(Rapidly - exploring Random Trees)算法,该算法是一种基于随机采样的路径规划算法。它通过在环境中随机采样点,并逐步扩展一棵树,直到树中包含目标点。

2)定位算法

定位是机器人确定自身在环境中的位置的过程。常用的定位算法有以下几种。

(1)航迹推算,通过测量机器人的运动参数(如轮速、加速度等),来估计机器人的位置和姿态。它基于运动学模型,通过积分运动参数来计算机器人的位置变化。

(2)基于传感器的定位,利用各种传感器(如激光雷达、摄像头、超声波传感器等)来测量机器人与环境中物体的距离或角度,从而确定机器人的位置。

(3)SLAM(Simultaneous Localization and Mapping)算法,SLAM算法是一种同时进行定位和地图构建的算法。它通过机器人在环境中的运动,不断测量环境中的特征,并根据这些特征来估计机器人的位置和构建环境地图。

3)运动控制算法

运动控制是机器人实现各种运动的过程。常用的运动控制算法有以下几种。

(1)PID控制,PID控制是一种基于比例、积分和微分的反馈控制算法。它通过比较实际输出与期望输出之间的误差,计算出控制信号,以调整系统的输出,使其接近期望输出。

(2)模型预测控制,模型预测控制是一种基于模型的优化控制算法。它通过预测系统未来的输出,根据优化目标函数计算出最优控制信号,以实现对系统的控制。

(3)模糊控制,模糊控制是一种基于模糊逻辑的控制算法。它通过将输入变量模糊化,根据模糊规则进行推理,得到模糊控制输出,再将模糊控制输出解模糊化,得到实际的控制信号。

3. 自主控制体系

传感器与驱动器是机器人的基础,如同人的感官与肌肉,仅有这些组件,机械臂仍无法自如工作。就像人虽然有眼睛、耳朵等感官,但若没有大脑来接收、处理感官信号,并发出神经信号驱使肌肉运动,四肢将无法动作。同样,传感器输出的信号必须经过某种处理才能发挥作用,而驱动电动机也需要稳定的驱动电压和电流才能正常工作。机器人控制系统,如同人类大脑与神经系统,由硬件和软件共同组成,承担着接收传感器信号、处理并驱动电动机的重任,将传感器信号转化为精准动作。常见机器人控制体系架构有如下几种。

1)集中程控架构

传统的机器人大都是工业机器人。它们通常工作在流水线的一个工位上,每个机器人的位置是已知、确定的;设计者在每台机器人开始工作之前也很清楚他的工作是什么,他的工作对象在什么位置。这种情况下,对机器人的控制就变成了数值计算,或者说"符号化"的计算。例如,我们通过实地测量可以得到一台搬运机器人的底座的坐标;再通过空间机构几何学的计算(空间机器人的正解、逆解),可以得到机器人的各个关节处于什么样的位置的时候其末端的搬运装置可以到达给定位置。这样,机器人控制策略设计者是在一个静态的、结构化的、符号化的环境中编写策略;他不需要考虑太多的突发情况,至多需要考虑一些意外,例如利用简单的传感器检测应该被搬运的工件是否在正确的位置,从而决定是否报警或者停止工作等。

这类机器人通常有一个单独的控制器。这个控制器收集从机器人各个关节、各个附加传感器传送来的位置、角度等信息,通过控制器处理后,计算机器人下一步的工作。整个机器人是在这个控制器的控制下运作,对于一些异常的处理也在程序的设定范围内。图6-12是一个典型的采用集中式系统架构的移动机器人框图,控制器是一台PC机。

集中式程控架构的优点是系统结构简单明了,所有逻辑决策和计算均在集中式的控制器中完成。但是,假设我们要设计一个在房间里漫游的移动机器人,房间的大小未知;并且我们也无法准确地得到机器人在房间中的相对位置,这种架构将无法获得足够的信息,并且无法处理未知的突发情况。

因此对于工业机器人之外的其他机器人,发展出了分层式控制架构、包容式架构,以及混合式架构等更适合其特点的控制架构。

2)分层式架构

分层式架构是随着分布式控制理论和技术的发展而发展起来的。分布式控制通常由一个或多个主控制器和很多个节点组成,主控制器和节点均具有处理能力。其中心思想是,主控制器可以比较弱,但是大部分的非符号化信息已经在其各自的节点被处理、符号化,再传递给主控制器来进行决策判断。

分层式架构是基于认知的人工智能模型,因此也称之为基于知识的架构。在 AI 模型中,智能任务由运行于模型之上的推理过程来实现,它强调带有环境模型的中央规划器,它是机器人智能不可缺少的组成部分,而且该模型必须准确、一致。分层式架构是把各种模块分成若干层次,使不同层次上的模块具有不同的工作性能和操作方式。

分层式架构中最有代表性的是由 20 世纪 80 年代智能控制领域著名学者萨里迪斯(Saridis)提出的三层模型。萨里迪斯认为随着控制精度的增加,智能能力减弱,即层次向上智能增加,但是精度降低,层次向下则相反。按照这一原则,他把整个结构按功能分为三个层次,即执行级、协调级和组织级。其中,组织级是系统的“大脑”,它以人工智能实现在任务组织中的认知、表达、规划和决策;协调级是上层和下层的智能接口,它以人工智能和运筹学实现对下一层的协调,确定执行的序列和条件;执行级是以控制理论为理论基础,实现高精度的控制要求,执行确定的运动。需要指出的是,这仅仅是一个概念模型,实际的物理结构可多于或少于三级。信息流程是从低层传感器开始,经过内外状态的形势评估、归纳,逐层向上,且在高层进行总体决策;高层接受总体任务,根据信息系统提供的信息进行规划,确定总体策略,形成宏观命令,再经协调级的规划设计,形成若干子命令和工作序列,分配给各个控制器加以执行。

为了实现对智能焊接机器人的各功能子系统的有效管理和协调,华中理工大学设计了智能焊接机器人系统,采用了分层递阶结构,如图 6-16 所示。该智能焊接机器人系统具有 4 个层次结构:执行层、管理层、协调层和监控层。这种智能分层结构的焊接机器人系统对于分解人工焊接时观察、决策与操作行为,如焊接环境识别、焊接任务规划、初始焊接位置的寻找、焊缝的跟踪和识别,以及各个功能子块的性能协调和信息综合是较为合适的。

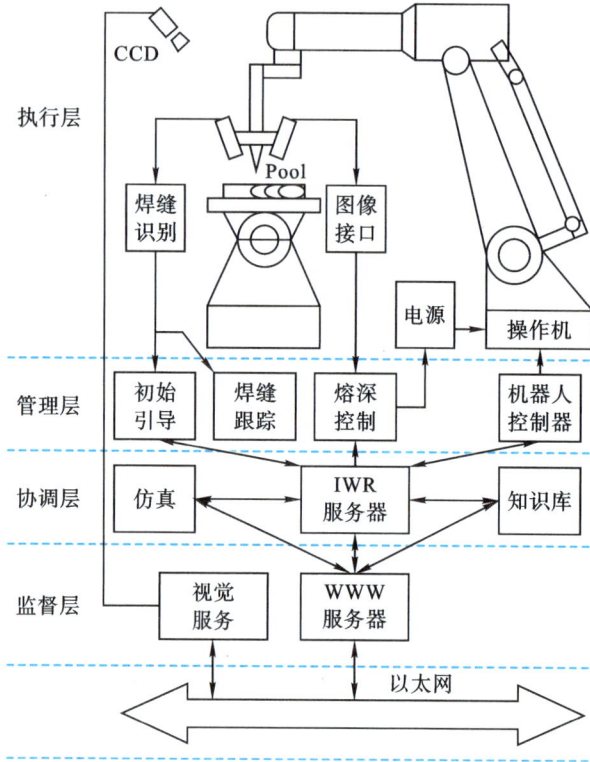

图 6-16　分层式架构机器人

3）包容式架构

假设我们的机器人是在一个理想的环境中运行，地面是绝对水平的，墙壁是绝对垂直的；传感器是没有误差的，机器人的轮子也是不会打滑的。基于此，我们可以精确地通过传感器得到机器人的位置，以及与周围环境的相对关系，从而根据程序做出决策。

但是事实上情况完全不是这么理想，再平坦的地面也会有起伏，更不要说野外的地形环境。由于机器人在真实世界中往往会遇到事先完成的程序规划所没有考虑到的问题。因而，预先规划好的决策程序，在实际中会遇到各种各样的麻烦而根本无法像我们设想的那样工作。

包容式架构和基于行为的机器人控制模型就是主要为了解决这一问题而产生的。美国麻省理工学院的布鲁克斯（Brooks）从研究移动机器人控制系统结构的角度出发，提出了基于行为的体系结构——包容式体系结构（Subsumption Architecture）。与分层式体系结构把系统分解成功能模块，并按感知—规划—行动（Sense-Planning-Action，SPA）过程进行构造的串行结构不同，包容式体系结构是一种完全的反应式体系结构，是基于感知与行为（Sense-Action，SA）之间映射关系的并行结构，其中每个控制层直接基于传感器的输入进行决策，在其内部不维护外界环境模型，可以在完全陌生的环境中进行操作，结构如图 6-17 所示。

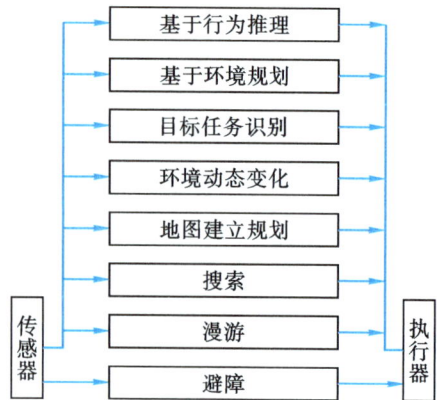

图 6-17　包容式体系结构

在基于行为的模型中,参与控制的是各异的、并有可能不兼容的多个行为,每个行为负责机器人某一特定目标的实现或维护,如跟踪目标或避障等。多个行为往往可能产生互相冲突的控制输出命令。因而系统首先需解决的一个问题是多行为的协作,即通过构造有效的多行为活动协调机制,实现合理一致的整体行为。

4)混合式架构

包容式架构强调模块的独立、平行工作,虽然在局部行动上可显示出灵活的反应能力和鲁棒性,但缺乏全局性的指导和协调,对于长远的全局性目标跟踪显得缺少主动性,目的性较差,它的致命问题是效率。因此对于一些更加复杂的应用,可能需要混合式架构,以融合程控架构和包容式架构/行为模型的优点,尽量避免它们各自的缺点。

通常,混合式架构在较高级的决策层面采用程控架构,以获得较好的目的性和效率;在较低级的反应层面采用包容式架构,以获得较好的环境适应能力、鲁棒性和实时性。

Gat 提出了一种混合式的三层体系结构,分别是反应式的反馈控制层(Controller),反应式的规划——执行层(Sequencer)和规划层(Deliberator)。博创科技推出的 UP - Voyager II A 机器人即采用了基于行为的混合分层控制架构,该架构包括用户层、自主规划决策层、行为层和执行控制层四个层次。用户层主要处理用户与机器人的交互;主要用于传递给用户必要的信息并接受用户的指令;自主规划决策层完成一些高层的自主决策,例如遍历房间,或者移动到给定位置而不碰到突然出现的障碍物;行为层包括避碰、低电压保护、扰动、逃离等一些行为,可以不在上层的控制下自主执行。执行控制层则是把传感器的非符号化数据转变为符号化数据供上层读取,或者用自动控制理论和方法高速地控制执行器的运作。图 6 - 18 是一个典型的混合式架构的系统框图。

随着研究的深入,未来的机器人将不仅仅是执行命令的工具,而是成为能够理解人类意图和情感,与人类协同作业的智能伙伴。

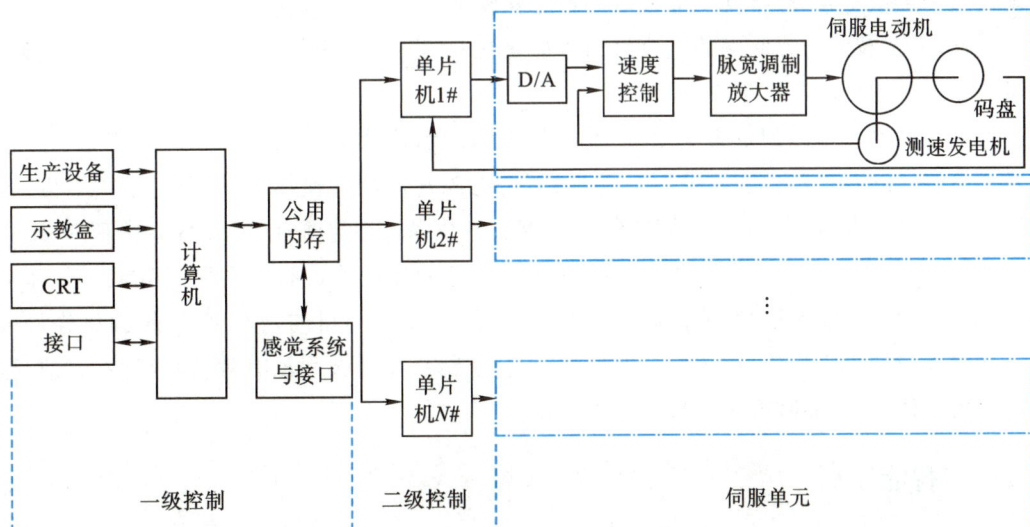

图 6 - 18 混合式的三层架构

第7章 人工智能相关应用

7.1 AI+互联网

随着移动互联网技术的发展,万物互联成为现实。人工智能技术可以为物联网提供智能化的数据处理、决策支持和自动化控制能力,从而实现更高效、智能和可持续的物联网应用。

人工智能与物联网的结合具有重要的研究意义和实际应用价值。首先,通过将人工智能技术应用于物联网中的传感器和设备,可以实现智能化的数据分析和预测能力,提升物联网设备的智能水平,为用户提供精准、个性化的服务。其次,人工智能与物联网的结合可以实现智能决策和自动化控制,优化资源配置和提高效率,对于企业和组织的运营与管理具有重要意义。此外,人工智能技术在智慧城市和智能交通中的应用,能够改善城市居民的生活质量、提高交通通行效率。最后,人工智能与物联网的结合推动了工业互联网的发展,实现智能制造和供应链管理,推动工业领域的数字化转型。

因此,人工智能与物联网的结合将为智能化社会的建设和发展带来巨大的潜力与机遇,促进各个领域的创新和进步。

智能物联网从提出到发展至今,已经从最开始的示范展示与试用阶段发展至完全连接的实用阶段,在防灾减灾、资源控制与管理、新型能源开发与管理、食品安全与公共卫生、智慧医疗与健康养老、生态环保与节能减排、新型农业技术运用与管理、城市智能化管理、现代物流、国防工业等领域发挥了巨大作用。我国在上述领域已形成智能电网、智能交通、环境监测、公共安全、智能家居、智能医院等(420多个)示范工程项目的物联网目录,并已经形成相应的试点与样板工程项目,这对全面推进信息化建设、用科技手段有效防止/抑制腐败、建立国家安全体系、节能减排等产生了重大作用。

7.1.1 智能家居

智能家居是在互联网、物联网、人工智能等先进技术的支撑下,通过智能硬件、软件系统、云计算平台等将家中的各种设备(如家电、照明系统、窗帘、安防设备、影音设备等)连接起来,实现设备之间的互联互通、自动化运行、远程控制以及智能化管理的家居环境。智能家居使用不同的方法和设备来改善人们的生活能力,使家庭变得更舒适、安全和高效。近年来,中国智能家居市场规模不断扩大。2023 年市场规模在 5800 亿元左右,较 2022 年增长 12.75%。随着智能家居概念的普及和消费者对于智能化生活的需求增加,智能家电行业得到了快速发展。

1. 智能门锁

依托指纹、人脸、虹膜等生物识别核心技术优势,智能门锁可以为我们的生活提供更多便捷。图 7-1 为具有多种开锁方式的某品牌智能门锁。首先,以生物特征作为开锁依据可以避免传统门锁因忘带钥匙而产生的麻烦;其次,智能门锁在安全防御方面也更出色,在使用的过程中主人可以将自己及其家庭成员的生物特征录入门锁系统之中,这样家人都能轻松开启大门,但是一旦遇到外人尝试非法入侵,在连续错误的情况下就会触发警报装置,为家庭安全提供更深层的保障;另外,联网的智能门锁还可以实现远程操控,轻松为可信赖人员远程开锁,在发生紧急情况时,这种便捷性尤其重要。随着家庭安防意识的提高以及智能家居管理及应用的普及,人们对智能门锁的需求高涨,精装修市场中的智能门锁配置率也逐步上涨。

图 7-1　具有多种开锁方式的智能门锁

2. 智能音箱

随着冰箱、电视机、空调、电灯、窗帘、扫地机等家居产品越来越智能化,智能语音交互逻辑使智能音箱理论上能集成所有服务,给更多的家居产品赋能。例如,百度“小度在家”已经接入很多公司的智能窗帘、智能插座、智能灯,以及空调、冰箱等智能设备,以此来实现全语音控制家里的设备,而小米“小爱”和阿里“天猫精灵”也一样都具有类似的功能,用户只需说一句话,就能控制全家的智能家居产品,如打开电灯、电视机,让扫地机工作或停止,或是躺在床上开启窗帘等,依靠语音控制技术,这样的脱离手机的智能交互方式已经被广大用户接受和依赖。IDC 发布的《中国智能音箱设备市场月度销量跟踪报告》显示,我国智能音箱市场在 2019 年经历了爆发式发展,全年我国智能音箱市场出货量达到 4589 万台,同比增长

109.7%。

3. 智能窗帘

智能窗帘是伴随着传统窗帘应运而生的高科技产品,因其具备使用方便、智能、简约等特点而不断得到大部分人的喜爱。智能窗帘产品不但通过红外线、无线电遥控或定时控制实现了自动化,而且运用阳光、温度、风力电子感应器实现了产品的智能化操作。智能窗帘能定时拉开或关闭,也能一键随意开或闭。智能窗帘在不同时间段能自由控制关或开,如遇到下雨天,智能窗帘可以自动关闭。智能窗帘使用很广泛,如在酒店、会议室、体育馆等,尤其在大型住宅和别墅,用户可以轻松实现窗帘的开闭。根据 Fact.MR 发布的一份报告,全球智能窗帘市场预计到 2031 年复合年增长率将达到 23%。

7.1.2　智能电表

智能电表是电力系统的智能终端,除了具备传统电能表基本用电量的计量以外,还具有双向多种费率计量、用户端控制、多种数据传输模式的双向数据通信、防窃电等智能化的功能,而且样式和外观也更加美观,兼备了功能性、智能性和艺术性的特点。图 7-2 所示是某新型智能电表。

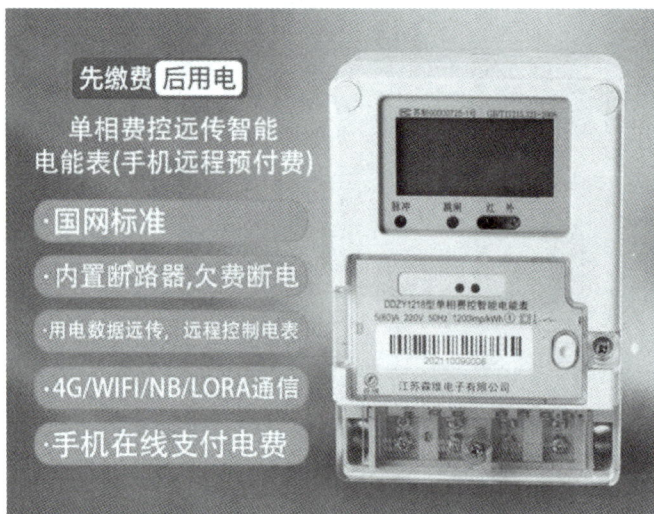

图 7-2　某新型智能电表

智能电表采用"先缴费后用电"的模式,这种模式通过预付费的方式,用户需要先充值电费后才能使用电力。具体操作流程如下。

充值方式:用户可以通过手机远程充值,使用微信绑定电表户号进行缴费或预缴电费。此外,用户也可以前往供电局各辖区营业厅办理电费缴费或预缴电费。

使用流程:用户充值后,系统会自动将电费存入用户的用电客户号中。当用户用电时,系统会实时扣费,确保用户账户中的余额始终保持充足。如果账户余额不足,系统会自动发出预警信息,并在余额为 0 时切断电力供应,直到用户缴费后才会恢复供电。

系统管理:智能电表系统具有自动抄表和计算电费的功能,每天自动记录用电量并计算电费。当电费可用余额小于日均费用的 3 倍时,系统会发出预警信息;当余额为 0 时,系统会自动停电。

7.1.3 智能制造应用

智能制造是一个与工业物联网密切相关的概念,它指的是使用物联网机器来监控并最终改进生产流程。工业 4.0 成功的关键之一是为机械设备赋予物联网连接能力。在生产环境中采用物联网设备,工业企业便能将多个数据组纳入业务实践中,并在设备的整个生命周期中保障系统正常运作。例如,在智能工厂中的设备通过接入物联网,其设备运行数据可通过传感器实时采集传递,辅助智能管理系统,就能实时掌握设备运行状态,并能够根据历史数据,预测设备维护时间,用户就能够主动进行设备维护,避免因设备问题造成停工。例如,如果温度超过阈值,用户将收到警报,这样就可以在设备实际发生故障之前解决问题。预测性维护优化了资产性能,降低了运营成本,同时也延长了设备的使用寿命。

7.2 AI+医疗

随着科学技术与生活水平的快速提高,人们对于医疗健康的需求也发生了变化,更加追求高品质、个性化的医疗与健康服务。优质的资源主要集中在大中城市,配置不够均衡,医疗质量地区差异较大。部分基层医院的医疗水平仍停留在较低水平,尤其是一些偏远地区,医疗供求矛盾更加突出,甚至无法普及基本的医疗保障服务。

"人工智能+医疗"就是利用机器或软件描述、模仿人类大脑的智慧,在医疗健康领域,通过信息技术支撑,协助医疗从业人员来改善患者的就医体验和治疗效果。人工智能能够彻底地分析和记忆医疗知识,提供更加优质的临床和药物建议。"人工智能"有能力及时给内科医生和研究人员提供储存在电子医疗记录中与临床相关的、实时的、有价值的信息。"人工智能"还可以提供一些创新的、自动的、甚至打破地理区域限制的医疗方式与方法。

高效的人工智能医疗系统还可以代替医生做一些重复性高且比较繁琐的工作,比如影像和病理检查方面,可以缩短检查时间、节省医疗资源。人工智能强大的学习能力更是能够让智能医疗系统不断自我优化,提高诊断效果。因此,人工智能技术与医疗健康的融合,将彻底改变,甚至颠覆传统的医疗健康行业,必然成为未来医疗健康领域的发展方向。

人工智能与医疗健康行业本身契合度高,且它们两者的结合具有极高的社会价值和商业价值。因此,进入 21 世纪以来,各大企业纷纷加入智能医疗健康研发领域,涌现出一系列有代表性的成果。表 7-1 是一些比较著名的医疗专家系统。

表 7 - 1 著名的医疗专家系统

医疗专家系统	研发单位	说明
AAPHelp	英国利兹大学	腹部剧痛的辅助诊断以及手术的相关需求
CASNET	美国拉特格斯大学	青光眼的诊断,指导思想还适用于其他疾病的诊断
INTERNIST	美国匹兹堡大学	内科复杂疾病的辅助诊断
PIP	美国麻省理工学院	肾脏病医疗诊断
iCurve E 智能放疗勾画系统	广州柏视医疗科技有限公司	放射治疗中靶区与危及器官的精准、高效勾画
联影医疗	上海联影医疗科技股份有限公司	智能放射影像分析系统,医学影像软件
贝瑞基因	北京贝瑞和康生物技术有限公司	利用 AI 算法辅助遗传病和肿瘤早筛

　　IBM 公司是最早将人工智能应用于医疗健康领域的科技巨头之一,其研发的 Watson 系统是人工智能领域的翘楚,2011 年 Watson 系统因"危险边缘(Jeopardy!)"智力挑战赛而赢得了全球关注。随后,Watson 凭借其强大的自然语言处理、知识表示和机器学习的能力,进入医疗健康领域。它可以在 17 秒内阅读 3469 本医学专著、248 000 篇论文、69 种治疗方案、61 540 次试验数据、106 000 份临床报告。2012 年,Watson 通过了美国执业医师资格考试,并部署在美国多家医院提供辅助诊疗的服务。2014 年,IBM 公司投资 10 亿美元成立 Watson 集团,次年 4 月又专门成立了 WatsonHealth 部门。IBM 公司收购了大量医疗健康大数据提供商、分析商,并与传统医疗器械和药物生产商、销售商,以及德州大学 MD 安德森癌症中心(MDAndersonCancerCenter)、纪念斯隆-凯特琳癌症中心(MemorialSloan - Ket-teringCancerCenter,MSKCC)、克利夫兰诊所(ClevelandClinic)等著名医疗机构开展了广泛的合作。IBMWatson 选择复杂癌症的诊断和治疗作为其主攻方向,癌症专家向 Watson 输入大量病历研究信息对其进行训练,使其成为一名癌症医学专家,协助医生诊断肿瘤,并为患者提供个性化的治疗方案。2016 年,Watson 肿瘤解决方案进入中国市场。

　　谷歌公司在智能医疗健康领域也做了大量的资金投入。2015 年,谷歌公司成立母公司 Alphabet,下属的 Verily、DeepMind 和 Calico 三家子公司专注于医疗健康项目。Verily 承担了大部分的医疗任务,DeepMind 致力于寻找人工智能在医疗健康领域的应用方式,Calico 专注于研究衰老及其他年龄相关的疾病。

　　中国智能医疗健康领域的研究虽然比发达国家晚,但是发展速度却十分迅猛,百度、阿里巴巴、腾讯三巨头都针对智能医疗健康做出各自部署。

　　百度于 2010 年正式进军智能医疗行业,它与"好大夫在线"达成合作,通过"好大夫在线"平台向用户推送医疗知识。2013 年,百度云联合咕咚网推出咕咚智能手环,具有运动状况提醒、睡眠监测、智能无声唤醒功能。2015 年 1 月,百度正式成立移动医疗事业部,旗下有

Dulife 智能硬件平台、百度健康、拇指医生、百度医生、百度医学、百度医疗大脑、药直达等业务，希望通过大数据与线下医疗产业关联起来。2019 年 6 月，百度与东软集团达成合作，共同升级医院信息系统（HospitalInformationSystem，HIS），研发临床辅助决策支持系统（ClinicalDecisionSupportSystem，CDSS）。

阿里巴巴从医药电商入手。2014 年 1 月，阿里巴巴通过收购中信 21 世纪，开启其智能医疗的发展之旅，同年 10 月，中信 21 世纪正式更名为阿里健康。阿里巴巴在健康领域的投资和布局，基本都是由阿里健康完成。阿里健康与药店、医院、物流、支付等展开广泛合作，在医药电商、产品追溯、智慧医疗和健康保险等领域全面布局，以期望形成全产业链、全流程的医疗健康体系。2017 年 3 月，阿里云宣布推出了 ET 医疗大脑计划，ET 医疗大脑通过大量学习医学数据和人工智能技术，在医学影像、药效挖掘、新药研发、健康管理等领域充当医生的虚拟助手。

腾讯在智能医疗健康领域的发展也延续了其"连接一切"的原则。2014 年腾讯上线了微信智慧医院，以公众号＋微信支付为基础，实现了预约挂号、问诊检查、电子报告、线上缴费、医嘱提醒等一条龙服务。2015 年，腾讯推出智能硬件产品"糖大夫"血糖仪，用于糖尿病管理。2016 年 3 月，腾讯腾爱医生与九大医生集团签约，共同打造医疗信息管理平台，完成了智能慢性病管理闭环的连接。同年 6 月，腾讯与其他企业合资成立企鹅医生。2017 年 8 月，腾讯发布了首个人工智能医学影像产品——腾讯觅影，具有 AI 医学影像和 AI 辅助诊疗两大功能。2018 年 6 月，腾讯开放了腾讯觅影的人工智能辅助诊疗引擎，这是国内首个开放的辅诊平台，助力医院的 HIS 系统。8 月，企鹅医生与杏仁医生合并为企鹅杏仁。2019 年，腾讯又发布腾讯医典。腾讯围绕腾讯微信智慧医院、腾讯觅影、企鹅医生、腾讯医典等成果，打造形成了一个完整的智能医疗健康生态圈。

7.2.1　智能诊断决策

诊断决策包含正确诊断、制定方案、合理用药等过程，需要做到准确、全面、连续才能达到预期的治疗效果。传统上，诊断决策大都是通过问诊、把脉、检查等多种方法了解患者的具体身体情况，再由医生凭借自身的医学知识、临床诊断经验和逻辑分析能力，对病情进行分析判断，进而做出相应的诊断决策。这种诊断决策方法的有效与否很大程度上取决于医生的业务水平，主观因素影响较大。人类所患疾病多样多变，有时医生诊断失之毫厘，后期治疗将会谬以千里。智能诊断决策系统可以部分或全部地完成诊断决策工作，不仅可以减轻医生的工作量，而且能够减少错诊、漏诊，提高诊断的准确性，自主寻找最适合患者的治疗方案，做到因人制宜、因病而治的个性化治疗。

影像检查可以更加准确、直观地观察出患者的发病状况，是目前医生进行诊断的重要手段，也是诊断决策中的一个重要环节。有统计数据表明，医疗数据中有超过 90％来自放射成像、超声成像、内镜成像、病理学检查成像等医学影像检查结果。传统人工阅片需要专业的影像医生逐张查看影片，并依据其专业知识和个人经验进行判断，最后出具影像检查诊断报告。这一过程不仅费时，而且主观影响较大，很难做到定量分析，医生长时间工作容易疲劳，影响阅片的准确性。尤其是对于数据量大的影像，比如部分肿瘤病理图像尺寸可达 20 万×

20万像素,其中包含大量的细胞,医生要识别出异常细胞,不仅工作量大,且容易发生漏诊现象。人工智能阅片技术则会由机器完成初步的筛选和判断,再交由医生最后确诊。人工智能技术能够快速地完成筛查,减轻医生的工作量,缩短患者检查所用的时间,同时机器可以完整地查看分析整张影片,高度利用影片信息,得出更精确的诊断建议。

腾讯觅影是目前比较成功的辅助诊断系统。从系统上线至2018年7月,腾讯觅影已累计辅助医生阅读医学影像超1亿张,服务患者90余万人,提示风险病变13万例,已与国内100多家三甲医院达成合作,共建了人工智能联合医学实验室,推进人工智能在医疗健康领域的研究与应用。据报道,腾讯觅影已经能够实现对食管癌、肺癌、乳腺癌、结直肠癌、宫颈癌、糖尿病性视网膜病变的早期筛查。在对疾病进行筛查时,首先,根据实际需要对影像进行预处理,比如去掉影像中存在的不相关部位、对二维平面影像立体化、将影像尺寸色调进行标准化等。然后通过神经网络、深度学习等算法对病变位置进行定位,把位置明确地标识出来。最后,对病变的位置进行识别分析,判断是良性还是恶性病变。图7-3是腾讯觅影进行肺癌早期筛查的流程示意图。

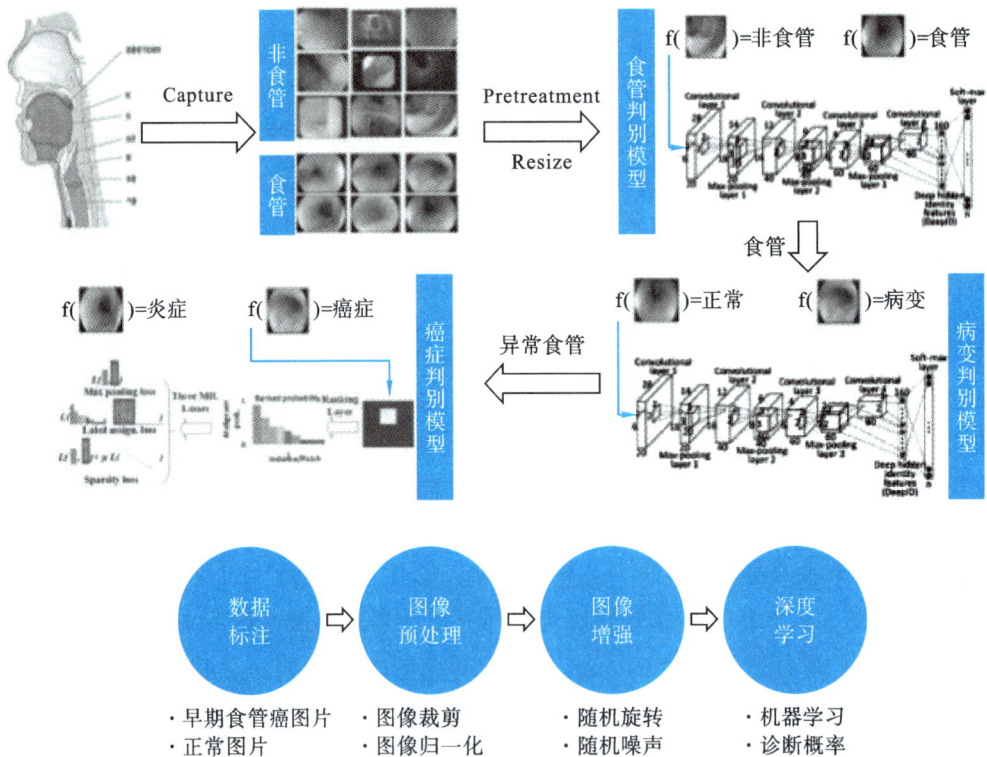

图 7-3 食道癌识别-整体流程及相关技术

医疗决策支持系统方面,IBM公司研发的Watson肿瘤解决方案应用范围较广、认可度也较高,一度被称为肿瘤诊断界的AlphaGo。2016年8月,Watson肿瘤解决方案论坛标示着该系统落地中国。到2018年,Watson肿瘤解决方案已经在世界十多个国家落地应用,中国有八十多家医院也引入了该系统。Watson肿瘤解决方案学习了乳腺癌、肺癌、直肠癌、结肠癌、胃癌、宫颈癌、卵巢癌、前列腺癌、膀胱癌、肝癌、甲状腺、食管癌和子宫内膜癌共 13 种癌症,这 13 种癌症占全球癌症发病率和患病率的 80%。系统使用超过 330 种医学期刊、250 本肿瘤专著以及超过 2700 万篇的论文进行了严格的训练。

　　Watson 肿瘤解决方案在辅助诊断决策时,主要包括三个环节。首先,分析患者的病历,根据所有记录和报告中的结构化和非结构化数据,提取患者的年龄、性别、病史等基本信息,分析治疗过程、复发转移情况等关键数据,这些资料也许会直接影响到具体治疗方法的选择。然后,Watson 就会把患者信息与临床知识、系统训练成果相结合,给出初步治疗建议。最后,Watson 利用它强大的处理器迅速从大量的文献中查找支持证据,给出决策诊断报告。给出的报告会列出符合病人情况的多个诊疗方案,并将其按照优先级排序,同时注明各个方案的循证支持和理论来源。这整个智能诊断决策过程仅需十几秒就能完成。

　　由于技术、数据等多方面的原因,目前世界上尚没有成熟、适用于多种疾病诊断决策的智能医疗系统。现有的辅助诊断系统和决策支持系统都仅适用于有限病种,且都是辅助性的,最终结论还是由医生来签字确认。因此,智能诊断决策的研究和应用之路任重而道远。

7.2.2　智能治疗方法

　　随着医学技术的不断发展,疾病的治疗方法也越来越多样化。中医治疗方法有针灸、推拿、拔火罐、刮痧等外治疗法,还有以中草药疗法为主的内治疗法。西医治疗方法有药物治疗、手术治疗等方法,其中药物治疗又包含口服、外用、注射等多种。目前,在各种治疗方法中都可以看到人工智能技术的身影,但较为成功的则是在麻醉及手术中的应用,可以有效减轻手术引起的痛苦,帮助病人更快更好地恢复健康。如图 7-4 所示为某智能麻醉系统。

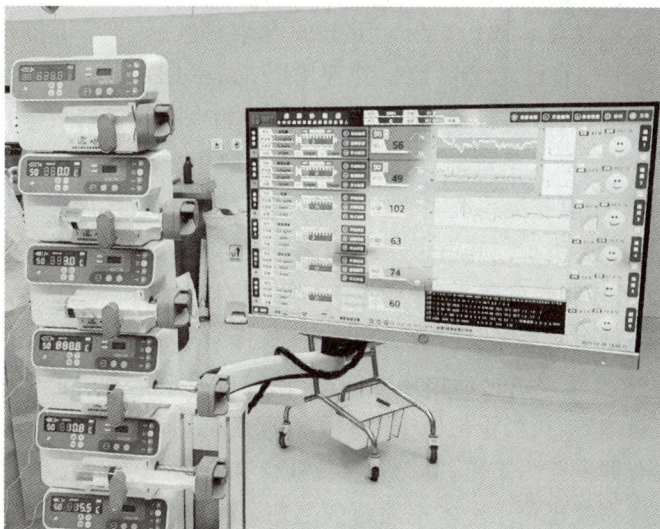

图 7-4　智能麻醉系统

　　麻醉是确保手术顺利进行,保证患者生命安全的重要保障。可以试想一下,没有麻醉的病人在手术室里会由于疼痛而凄厉地哀号,甚至不可抑制地颤动,会因为紧张导致心率加速、血压升高,手术还能够顺利进行吗? 此外,麻醉不仅仅是通过药物使患者局部或全身失去知觉,不再感觉到疼痛,麻醉医生需要对患者的血压、心率、呼吸、电解质等影响机体内环境稳定的几乎所有的生理指标进行实时全面控制,须具备病理生理、药理、麻醉以及各科室的基础和临床医学多学科的知识。目前,我国乃至世界上的专业麻醉医生都严重不足,人工智能技术的出现和应用则为该问题的解决带来了曙光。

智能麻醉是将人工智能技术与麻醉工作相互结合的新兴技术,能够在精、准、稳指标上有效辅助麻醉医生工作,提高麻醉精度和水平。融合人工智能技术的智能麻醉系统能够识别语音、图像等信息,掌握麻醉医生的每一步动作,同时持续监测麻醉的深度,把麻醉过程中各方面的病理数据全部整理到一个数据库,系统内核可以快速对数据进行分析,并给出反馈结果。在麻醉操作不当时,会及时发出警报,并给出相关的具体信息,确保麻醉工作的顺利进行。再进一步,系统能够根据预先输入的患者身高、体重、年龄、过敏史、诊断报告等详细信息,测算出合适的麻醉剂处方以及各成分剂量、患者体内麻醉浓度、麻醉剂输注位置等参数,预测出患者的清醒时间,再由输注子系统根据测算结果自动定位完成输注,维持合适的麻醉深度,系统自动完成麻醉工作。同时,智能麻醉系统还能够管理患者综合生理指标的正常数据和异常数据,并结合生理病理知识以及根据临床病例训练的结果进行多参数分析,实现从患者决定接受手术治疗开始,到手术有关的治疗基本结束,整个围手术期内自动初诊、正常情况的监护和异常情况的警报等工作。

外科手术操作也逐步在向智能化方向发展。内窥镜技术的不断进步使得外科手术更加精准和微创,智能手术机器人的出现更是简化了外科手术的过程,提升了手术的质量和效率。智能手术机器人将空间导航控制系统、医学影像处理系统、机器人等智能系统集成在一起,在外科医生的控制下完成相关手术工作。目前,在医疗界比较有名的智能手术机器人是由 MIT 提出,后来由 IntuitiveSurgical、IBM、Heartport 和 MIT 联合研发的名为达芬奇(DaVinic)的外科手术机器人系统。DaVinic 于 1999 年取得欧洲 CE(Conformite Europeene)安全认证,2000 年取得美国食品与药品监督管理局(Foodand Drug Administration,FDA)批准,是最具影响力的智能手术机器人之一。2006 年,中国也引入了第一台 DaVinic。

DaVinic 外科手术机器人系统的设计理念是通过使用微创的方法,实施复杂的外科手术,本质上就是一个高级腹腔镜系统。它主要由外科医生控制台、床旁机械臂系统、成像系统三部分组成,如图 7-5 所示。其中,外科医生控制台位于手术室无菌区之外,医生不与患者直接接触,而是通过控制台的两个主控制器和脚踏板来控制床旁机械臂系统和成像系统,机械手前端的各种微创手术器械会随着手术医生控制台的双手同步运动。床旁机械臂系统位于手术室无菌区内,是 DaVinic 的操作部件,机械臂可以模仿人手的七个自由度,按功能可以分为器械臂和摄像臂,相当于把医生的双手和眼睛同时直接放入患者身体内部。床旁机械臂系统周围会有助手医生工作,负责更换器械和内窥镜,必要时可以强行控制机械臂以确保手术安全。成像系统也位于手术室无菌区之外,其内部装有手术机器人的核心处理器以及图像处理设备,可以由护士进行操作。

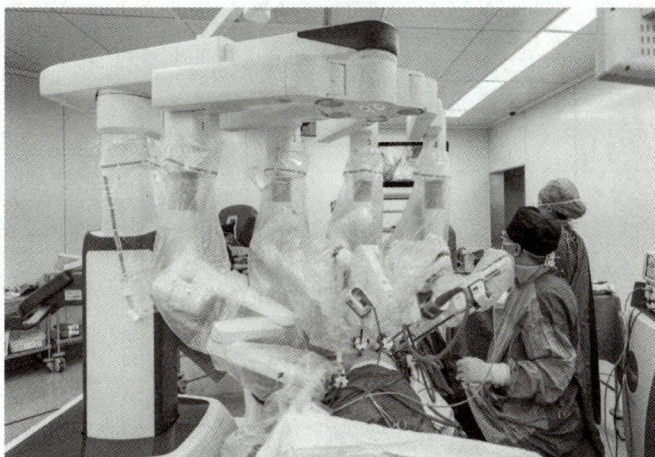

图 7 - 5　2024 年浙中西部首台达芬奇手术机器人"上岗"

DaVinic 手术机器人系统可以用于成人和儿童的普通外科、胸外科、泌尿外科、妇产科、头颈外科以及心胸外科的手术。与普通腔镜手术相比，DaVinic 的内窥镜为高分辨率三维镜头，可以将手术视野放大 10～15 倍，使手术精确度大幅提高，创口明显减小，利于患者术后修复。但是，DaVinic 手术机器人也存在不足之处，比如没有触觉反馈、存在安全隐患、患者信任度不够等。另外，它只是一个"具有机器人特色的手术工具"，处于手术机器人的初级阶段，在许多技术性能方面还有很大的提升空间。

由机器人本体、3D 电子腹腔镜、镜头、机器人关节模组、智能控制算法构成的新型腔镜手术机器人，可以高度灵活地操作腕式手术器械，3D 腹腔镜头也提供了高清手术视野，使一些原本高难度的腔内手术操作变为现实和简化，同时减少了术中出血量，有效降低术后并发症发生概率，缩短了住院时间，提高患者术后生活质量。

MIT 设计的微型纳米输送机器人，可以携带药物进入肿瘤或其他疾病部位，实现最小有效剂量定位靶向给药。另外，磁性纳米机器人可以在外磁场和磁力作用下，穿越血管壁，克服血流阻力、血管壁阻碍，甚至血栓等障碍，实现精细、精确、精准治疗。

7.2.3　意念控制"手随心动"——脑机接口

大家还记得电影《阿凡达》吗？前海军陆战队员杰克化身"阿凡达"，在美丽的潘多拉星球活动，用的就是脑机接口技术。

脑机接口是指在有机生命形式的脑与具有处理或计算能力的设备之间，创建用于信息交换的连接通路，实现信息交换及控制。脑机接口技术是人与机器、人与人工智能交互的终极手段，也是连接数字虚拟世界和现实物理世界的核心基础支撑技术之一，同时其与量子计算、云计算、大数据等信息通信(ICT)技术的结合将成为各领域新的重要研究方向。

一个完整的脑机接口过程主要包括五个步骤实现：脑信号采集、脑信号处理与解码、控制接口、机器人等外设、神经反馈。其实现结构及原理如图 7 - 6 所示。

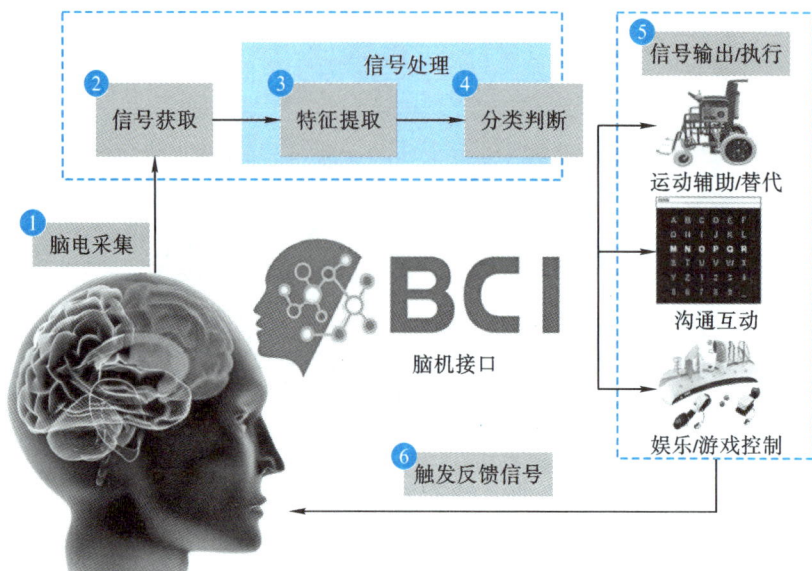

图 7-6　脑机接口实现结构及原理

　　回归现实,脑机接口技术有了新突破。我国科学家自主研发的"北脑二号"在 2024 中关村论坛上正式亮相,填补了国内高性能植入式脑机接口技术的空白。一片小小的薄膜,牵着柔软细丝,成功地将猕猴的所思所想转化为机械臂的动作,使其能够仅凭"意念"就抓住眼前的"草莓"。这一技术的突破,不仅填补了国内高性能植入式脑机接口技术的空白,更标志着我国在这一领域迈出了坚实的一步。

　　北脑一号工作原理:"北脑一号"开发的是半侵入式的电极。一片比指甲盖略大、薄如蝉翼的金色半透明薄膜电极贴片,柔软如树叶,将其植入颅内,与大脑皮层贴合,就能够采集到大脑皮层的信号变化。"北脑一号"智能脑机系统由电极、神经电信号采集设备、解码计算机、外部控制设备等组成,如图 7-7 所示。

　　2024 年 6 月,"北脑一号"完成核心部件研发和动物实验验证。"北脑一号""北脑二号"所使用的电极、编解码算法等核心技术均为自主研发。未来,研发团队将进一步采集信号数据,并考虑剔除关键隐私数据后,将脑机信号数据开源,邀请更多的解码团队提高解码算法能力。

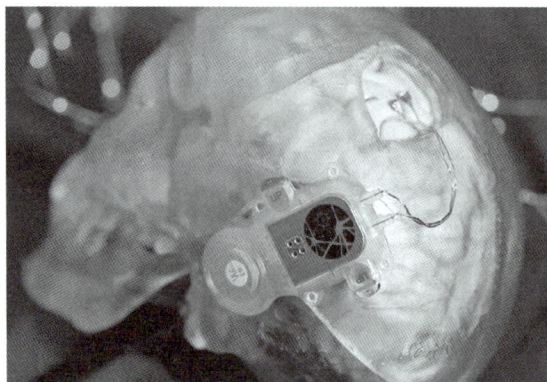

图 7-7　"北脑一号"智能脑机系统

2025 年 3 月，"北脑一号"智能脑机系统完成了国际首批柔性高通量半侵入式无线全植入脑机系统的人体植入，进入临床验证阶段。已有 3 名患者完成手术植入，患者术后恢复良好，经过术后训练实现了运动想象脑控和中文语言实时解码。

北京大学第一医院神经外科主任伊志强介绍，2025 年 2 月 27 日，该院为一位因车祸导致四肢瘫痪的患者完成"北脑一号"植入手术。在伊志强展示的视频中，头戴"北脑一号"的患者双手平放，用"意念"指挥面前的机械臂抓起了一个水杯，如图 7-8 所示。

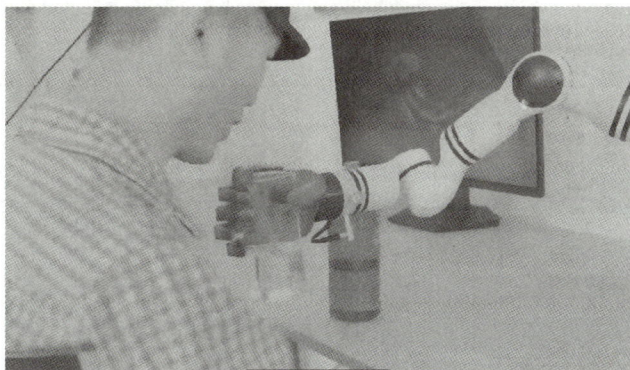

图 7-8　"北脑一号"植入患者控制机械臂

3 月 5 日，一位因渐冻症导致失语的患者成功植入"北脑一号"。系统开机三天左右进行数据采集，识别患者默读生活中接触的高频词，如"我""想要""吃饭"的脑电信号后，开展语言解码模型训练，患者可以通过脑机接口输出"我要吃饭"这样的短句。目前，62 个常用字词实时解码准确率已经达到了 52%，"我要喝水""我要吃饭""今天心情很好，我想和家人散步"这样的话从患者的"脑中所想"，通过语音合成，变成了周围人能听懂的话语，实验场景如图 7-9 所示。

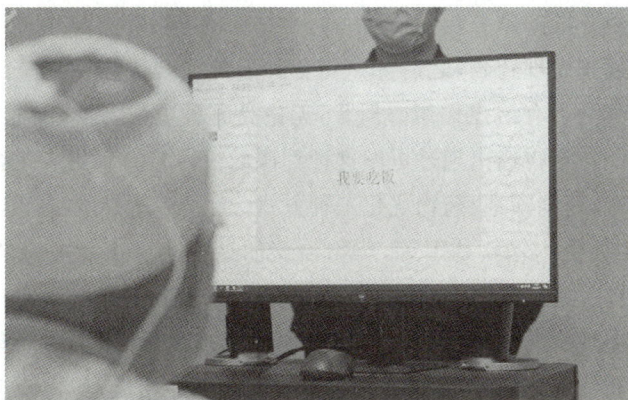

图 7-9　"北脑一号"为失语患者发声

3 月 20 日上午，赵继宗医疗团队为一位 47 岁的患者植入了"北脑一号"。该患者因脑出血导致右侧肢体活动不利。接入"北脑一号"后，瘫痪患者将能够隔空操控计算机、机械臂，甚至驱动肌肉刺激装置，促进自身肢体运动功能逐渐康复。

7.2.4　智能药物研发

　　据统计,一种原研药从研发到上市要经历 10~15 年的时间,平均成本二十多亿美元。图 7-10 所示是药物研发的基本流程。药物研发的费用高、周期长、成功率低,这一直都是压在制药企业身上的"三座大山"。因此,寻找能够提高药物开发效率的方法刻不容缓。

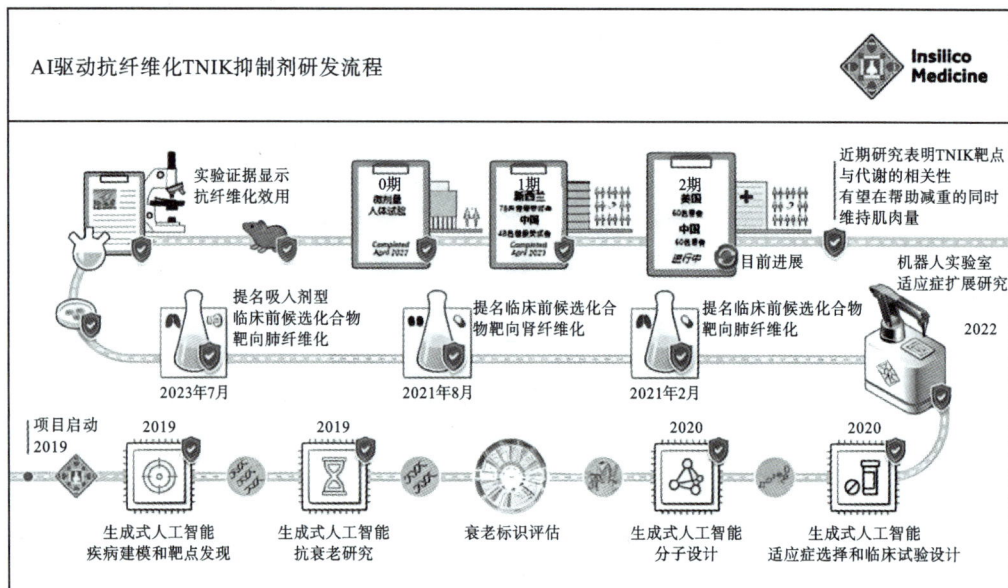

图 7-10　药物研发的基本流程

　　人工智能技术能够削弱,甚至消除这"三座大山",在药物发现、临床前研究、临床研究等制药环节大放异彩。目前,人工智能在药物发现和临床试验阶段已经获得了一些初步成果。

　　药物发现是新药开发的第一步。早期人们通过从传统治疗方法中提取经验或者鉴定偶然发现的物质的活性来发现药物,之后开始用各种天然或合成物在完整细胞或整个生物体中进行试验来鉴定其是否有治疗作用。但是,无论是哪种方法,都具有很高的随机性,药物发现成本高、效率低,甚至曾经出现过虫卵这种荒谬的"药物"。利用人工智能技术进行药物发现主要有靶点筛选、药物筛选、药物优化三种方式。靶点就是人体内能够减缓或逆转疾病的部位,它可能是某种受体、酶、基因等,药物治病的过程实际上就是药物作用于靶点的过程,而靶点筛选就是应用人工智能技术将人体内的一万多个靶点与潜在药物进行交叉研究与匹配。测试市场上现有药物具体如何作用于哪些靶点,就可能实现老药新用或淘汰一些副作用大的药物。药物筛选的过程与靶点筛选的过程正好相反,药物筛选是利用制药企业积累的大量的潜在药物进行筛选,可以利用机器学习等方法开发虚拟筛选的技术部分或全部取代大批量实际试验,节约成本的同时还能提高筛选的效率和成功率。药物优化是指通过寻找或构造合适结构的生理活性物质,进而实现某种功效。应用人工智能技术可以推测或预测生理活性物质结构与活性的关系,进而推测靶点活性位点的结构,探寻或构造新的活性物质结构。

临床研究阶段人工智能技术主要应用于患者招募、服药管理、数据搜集三个方面。招募临床试验的患者一直以来就是制药公司面临的一大难题，是新药研发费用增高，周期延长的一大因素，而人工智能可以解决这一问题。患者自主或者是授权医院将其检查报告和诊断报告上传，制药公司会将上传的数据与临床试验数据库进行智能匹配，之后制药公司会与患者进行具体对接。临床试验中，受试者按照规定的药物剂量和疗程服用试验药物才能真实有效地对新药进行测试，这很大程度取决于受试者的自觉性。引入人工智能，可以通过面部识别或者在药物内部安装微型可食用传感器来识别受试者是否服用药物，进而督促他们吃药，以保证临床试验的真实性和可靠性。数据搜集遍布在整个临床测试的过程中，传统临床试验中受试者需要接受定期检查，但特定时间、地点进行的检查不能全面表征病人的身体状况，甚至容易出现偏差。这时可以应用可穿戴设备或其他小型检查设备进行实时体检，提高临床试验中患者参与度、数据质量和操作效率。

7.2.5　智能就医辅助

智能就医辅助不是专业医学系统，而是为了提高诊疗效率或质量，在患者就医过程中进行辅助的系统，具体有智能导诊系统、智能问诊系统等。

智能导诊系统主要用于引导患者按流程就医。由于医院专业科室分工精细，一个诊疗过程涉及的功能单元往往分布在不同的科室或楼层，甚至在不同的楼宇，患者在就医过程中办理各种手续需要花费大量的时间，影响诊疗效率。而通过智能导诊系统，患者或其亲属就可以从智能导诊系统上查询就诊所需的全部信息，完成挂号、缴费等基本服务。智能导诊系统一般可以分成线下和线上的两种。线下导诊系统放置在医院中较为醒目的位置，患者持身份证或就诊卡进行操作；线上导诊系统设计成 Web 网站、微信公众号等方式，患者可以通过手机等移动终端进行访问。图 7-11 是一个智能导诊系统的功能示意图。

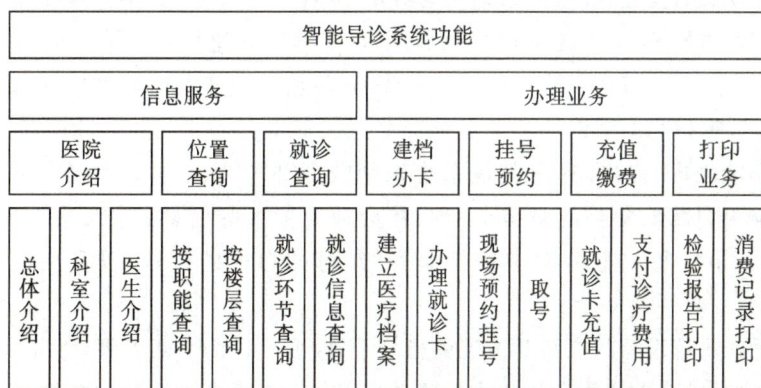

图 7-11　智能导诊系统的功能示意图

智能问诊系统可以用于院外自诊和院内问诊。院外自诊是在患者不方便去医院进行检查时，可以通过该系统进行问诊，初步确定自己的病症和问题，根据反馈决定是否需要采取急救或缓解措施，或者是否应该马上去医院治疗。院外自诊可以提升全民健康意识，帮助人们避免盲目就医和延误就医。院内问诊是患者在与医生见面或问诊之前，通过智能问诊系统向医生反映情况,旨在节约问诊时间,使患者尽快接受治疗。智能问诊系统具有很强的自然语言处理能力,它能够模拟医生对患者开展相关询问,主要包括患病时间、诱因、症状位置、颜色、频率等方面的问题,并能根据患者的回答自动生成规范的报告,传输到医院信息系统中,由医生进行初步诊断。

7.2.6 智能健康管理

随着人们对健康越来越重视,智能健康管理及相关产业迎来了春天。智能健康管理是指整合医疗与信息技术资源,运用人工智能等高新技术,对个人或人群的健康危险因素进行全面管理,通过进行健康评价、制订健康计划、实施健康干预等非医疗手段帮助人们趋近或保持完全身心健康。智能健康管理的应用领域主要有健康档案管理、健康风险评估、生活方式管理等方面。

健康档案管理就是为每个服务对象建立档案,记录其基本资料、健康状况、体检报告、疾病病史、医疗康复资料、生活起居等信息。运用智能化技术与方法对每一个服务对象的健康档案进行筛选、补充、升级、完善,形成智能健康档案管理系统。目前,不少医院已经能够对在该医院建档的患者进行智能化档案管理,档案包含就诊时间、主治医生、诊断详情、治疗方案、消费清单等,但只是针对建档患者在该医院进行的治疗。在个人层面,还没有完善的健康管理档案。健康档案管理的理想目标就是可以像个人档案一样在出生时建档,但具体管理过程更加智能化,包括出生信息在内的所有检查、问诊、治疗等信息,在医院等场所登记开始,自动同步到个人健康档案,并对所有档案按照时间、病种等逻辑进行筛选整合。智能健康档案有利于健康评估、疾病预测,在云平台对所有人的档案进行分析,以利于流感等传染性疾病的预测,具有极高的现实意义。图7-12为某健康管理App及穿戴设备。

健康风险评估是对个人健康危险因素进行综合评估和健康管理的过程。随着经济的发展和人们生活方式的变化,社会开始进入老龄化,亚健康人群也与日俱增,慢性病肆虐蔓延。实现健康风险评估预警,进而提前进行干预调节,能够有效避免临床治疗的伤害,减少医疗支出。健康数据是进行健康风险评估的重要依据,除前面的健康档案之外,还有各种途径得到的实时监测数据,比如手环、手表等智能穿戴设备获取的心率、血压、睡眠状况,智能家居系统测试的环境温度、湿度,还有其他系统识别的面部表情、肢体动作等信息。智能健康风险评估系统可以将收集到的身体、心理、社会适应情况等信息进行量化,经过数据训练和知识学习后,最终得出服务对象的健康等级、可能存在的风险,以及相应的健康干预方案。

智能生活方式管理是指在科学方法的指导下,改变不良的生活习惯,培养健康的生活方式,从而降低健康风险。智能生活方式管理系统实际上是很多子系统的统称,比如智能戒烟子系统、智能睡眠子系统、合理饮食子系统、运动监管子系统等,不同的子系统依托于不同的软硬件结构。具体要应用哪个系统,培养哪种习惯,可以由人自己决定,或者是采取上述健康风险评估系统给出的健康干预方案。举个例子,智能戒烟子系统可以构建一个手机App,通过蓝牙、Wi-Fi等方式与智能打火机、智能烟嘴、智能烟盒进行连接,根据用户的吸烟习惯、烟瘾大小等信息量身制订戒烟方案,进而控制智能打火机、烟嘴、烟盒的开关,同时还能对用户提出转移注意力之类的其他建议。

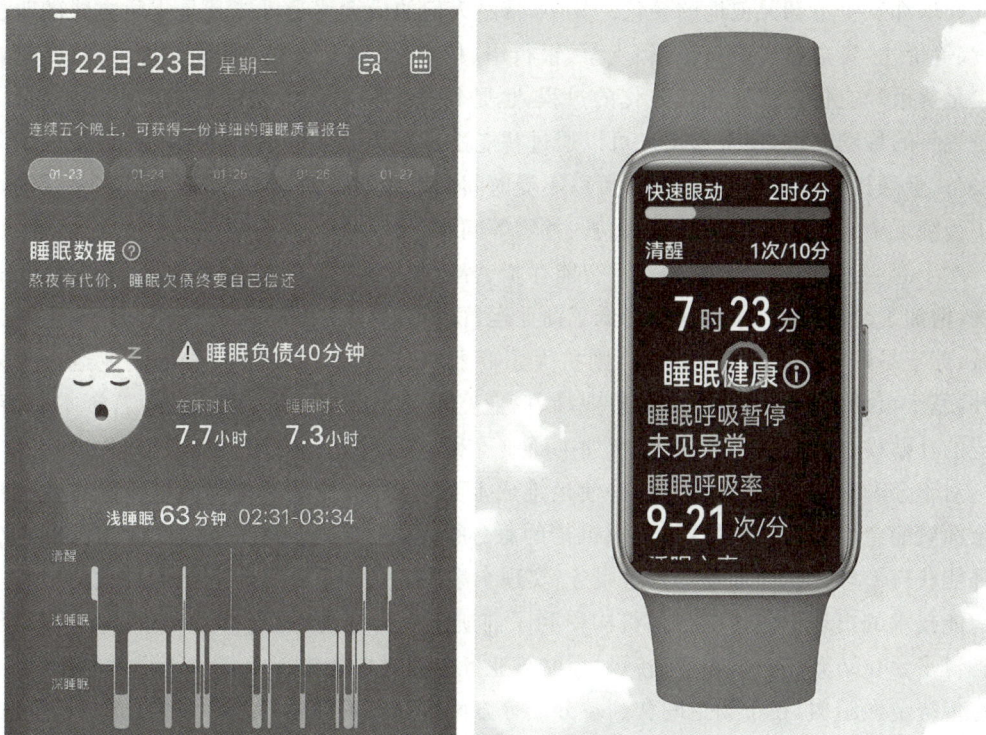

图 7-12　健康管理 App 及穿戴设备

7.3　AI＋金融

金融是指与货币、等价物的发行、流通、回笼，贷款的发放、收回，存款的存入、提取，汇兑往来业务相关的经济活动和交易。货币经营、资金借款、外汇买卖、有价证券交易、债券与股票发行、贵金属买卖的价值流通直接与间接场所，称为金融市场。而在金融市场从事经营金融产品管理、经营、交易、服务相关的价值流通行业，统称为金融行业，如银行业、保险业、信托业、证券业和租赁业等。

人工智能与金融相遇，为金融科技领域带来了创新和变革的可能。在传统的金融业务中，纸质资料的处理占据了大量的人力、物力和时间。如今 AI 大模型可以在十几秒钟的时间内轻松读完公司年报，从中提炼出重要的观点和关键词，并生成财务分析、业务发展预测等专业化内容。同时，AI 数字人已经成为许多银行大模型业务应用落地的"标配"之一，数字员工可以 24 小时无休地承担客服等工作。

人工智能在金融业的应用一直备受关注。由清华大学经济管理学院、度小满等机构联合编写的《2024 年金融业生成式人工智能应用报告》发布。《报告》认为，生成式人工智能技术在金融业中的应用尚处于技术探索和试点应用的并行期，预计 1 年至 2 年内首批大模型增强的金融机构会进入成熟应用期，3 年后将会带动金融业生成式人工智能规模化应用。

对于普通民众,在智能金融时代,生活购物、支付方式、支付手段、财富管理、金融投资、教育娱乐都发生了翻天覆地的变化。其中,带给人们的最大感受可能就是支付方式的改变。易货、等价物、贵金属、货币、银票、支票、银行卡、信用卡、移动支付、指纹支付、人脸支付,这不仅是货币和支付方式变迁和演化的过程,也是科技发展对人类生活影响的一个缩影。尤其是近年的移动支付,使普通用户可以通过智能手机等智能客户端,将互联网、通信网络、终端设备、金融机构有效地联合起来,可以不受时间和空间的限制,随时随地完成支付活动,避免了传统现金支付中存在的携带、保管、找零等问题。

对于商业用户,智能金融模式下智能存贷、智能收付、智能商务、智能物流等金融业务的开展,增加了金融融资渠道,有效降低了商业运营成本,扩大了商家的盈利空间。淘宝、京东商城、苏宁易购等电商平台的出现,则扩大了商业宣传效果,减少了广告等商业运营投入。另外,基于市场份额、金融融资、销售业绩、商业竞争等方面的考虑,第三方运营资本对商业用户的补贴投入,也在一定程度上增加了商业盈利空间。

对于金融机构,智能金融的加持使运维成本大大降低,提高了盈利质量。同时,智能金融全面赋能金融机构,也提升了金融机构的服务效率,拓展了金融服务的广度和深度,使客户都能获得平等、高效、专业的金融服务,实现金融服务的个性化、定制化、柔性化。但是,人工智能技术的出现也使传统金融机构受到了前所未有的冲击,如支付宝和微信支付等第三方支付平台在结算、支付、零售、转账、理财等业务方面对传统银行业造成了很大的影响。新型与传统金融结构,在市场空间和利益分配等方面会存在着许多问题和摩擦,商业竞争也将会越来越激烈。

人工智能为什么可以在众多领域所向披靡、无所不能呢?答案是人工智能具有自主学习能力。而学习、训练的对象就是数据。金融领域在业务开展过程中已经积累,并不断生成海量数据。因此,在金融行业应用人工智能技术具有天然优势。

智能金融(Intelligent Finance,IF)就是利用人工智能、云计算、大数据、区块链、互联网等技术实现对金融数据的理解、分析和发现,将海量、繁杂、无直接关系或无明显价值的数据,转化为有用的、直接的、有价值的金融信息,或是将人工智能技术应用于金融服务、投资顾问、金融分析预测与监控、金融欺诈检测系统,全面赋能金融机构,实现金融服务的智能化、主动化、个性化、定制化,提高金融服务水平和效率,拓展金融服务的广度和深度,提升金融安全性和可靠性。

7.3.1 智能金融服务

智能金融服务就是将人工智能技术应用于客户的金融业务咨询、办理,实现金融服务的个性化、定制化、自主化,提高金融服务效率和智能化水平。目前,智能金融服务主要有传统的线下智能金融服务和线上智能金融服务两种。

1. 线下智能金融服务

线下智能金融服务是在传统金融服务的基础上,将物联网、人脸识别、机器人、智慧柜员机、ATM机、外汇兑换机等智能技术及设备引入金融服务,将线下所有金融设备、设施、系统无缝连接,客户从步入金融机构开始,就可以自动识别并提供各种金融服务,客户离开后则会自动退出登录,在无人化智能技术下实现全程自助、高度智能、业务广泛、场景温馨的现代智能金融体验服务。

　　智能金融的无人化优势,使今天的金融服务不再像过去一样需要专业金融服务人员进行对接服务,机器人、智慧柜员机等智能终端会通过输入、触摸、语音、图像等方式完成客户的金融业务需求。目前,银行业已经成为无人化金融服务实践的主战场。众多银行"无人化"金融营业网点、智能金融设备,给客户提供了新鲜的自主化、隐私化、生活化的金融场景体验。智能化的金融机器不仅可以完成存钱、取钱的金融服务,还可以微笑说话、耐心解释、嘘寒问暖,进行各种人性化的交流和贴心提醒。另外,发卡、转账、查询、理财产品购买等各种功能一应俱全,不仅避免了传统金融服务排队、耗时等问题,而且极大地提高了业务办理的效率,优化了客户体验。如图 7 - 13 所示,为某银行大厅智能服务设备。

　　另外,金融机构依靠其后台庞大的数据库,智能化的自主学习机制和人脸识别技术,只需要获取客户面部信息,就可以直接推荐其曾关注过的或比较适合的金融产品和服务,为客户提供"一人一策"的精准金融服务。

图 7 - 13　建设银行大厅智能服务设备

　　据统计报道,目前各种智能金融自助终端承担了 90% 以上传统线下银行网点的现金、非现金、开户等各项金融业务。图 7 - 14 为客户在中国农业银行智能服务区办理业务的情况。中国建设银行的无人银行网点,使用机器人担负起了大堂经理的角色,通过自然语言与客户进行交流互动,了解客户服务需求,引导客户进入不同服务区域,体验完成所需交易。中国交通银行曾推出人工智能智慧型交互服务机器人"娇娇",交互准确率达 95% 以上,在上海、江苏、广东、重庆等地的营业网点上岗服务。中国工商银行在"企业通"平台基础上,利用数据对接和智能设备,优化业务流程,推出了自助开户服务,对公客户仅需到网点一次,就可以完成账户开立、结算产品领取、资料打印、预留印鉴等金融业务。

图 7 - 14　客户通过智能设备办理业务

2. 线上智能金融服务

线上智能金融服务是指依托计算机、互联网技术、移动通信网络，运用大数据、云计算、区块链、人工智能等科技手段，使金融行业在业务流程、业务开拓和客户服务等方面得到全面的智慧提升，实现了金融产品、风控、获客的智能、智慧化服务。相比于传统的线下智能金融服务，线上智能金融服务具有透明性、便捷性、灵活性、即时性、高效性和安全性的特点。

保险公司采用智能车险理赔方式，运用声纹识别、图像识别、机器学习等人工智能技术，进行快速核验、精准识别、一键定损、自动定价、科学推荐、智能支付，实现了车验的快速理赔，克服了以前理赔过程中出现的欺诈骗保、理赔时间长、赔付纠纷多等问题。为车险业务带来 40％以上的运营效能提升，减少 50％的查勘定损人员工作量，将理赔时效从过去的 3 天缩短至 30 分钟，明显提升了客服满意度。图 7 - 15 所示为两款移动金融 App。

由于网络和人工智能技术的优势，线上智能金融真的实现了"宛如亲见"的即时、真实的金融服务。不仅可以通过远程支持平台，进行远程指导、远程审核等服务，实现金融服务的无人化、自助化，而且可以对金融数据实时采集、实时控制、实时响应，可以挖掘创造新业态和服务新形态。

互联网金融机构在人工智能研究和运用方面抢占了领先优势。阿里旗下的蚂蚁金服已经将人工智能运用于互联网小额贷款、医疗及财产保险、个人征信、资产配置、消费服务等领域，并取得了很好效果。腾讯公司将人脸检测技术应用于在线客户的信用评估，在腾讯征信、微众银行、财付通等金融服务。

图 7 - 15 移动金融 App

7.3.2 智能投资顾问

智能投资顾问是一种在线财富智能管理服务方式，可根据投资者的收益目标、年龄、收入、当前资产及风险承受能力自动调整金融投资组合，通过人工智能学习算法，匹配投资者的需求。

目前，智能投资顾问在金融领域中的应用主要集中于大类资产配置、投资研究分析、量化交易三个方向。

大类资产配置中的智能投资顾问，是指将人工智能技术应用于股票类、债券类、商品类等不同种类大类资产的投资中，并在组合中配置不同类别的资产，同时根据投资者和市场形势进行动态调整。相比于传统的投顾，智能投资顾问有着更低的成本，使得普通投资者也能够享受专业经理人的投顾服务。同时，智能投资顾问充分发挥了人工智能算法优势，由机器自动执行，因此配置和执行更为高效。美国贝特蒙特（Betterment）和财富前沿（Wealth-Front）等投资公司，已经通过"智能投资顾问"系统为投资者提供金融投资服务，具有高效、实时、价格低廉等优势，获得了新一代投资者的青睐。

投资研究分析中的智能投资顾问，是指将人工智能技术应用于金融数据研究与分析，以期获得更多、更大的金融投资收益。尽管，目前金融数据正在变得越来越透明且及时，然而从海量数据中提取能够提供于投资与决策的有价值数据，却变得越来越困难。譬如，金融数据可能是存在数据库中的数字、符号等结构化数据,也可能是文本、图片、视频、各类报表、PDF、网页等非结构化数据。利用人工智能技术,可以帮助投资者进行金融研究和分析,更快地从海量数据中发现不同信息的逻辑关系,更加精准快速地做出投资决策。肯硕(Kensho)公司通过人工智能对海量数据进行挖掘和逻辑链条分析,解决了投资研究、分析中的一些问题。

量化投资是指通过数量化和计算机程序化方式发出交易指令,以获取稳定收益为目的的交易方式,目前已经几乎覆盖了投资的全过程,包括量化选股、量化择时、股指期货套利、商品期货套利、统计套利、算法交易,资产配置,风险控制等。将知识图谱等人工智能技术应用于量化投资的数据系统,可以在更广的数据场景下支持风险识别、机会提示、事件分析等高级能力。人工智能算法可以应用在投资规划、组合选择、量化择时等模块的模型训练、因子选择、参数调优中。人工智能训练处理的量化投资模型可以进行自动化交易指令的下达、执行,并能对每个交易和执行进行评价、分析和优化。水桥资本(WaterBridge)公司已经利用人工智能手段取代了交易员,并将智能投资顾问系统应用于量化交易系统的决策、交易和分析。

7.3.3 智能金融预测与监控

金融分析预测与监控是指运用人工智能、计算机、大数据等技术,以及线性代数、概率论、数理统计等数学工具对风险资产及金融衍生品的理论价格做出定量分析,并运用运筹学的思想方法对投资方法及企业融资策略做出比较和分析,进而聚焦于金融市场的趋预测、风险监控、压力测试等。图7-16为某银行业务数据分析监控系统。

具有自主学习、自我训练特征的人工智能技术能够从零散、长期的历史金融数据中获寻更多信息,辅助识别非线性关系,给出价格波动、市场预测及其时效性。此外,人工智技术还能对大型、离散、半结构化和非结构化的金融数据集进行分析,综合市场行为、管理规则、其他金融事件和趋势变化,进行反向测试、模型验证和压力测试,提高对金融市场的预测性和防御性。

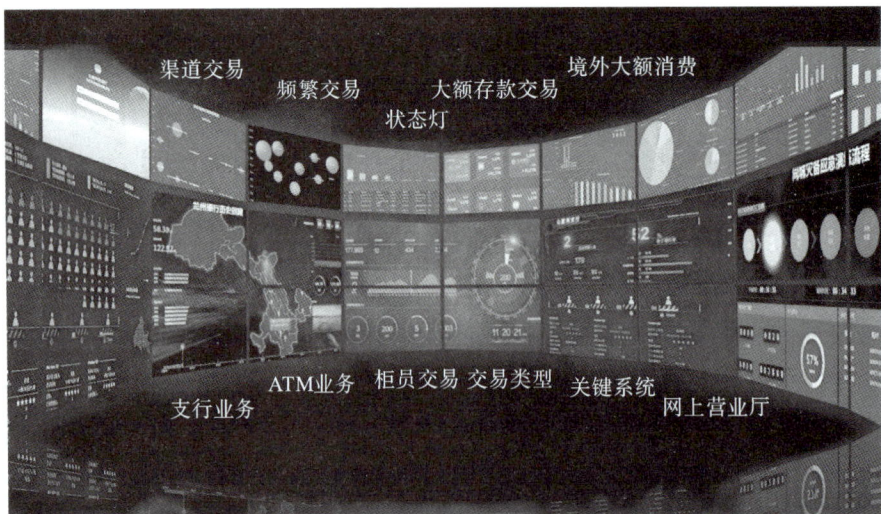

图7-16 银行业务数据分析监控系统

以人工智能技术驱动的美国基金瑞贝利恩研究（Rebellion Research）公司，基于贝叶斯机器学习，结合页测算法，有效地通过自学习完成了全球 44 个国家在股票、债券、大宗商品和外汇上的交易。Rebellion Research 曾成功预测了 2008 年席卷全球的股市崩盘，2009 年 9 月预测了希腊债券 F 评级结果，比惠誉（Fitch）公司提前了 1 个月。中国香港的 Aidyia 人工智能系统将遗传算法、概率逻辑等多种技术混合，致力于美股市场分析，会在分析大盘行情以及宏观经济数据后，作出市场预测，并对金融交易活动进行表决。日本三菱集团发明的人工智能 ienoguchi 系统，每月 10 日会预测日本股市在 30 天后将上涨还是下跌，经过 4 年左右的测试，该模型的正确率高达 68%。

同时，利用人工智能技术建立的高质量的风险控制模型，可以自动分析包含大量强特征和弱特征的数据，自动判断交易风险，大幅提高信贷业务的准确率，降低坏账率，实现良性金融业务和业绩的大幅增长。图 7-17 为某风险监控预警系统运行情况。

实际上，风险预测、风险监控、风险控制和信用评估一直是困扰金融领域的难题，人工智能技术的加持，会对分散、单一、弱征兆的风险信号提前进行智能侦测、评估。人工智能技术能够识别异常交易和风险主体，检测和预测房价、工业生产、失业率、金融压力、市场波动、流动性风险，抓住可能对金融稳定造成的威胁。譬如，人工智能加持后的放贷业务，在放贷前有精准获客、智能反欺诈、全自动化审核系统进行综合审核；在贷中环节有智能风控系统实现风险评价、风险定价、智能质检进行风控监控；在贷后有贷后模型体系优化、智能催收以及智能客服等技术支持。

图 7-17　智能风险监控预警系统

蚂蚁金服已成功将人工智能技术运用于互联网小贷、保险、征信、资产配置、客户服务等领域。智融金服利用人工智能风控评测系统，每笔贷款审核速度用时仅 8 秒左右，已经实现月均 20 万笔以上的放款。澳大利亚证券及投资委员会等国际监管机构，都在使用人工智能进行可疑交易识别，可以从证据文件中识别和提取利益主体，分析用户的交易轨迹、行为特征和关联信息,更快更准确地打击地下洗钱等犯罪活动,集中于监控识别异常交易和风险主体。

7.3.4 智能金融欺诈检测

随着世界经济的快速发展,金融活动逐渐频繁,金融领域的违法犯罪活动也日益增多,尤其是金融类电信诈骗、网络贷款欺诈等金融诈骗行为,已经成为最为高发的新型诈骗手段。

360金融研究院发布的《2018智能反欺诈洞察报告》显示2018年金融诈骗损失金额占比高达35%、报案量在全部诈骗类型中占比14.9%,而且在网络普及呈现低龄化,以及中青年群体金融需求趋势影响下,中青年一代正成为手机诈骗的重点目标。美国2017年度就有超过30万金融欺诈受害者,经济损失超过14亿美元。

在金融就诈活动中,"电信诈骗、信用卡套现、线上贷款、购物诈骗、投资诈骗"成为新的金融诈骗手段,"票据欺诈、金融凭证欺诈、信用证欺诈、集资欺诈以及保险欺诈"成为新的金融欺诈形式,"智能化、产业化、团伙化、攻击迅速隐蔽、内外勾结比例上升、移动端高发"成为新的金融欺诈趋势。甚至部分诈骗组织还通过社群、传销、面授班等形式,向其他中介和个人提供技术传播、骗贷教学。如批量采集、销售用户信息,窃取金融机构和平台数据库,伪造证件、银行流水,伪造通信记录等。构建了集用户数据获取、身份信息伪造和包装、欺诈策略制订、技术手段实施等一条完整的产业链。相比于传统诈骗,新型诈骗的波及范围更广、社会危害性更高。

传统的金融欺诈检测系统由于过多依赖复杂和呆板的金融规则,缺乏有效的科技手段,已无法应对日益演进的欺诈模式和欺诈技术。因此,应用人工智能技术追踪与分析用户行为,构建自动、智能的欺诈检测和反欺诈系统,增强金融系统异常特征的自动识别能力,并逐步提高金融机构的风险检测、风险防范能力,将是金融领域在人工智能时代必须要解决的首要问题。

金融机构能够利用人工智能技术对金融数据进行大规模和高频率的处理,将申请者相关的各类信息节点构建庞大网络图,在此基础上构建基于人工智能学习的反欺诈模型,并对其进行反复训练和实时识别。另外,基于庞大的知识图谱,人工智能技术能够监测整个市场的风险动态,当发现金融用户信用表现出风险征兆的时候,能够及时做出风险预警,启动金融风险的防御机制。

目前,许多金融机构已经可以采用人脸识别、指纹识别、虹膜识别、声纹识别等生物活体检测和大数据交叉匹配借款用户信息,判别提供信息的真假,进行智能审核;利用社交关系图谱模型、自然语言处理等人工智能建模技术,从社交关系层面有效识别团案风险;利用人工智能在客户行为埋点数据、客户社交关系等非传统建模数据,对伪冒及账户盗用等类风险的识别帮助,构建伪冒评分、账户安全评分、客户行为异常模型、设备异常行为模型等模型评分,有效识别金融风险。图7-18所示为某地反诈中心数据监控分析系统人员工作情况。

图 7-18　反诈中心数据监控分析系统

　　人工智能赋能金融活动后,给金融领域带来千载难逢机遇的同时,也带来了许多前所未有的问题和挑战。在人工智能时代,伪造、冒充身份等金融违法成本越来越低,金融欺诈事件发生频率加快,给金融企业和用户造成的经济损失也越来越大。因此,要本着"魔高一尺,道高一丈"的精神,一方面去构建智能金融欺诈检测体系。另一方面更要从思想上筑牢防诈意识。

　　总之,人工智能技术不仅可以极大地提升金融服务效率,降低交易成本,而且可以帮助金融机构提高金融欺诈检测水平,提高金融领域风险控制和防御能力。

7.4　AI＋教育

　　教育是社会进步和个人发展的关键领域,而传统教育模式面临一些挑战,如教育资源不均衡、个性化教育难以实现、评估方式单一等。"人工智能"就是研究让计算机接受教育、提高智能的科学技术。AI 的研究成果又反过来应用到教育过程中,促进教育的工作效率、产生新的教学模式。人工智能技术的快速发展为教育领域带来了新的机遇和解决方案。通过将人工智能技术应用于教育中,可以改变传统教学方式,提供个性化学习支持,以及优化教育资源的分配和评估方式。

　　人工智能与教育的结合对于教育领域具有重要的研究意义和实际应用价值。首先,人工智能可以根据学生的需求和能力,提供定制化的学习内容和路径,提高学生的学习效果和学习动力。其次,智能化的教学辅助工具和虚拟助教能够提供实时解答、学习建议和互动体验,增强教学效果和学习乐趣。此外,人工智能技术还能够优化教育资源的分配和评估方式,提高资源利用效率和教育质量。通过数据分析和挖掘,教育机构可以更准确地了解学生需求合理配置教育资源。同时,智能化的学生评估工具能够提供个性化的学习反馈和指导,促进学生全面发展。最后,人工智能与教育的结合还能够推动教育创新和普及,通过在线教育平台和智能化的教育工具,实现教育资源的全球共享和教育机会的普惠化。

"人工智能＋教育"能利用计算机技术,为教学设计人员和其他教学产品开发人员在教学设计和教学产品开发过程中提供辅助、指导、咨询、帮助或决策。教学设计自动化更贴切地说是"计算机辅助教学设计"。

"人工智能"通过实时采集与分析处理课堂教学信息,可迅速为教师的教学决策与学生学习方法的选择提供重要信息。人工智能能在课堂实况记录、师生考勤、课堂教学评估、学生成绩测试、教学难度与目标达成度分析等方面发挥良好作用;通过高速运算、大量数据实时处理、人机对话等性能,在学校教学计划管理、课程课表管理、学籍学分管理、考试组织、阅卷与成绩分析、教学问题诊断、教改实验研究等方面,均可发挥积极作用。"人工智能＋教育"在现实中有很多应用场景,如图 7－19 所示。

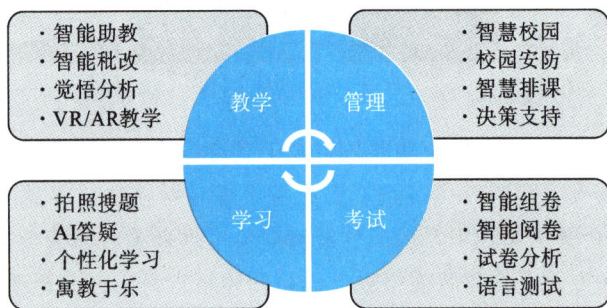

图 7－19　AI＋教育应用场景

7.4.1　精准化教学

自适应学习并非一个新概念。在教育语境下,任何考虑并满足学习者个人需求的教学形式都可以被称作"自适应"学习。在"人工智能＋教育"语境下,"自适应"学习则是借助人工智能自适应技术的学习系统。图 7－20 所示为一款个人学习系统,系统为学习者创设一种符合其多样化学习需求的学习环境,推荐给学习者个性化的学习内容、独特的学习路径、有效的学习策略,满足学习者的个性化需求。本质上,人工智能自适应是一种基于教育大数据的可规模化的个性化学习,其基本原理可以表述为"基于大数据挖掘与分析得到待训练样本→用数据去训练基于人工智能算法构建的模型→基于模型对各类自适应学习环节进行预测/推荐"。

教学环节对学习效果的影响作用最大,也是整个教育流程中最核心、最复杂、最难的一环,而测评、练习环节相对外围、轻量、简单,因此,自适应学习产品最先在测评和练题场景中得到应用。自适应教学产品的开发需要有教学环节的有效数据,而这些数据的获取难度高,具体体现在:①自然状态下,教学过程数据是非结构化的;②数据可挖掘的维度多,不限于测试成绩和作业情况,还包括学习路径、内容、速度、偏好、规律等深度数据;③不同数据点之间的关系复杂。

基于此,在人工智能技术向认知智能发展的过程中,机器有望进一步明白教学环节下师生互动背后的含义,包括对学生表情的情感分析,对教师授课态度的衡量,最终实现基于教学过程和师生交互层面的精细化教学。

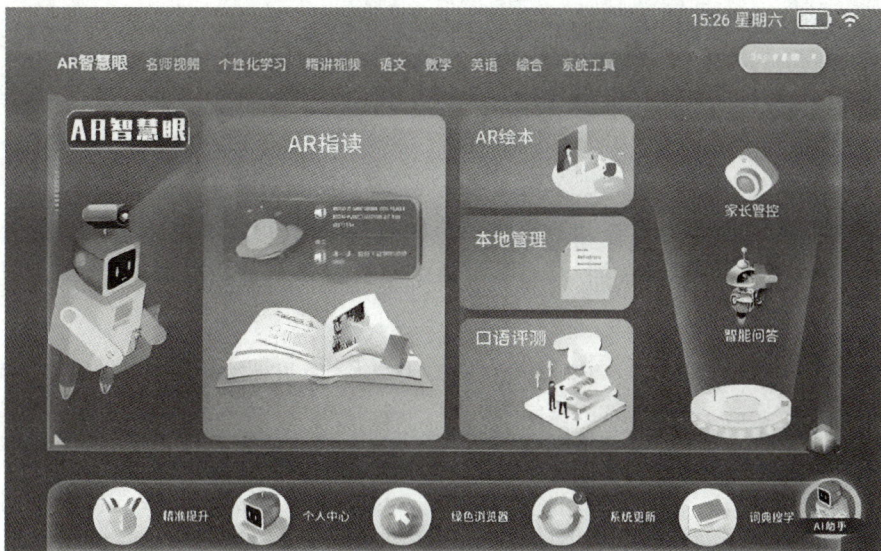

图 7 - 20　AR 智慧眼学习 App

随着人工智能技术的突破、社会对人才评价标准的更替,未来人工智能自适应教育领域将迎来内容体系的新革命,实践式教学、沉浸式教学等理念带来的新型学习方式将更多地融入自适应学习系统。

7.4.2　科学化管理

1. 智能排课

传统的人工排课,工作量大,容易错排漏排,中途修改课表更是牵一发而动全身,每到学期初排课时间段,排课老师苦不堪言:在保证教学质量的前提下,最大化发挥校内教师资源优势成为排课老师的一大挑战。利用人工智能算法的智能排课系统,可提供选课指导、在线选课、智能排课、分层教学等功能,充分考虑场地、师资、学情、分层教学、课程进度等因素,根据学校不同的分层走班排课情况,结合学生的兴趣爱好、学业曲线等数据,提供科学、合理的排课方案,并自动生成教师、学生、年级、班级等多维度课表。智能排课系统可以与学校考勤系统无缝对接,连接电子班牌或手机 App 等应用终端。

2. 平安校园

校园安全是办学的基础要求,也是生命线。过去的平安校园监控系统在人工智能的赋能下,利用人脸识别与视频分析,实现校门口人脸识别、校园围墙周界预警、楼顶闯入报警、高空抛物抓拍预警、宿舍楼访客管理、出入车辆管理及超速检测、楼梯拥挤预警、防止踩踏等具体功能,对校园暴力事件、踩踏事故、交通安全、失窃案件等安全问题实现有效预警与防控:基于人脸识别,也可实现"一脸通"替代"一卡通",为校园人身财产安全增加了一重保障。

7.4.3 个性化学习

我们每个人都有独特的思维特点和学习方式,用适合自己的方式去学习,学习效率能够大大提升;相反,则会学习效率低下,甚至厌学。传统的学习方式都是几十个人在一个大班上课,老师面对这么多学生,没有太多精力顾及每个人,只能用同一种方法、同一个节奏应对所有的学生;对学生来说,都是被动地接收老师讲的知识点,可能有的学生能够适应老师的讲课,有的则完全适应不了。久而久之,一部分学生就跟不上老师的节奏,甚至产生厌学的情绪。

为了解决以上问题,一些公司开发了自适应学习系统,帮助学校和老师提供个性化的教学,同时帮助学生提高学习效率、激发学习兴趣。例如,如果学生利用自适应学习系统学习,一旦在学习的过程中遇到瓶颈和困难,系统很快就会发现问题,并会以不同形式的互动来帮助学生强化理解知识点,直至学生完全理解为止。与此同时,老师可以在线同步观察学生的学习轨迹,对有困难的学生给予特别辅导,帮助学生调整学习心态。

1. AI 一对一学习系统

大数据是未来教育发展的基础,未来的在线教育机构首先应是大数据机构。某 AI 学习系统以艾宾浩斯遗忘曲线、神经网络技术、自适应技术、脑科学技术、大数据技术等智能算法为基础,通过人机互动的测评、过程分析等,不断地给学生绘制学习画像,确定学生的掌握状态、学习能力等级,精准侦测不同学生知识漏洞,查漏补缺,线上 AI 老师给孩子一对一量身定做教育方案,并一对一实施教育。

某智能 AI 老师,是第二代人工智能自适应学习系统,其学习逻辑如图 7-21 所示。系统通过数据分析将知识点进行拆分,并利用 AI 老师精确的智能画像,对每一个学生的薄弱环节进行针对性辅导,使学生不会把时间浪费在已熟练掌握的知识点上,从而提高学生的学习效率。

测、学、练、测、评无缝衔接,形成学习紧密闭环,垂直检测,无限循环

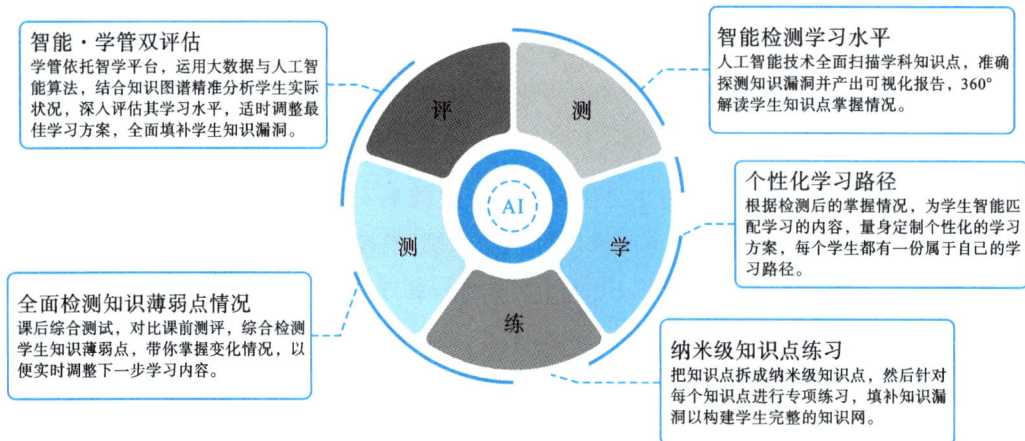

智能·学管双评估
学管依托智学平台,运用大数据与人工智能算法,结合知识图谱精准分析学生实际状况,深入评估其学习水平,适时调整最佳学习方案,全面填补学生知识漏洞。

智能检测学习水平
人工智能技术全面扫描学科知识点,准确探测知识漏洞并产出可视化报告,360°解读学生知识点掌握情况。

个性化学习路径
根据检测后的掌握情况,为学生智能匹配学习的内容,量身定制个性化的学习方案,每个学生都有一份属于自己的学习路径。

全面检测知识薄弱点情况
课后综合测试,对比课前测评,综合检测学生知识薄弱点,带你掌握变化情况,以便实时调整下一步学习内容。

纳米级知识点练习
把知识点拆成纳米级知识点,然后针对每个知识点进行专项练习,填补知识漏洞以构建学生完整的知识网。

图 7-21　某智能 AI 学习系统

2. 沉浸式学习

沉浸式学习是一种通过模拟或营造高度贴近真实的学习环境,使学习者全身心投入并通过交互实践提升技能的学习方式。其核心是通过虚拟现实技术为学习者提供一个接近真实的学习环境,借助虚拟学习环境,学习者通过高度参与互动、演练而提升技能。

沉浸式学习包括:仿真模拟训练 Simulations;3D 虚拟环境下的操作训练,如飞行训练或军事训练。目前已有相当多的企业、机构、军队、医学部门等采用沉浸式学习来做为培训与学习的模式,例如,IBM 在 SecondLife 上的运营培训体系;美国国防部等也大量地采用沉浸式学习的方式来对军人进行训练。

在现代驾驶培训中,尤其是针对军用或特种车辆的驾驶训练,如何在安全、高效的前提下提升学员的操作技能和应急反应能力,一直是行业面临的挑战。猛士汽车驾驶虚拟仿真模拟器的出现,为这一难题提供了创新性的解决方案。猛士汽车驾驶虚拟仿真模拟器采用先进的虚拟现实(VR)技术和高精度的三维建模,完美还原了猛士汽车的驾驶舱环境和操作细节。从驾驶座椅到操作手柄,每一个部件都与真实车辆一致,确保学员在模拟器中获得与实际驾驶无异的体验。

图 7-22 所示为某部门采用猛士汽车驾驶虚拟仿真模拟器的驾驶训练室。

图 7-22　虚拟仿真模拟驾驶训练室

7.5　AI＋制造

制造业是国民经济的主体,是立国之本、兴国之器、强国之基。人们对高质量、高产量、低成本产品的追求不断推动着制造业的发展。纵观历史,人类经历了机械化、电气化、自动化三次工业革命,每一次工业革命都使制造业涅槃重生,焕发出新的活力,对各国政治、经济、社会等产生了深远的影响,对世界格局进行了重塑。

经济全球化的发展使全球制造业形成一个相对稳定的格局。美国等制造业发达国家掌握核心技术,中国等新兴国家提供劳动力和市场,拉美等工业化初期国家提供原材料和能源。

近几年来,随着信息技术的爆发式发展,一场关乎未来制造业走向和变革的新一轮工业革命——智能化,在全球范围内勃然兴起,智能制造已成为新的时代坐标,成为全球制造业的竞争焦点,成为产业转型升级的重要抓手。由于智能制造技术不断发展、要素成本上升等诸多因素,全球制造业格局正在发生转变,变化意味着机遇,各国政府对制造业的重视程度不断提升,纷纷出台相关政策,将智能制造列入国家发展战略规划,着力推动制造业的升级换代和变革。

智能制造(Intelligent Manufacturing,IM)是基于新一代人工智能技术、信息通信技术与先进制造技术深度融合,并由相关的人、机械系统以及信息系统有机组成的综合智能系统。其中,人是机械系统和信息系统的创造者和使用者,是智能制造的主导。机械系统主要包括动力装置、传动装置、工作装置等,完成具体的制造工作,是智能制造的主体。信息系统由软件和硬件两部分组成,负责对传入的信息进行各种计算分析,传输指令给物理系统,是智能制造的主线。智能制造贯穿于产品设计到售后服务的全部环节,能够延伸或部分取代制造环境中人类的脑力和体力劳动,进而能够提高生产效率,降低运营成本,增强制造业的竞争力。

改革开放以来,中国的制造业发展迅速,建立了门类齐全、独立完整的制造体系,目前已经成为世界第一制造大国。2015 年 5 月,国务院发布了中国实施制造强国战略第一个十年行动纲领《中国制造 2025》,提出了从制造大国向制造强国转变的“三步走”战略。

7.5.1 数控机床

在每个工厂的生产车间,小到一枚螺丝钉、机械零件,大到汽车、船舶、飞机、铁路,都离不开工厂里轰鸣的机床。机床是制造工件的机器,是一个国家装备制造业的根本。机床行业技术水平和产品质量是衡量一个国家装备制造业发展水平的重要标志。而数控机床作为高端机床,是“大国重器”零部件的生产机器,更是智能装备发展的基础。

数控系统是采用数字控制技术实现各种控制功能的智能系统,控制指令为代表加工顺序、工艺和参数的数字代码,机器设备会按照该数字代码来进行工作。早期的数控系统由硬件电路搭建而成,被称为硬件数控。后来硬件电路元件逐步由计算机取代,成为计算机数控系统(CNC System)。计算机数控系统一般由计算机、输入输出设备、可编程序控制器、存储器、驱动装置、操作台等构成。由于数控系统很好地解决了复杂、精密、小批量、多品种的零部件加工问题,具有柔性、高效能、高精度等特点,因此在机械、电子、汽车、飞机等众多制造领域得到了广泛应用。

数控机床(Numerical Control Machine Tools,NCMT)就是采用数控技术或装备数控系统的机床,基本结构如图 7-11 所示,主要包括主机部分、数控装置、驱动装置、辅助装置、编程及其他附属装备等。

（1）主机：主机是数控机床的主体部分，包括机身、立柱、主轴、进给机构等机械部件，主要用于完成各种切削加工。

（2）数控装置：数控装置是数控机床的核心，包括硬件（印刷电路板、显示器、键盘、纸带阅读器等）以及相应的软件，用于输入数字化的加工程序，并完成输入信息的存储、数据的变换、插补运算以及实现各种控制功能。

（3）驱动装置：驱动装置是数控机床执行机构的驱动部件，包括主轴驱动单元、进给单元主轴电机及进给电机等。驱动装置在数控装置的控制下通过电气或电液伺服系统实现主轴和进给驱动。当几个进给联动时，可以完成定位、直线、平面曲线和空间曲线的加工。

（4）辅助装置：辅助装置指数控机床的一些必要的配套部件，用以保证数控机床的运行，如冷却、排屑、润滑、照明、监测等。辅助装置包括液压和气动装置、排屑装置、交换工作台、数控转台和数控分度头，还包括刀具及监控监测装置等。

（5）编程及其他附属装备：可用来在机外进行零件的程序编制、存储等。图 7 - 23 是一台小型立式加工中心的外形图，可以直观地看出数控机床的基本组成部分。

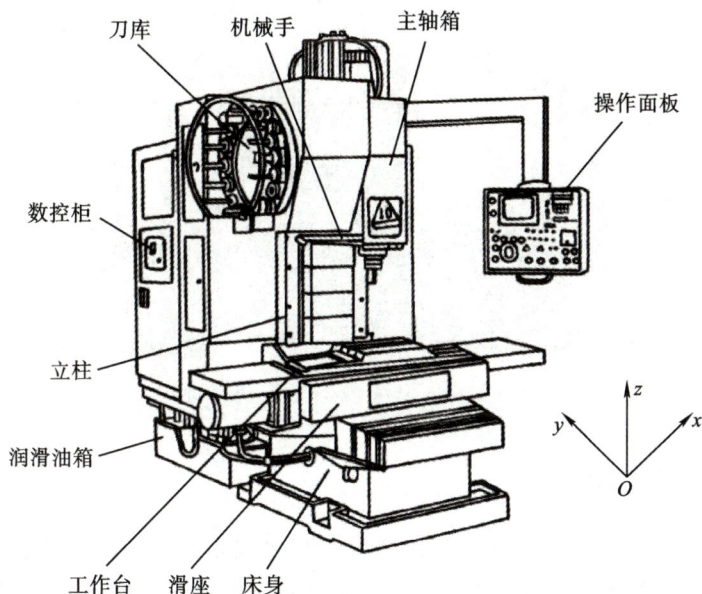

图 7 - 23　立式加工中心

数控机床的典型工作过程如图 7 - 24 所示。数控装置内的计算机对通过输入装置以数字和字符编码方式所记录的信息进行一系列处理后，再通过伺服系统及可编程序控制器向机床主轴及进给等执行机构发出指令，机床主体则在检测反馈装置的配合下按照这些指令，对工件加工所需的各种动作，如刀具相对于工件的运动轨迹、位移量和进给速度等实现自动控制，从而完成工件的加工。数控机床的工作原理可以简单概括为，通过计算机控制系统，将加工程序转化为机床控制信号，控制机床在三维空间内进行各种运动和加工操作，从而实现对工件的加工。

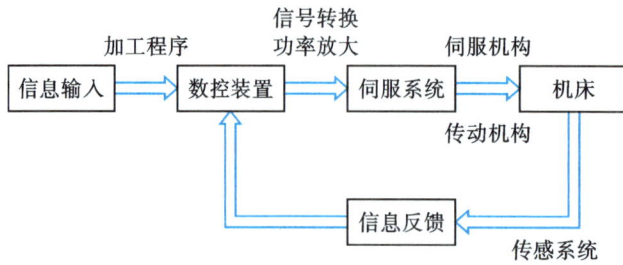

图 7-24　数控机床的工作原理

与传统的机床相比,数控机床的集成度非常高,一台机器可以完成钻、铣、镗、扩铰、刚性攻丝等多种工序加工,具有加工速度快、精度高、柔性度高、适应性强等特点,非常适合小批量产品的生产和新产品的研发。另外,现代数控机床一般都具有通信和网络功能,因此可以作为更大智能制造系统中的底层设备,是实现智能工厂、智能制造系统的基本环节。图 7-25 所示的 CK-6140 数控车床,是目前应用较为广泛的数控机床之一,可以实现切槽、钻孔、扩孔、铰孔及镗孔等功能。

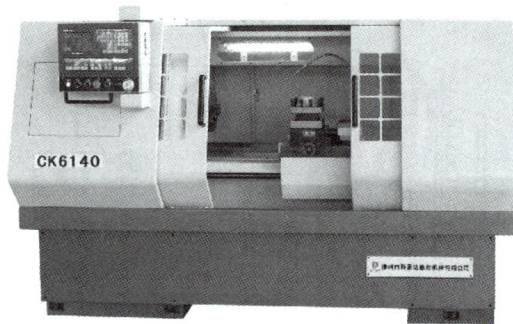

图 7-25　CK-6140 数控车床

7.5.2　智能工业机器人

工业机器人是广泛用于工业领域的多关节机械手或多自由度的机器装置,具有一定的自动性,可依靠自身的动力能源和控制能力实现各种工业加工制造功能。工业机器人被广泛应用于电子、物流、化工等各个工业领域之中。

自 20 世纪 60 年代中期开始,美国麻省理工学院、斯坦福大学、英国爱丁堡大学等陆续成立了机器人实验室。美国兴起研究第二代带传感器的、"有感觉"的机器人,并向人工智能进发。

到 20 世纪 90 年代,随着计算机技术、智能技术的进步和发展,第二代具有一定感觉功能的机器人已经实用化并开始推广,具有视觉、触觉、高灵巧手指、能行走的第三代智能机器人相继出现并开始走向应用。

2020 年,中国机器人产业营业收入首次突破 1000 亿元。"十三五"期间,工业机器人产量从 7.2 万套增长到 21.2 万套,年均增长 31%。从技术和产品上看,精密减速器、高性能伺服驱动系统、智能控制器、智能一体化关节等关键技术和部件加快突破、创新成果不断涌现、整机性能大幅提升、功能愈加丰富，产品质量日益优化。行业应用也在深入拓展。例如，工业机器人已在汽车、电子、冶金、轻工、石化、医药等 52 个行业大类、143 个行业中广泛应用。

2025 年 1 月 17 日，国家统计局消息，初步核算，2024 年工业机器人产品产量增长14.2%。

一般来说，工业机器人由三大部分六个子系统组成。三大部分是机械部分、传感部分和控制部分。六个子系统可分为机械结构系统、驱动系统、感知系统、机器人-环境交互系统、人机交互系统和控制系统。

1. 在码垛方面的应用

在各类工厂的码垛方面，自动化极高的机器人被广泛应用，图 7 - 26 所示为某车间工作中的机器人。人工码垛工作强度大，耗费人力，员工不仅需要承受巨大的压力，而且工作效率低。搬运机器人能够根据搬运物件的特点，以及搬运物件所归类的地方，在保持其形状的和物件的性质不变的基础上，进行高效的分类搬运，使得装箱设备每小时能够完成数百块的码垛任务。在生产线上下料、集装箱的搬运等方面发挥极其重要的作用。

图 7 - 26　工作中的码垛机器人

2. 在焊接方面的应用

焊接机器人主要承担焊接工作，不同的工业类型有着不同的工业需求，所以常见的焊接机器人有点焊机器人、弧焊机器人、激光焊接机器人等。汽车制造行业是焊接机器人应用最广泛的行业，在焊接难度、焊接数量、焊接质量等方面有着人工焊接无法比拟的优势。图 7 - 27 所示为某生产线上的焊接机器人。

图 7 - 27　生产线上的焊接机器人

3. 在装配方面的应用

在工业生产中,零件的装配是一件工程量极大的工作,需要大量的劳动力,曾经的人力装配因为出错率高,效率低而逐渐被工业机器人代替。装配机器人的研发,结合了多种技术,包括通信技术、自动控制技术、光学原理、微电子技术等。因为装配工作复杂精细,传统人力装配容易出错,所以选用装配机器人来进行电子零件,汽车精细部件的安装,图 7 - 28 显示的是某高新产业自动化装配线上的机器人。研发人员根据装配流程,编写合适的程序,应用于具体的装配工作。装配机器人的最大特点,就是安装精度高、灵活性大、耐用程度高。

图 7 - 28　自动化装配线上的机器人

4. 在检测方面的应用

机器人具有多维度的附加功能。它能够代替工作人员在特殊岗位上的工作,比如在高危领域如核污染区域、有毒区域、高危未知区域进行探测。另外,人类无法具体到达的地方,如病人患病部位的探测、工业瑕疵的探测、在地震救灾现场的生命探测等均有建树。图 7 - 29 所示为管道检测机器人。

图 7 - 29　管道检测机器人

7.5.3　增材制造

增材制造(Additive Manufacturing,AM)是一种由零件三维数据驱动,通过材料逐渐累积而实现零部件制造的智能制造技术。增材制造是相对于传统机加工中切、削、钻、铣、镗、扩、铰的减材制造而言的,使过去受传统制造方式的约束而无法实现的复杂结构制造变为可能。

3D 打印就是一种新型的增材制造方法,又称快速原型制造(Rapid Prototyping)或实体自由制造(Solid Free-form Fabrication)。这种方法是基于离散-堆积原理,依据数字模型文件,用可黏合材料逐层打印,最终构造出实物,是一种"自下而上"的制造方法,其技术的核心思想源自 19 世纪末美国研究的分层构造地貌地形图的技术。图 7 - 30 是一台 3D 打印机。

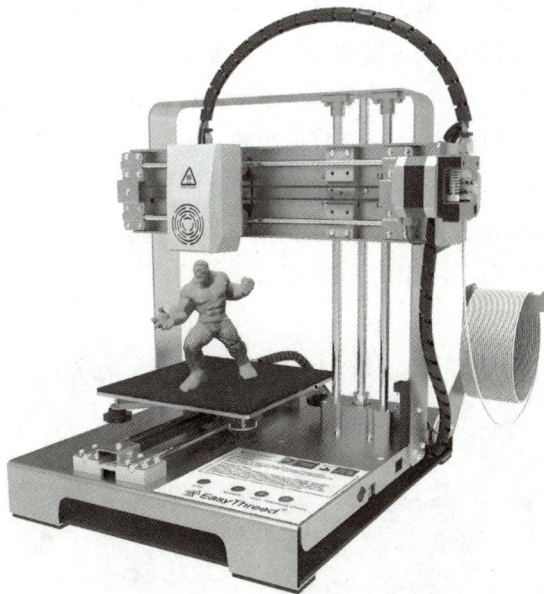

图 7 - 30　3D 打印机

与传统打印相比,3D打印使用的材料不是颜料,而是实物的原材料粉末。3D打印是一种通过逐层堆叠材料来构建实体物件的先进制造技术,其过程主要包括数字建模、模型切片、打印准备、逐层打印和后处理五个步骤。

3D打印技术融合了计算机辅助设计、数字建模技术、材料加工与成型技术等,随着人们的不懈探索,其内涵不断深化,外延也不断拓展,3D打印的类型不断增多。目前,按照原材料的种类可以分为金属成形、非金属成形、医用生物材料成形;按照原材料的状态可以分为液体成形、粉末成形、片形;按照材料的堆叠方式又可以分为挤压成形、烧结成形、熔融成形、光固化成形、喷射成形等。

3D打印在各行各业都有应用案例。

医学界的3D打印是根据患者需求进行个性化护理的优秀工具,可同时简化医生、护士、药剂师等专业人员的操作。配备3D打印机的未来医院将能复制数万个医疗设备的模型,其中包含描述制造过程的技术文件和产品符合要求的验证。目前,3D打印在医疗保健行业中的一些应用主要是打印设备(辅助设备、注射器、手术器械);打印解剖结构以方便术前培训;打印定制部件(假肢、牙冠、移植物)以及生物打印。

2014年8月28日,46岁的周至农民胡师傅在自家盖房子时,从3层楼坠落后砸到一堆木头上,左脑盖被撞碎,在当地医院手术后,胡师傅虽然性命无损,但左脑盖凹陷,在别人眼里成了个"半头人",另外事故还伤了胡师傅的视力和语言功能。医生为帮其恢复形象,采用3D打印技术辅助设计缺损颅骨外形,设计了钛金属网重建缺损颅眶骨,制作出缺损的左"脑盖",最终实现左右对称。

3D打印脊椎:2014年8月,北京大学研究团队成功地为一名12岁男孩植入了3D打印脊椎,这属全球首例。据了解,这位小男孩的脊椎在一次足球受伤之后长出了一颗恶性肿瘤,医生不得不选择移除掉肿瘤所在的脊椎。不过,这次的手术比较特殊的是,医生并未采用传统的脊椎移植手术,而是尝试先进的3D打印技术。

2015年9月,世界首例3D打印胸腔移植手术完成。科学家们为传统的3D打印身体部件增添了一种钛制的胸骨和胸腔——3D打印胸腔。这些3D打印部件的幸运接受者是一位54岁的西班牙人,他患有一种胸壁肉瘤,这种肿瘤形成于骨骼、软组织和软骨当中。医生不得不切除病人的胸骨和部分肋骨,澳大利亚的CSIRO公司创造了一种钛制的胸骨和肋骨,与患者的几何学结构完全吻合,如图7-31所示。

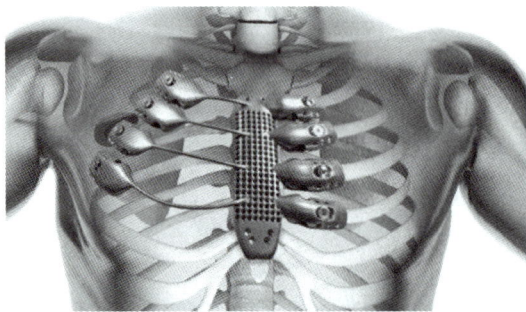

图 7-31　3D打印胸腔骨骼

另外,3D 打印在建筑业、汽车制造、电子行业都有成功案例。如果说 3D 打印是生产制造的一次"解放",将制造从传统的刀具、夹具以及多道加工工序中解放出来,使用一台设备就可以快速精密地制造出任意复杂形状的物体,那么 4D 打印(4D Printing)技术就是产品制造更大范围内的"解放"。4D 打印也是增材制造的一种,与 3D 打印相比较,4D 打印多一个维度——时间。4D 打印就是利用智能材料与 3D 打印技术,制造出在预定刺激下会自动变换物理属性的三维物体。其中,智能材料是指在温度、压力、光照等环境的刺激下自动变换外形、密度、颜色、电磁特性等属性的物质。目前,4D 打印仍处在初步探索的阶段,相信随着智能制造技术的快速发展,这种新型制造技术将在医疗、建筑、军事、交通等领域得到广泛应用。

7.5.4 智能工厂

智能工厂(Smart Factory)是在智能制造大背景下出现的一种新型生产组织形式,主要是利用先进制造、网络通信、虚拟仿真、大数据、自动化、人工智能等技术,构建高度协同的生产系统,使工厂具备自主感知、控制、执行、调整和通信的能力,进而达到生产最优、效率最高、速度最快、质量最好的目标。智能工厂是智能制造的主要实现形式和实践载体。智能工厂内涵丰富,不同行业建设智能工厂的关注内容、发展模式和关键环节都各有不同,大致包含智能排产、生产数据采集及分析、数控设备联网管理、制造执行和物料管理等系统。

智能排产系统,又称为高级计划与排程(Advanced Planningand Scheduling,APS)系统,主要解决生产过程中排程与调度问题。传统的人工制订生产计划难以综合考虑人员、设备、物料资源的到位情况来进行精细排产,不能及时应对突发订单,易导致在制品库存高、交货期无法保证等问题。智能排产系统充分利用工业物联网、人工智能等技术,与企业资源计划(Enterprise Resource Planning,ERP)、制造资源计划(Manufacturering Restore Planning,MRP)等系统对接,综合分析物料储备、设备产能、模具数量、工人出勤等情况,及时准确地对下达车间的用户订单进行排产。对于流程制造,主要解决顺序优化的问题;对于离散制造,主要解决多资源、多工序的优化高度问题。智能排产系统能缩短制造周期,降低资源浪费,更适应当今"多品种、少批量、短交货期、多变化"的国际市场需求。

生产数据采集及分析(Manufacturing Data Collection&Status Management,MDC)系统是一套实时采集车间详细制造数据,并将其报表化和图表化的软硬件系统。通过人工输入、数控设备控制器、条码输入终端、专用工业自动化数据采集仪、设备端的工控机界面等多种手段获取生产现场的实时数据,包括人员、设备、产品等信息,获得的数据可以存储到 SQL、Access、Oracle 等数据库中。生产数据采集及分析系统具有很多专用的统计、计算和分析方法,能够自动将数据转化成多种报告和图表,并从报告和图表中筛选获取所需要的信息,比如可以从制造状态报告中获取生产部门、位置、机器等信息。此外,所有的报告和图表的显示方式都能编辑,用户可以根据自身喜好或相关标准来改变颜色、字体、大小等,还能将其导入形成 Excel 或 HTML 文件,便于进一步分析和处理,帮助企业做出科学有效的决策。

数控设备联网管理系统也称为分布式数控系统(Distributed Numerical Control,

DNC),是机械加工智能化的一种形式,主要负责将 CAD/CAM 生成的加工程序通过网络服务器分发到各台加工设备中,并将各设备的工作情况反馈回网络,实现 CAD/CAM 与计算机辅助生产管理的集成。数控设备联网管理系统中一台服务器可以支持几千台设备同时联网在线,而且支持多线程双向数据通信,生产现场的所有设备统一联网管理。设备操作人员可以在设备端直接下载和上传数控程序,车间管理人员能够直接在计算机上查看车间数据,都不需要在厂房和办公室之间来回奔波,生产管理更加高效。另外,不同行业的客户可以根据自己的实际需要对上层的多种系统软件进行应用和开发,程序的每一次流转和更改都能够追溯到人。

制造执行系统(Manufacturing Execution System,MES)是一套面向制造企业车间执行层的生产信息化管理系统。美国 AMR 公司首次提出该概念,并将其定义成"位于上层的计划管理系统与底层的工业控制之间的面向车间层的管理信息系统",是连接制造计划与工厂车间之间的桥梁。制造执行系统包含生产监视、数据采集、工艺管理、品质管理、报表管理、生产排程、基础资料、设备综合效率(Overall Equipment Effectiveness,OEE)指标分析、薪资管理、数据共享、任务派工、能力平衡分析总共 12 个功能模块,实现生产从被动指挥向实时调度、质量从事后抽检向在线控制、资源从被动供应向主动供应、成本从事后核算向过程控制的转变,具有功能强大、架构灵活、集成度高的优点。目前已应用到矿产、冶金、水泥、石化、化工等行业。

仓库管理系统(Warehouse Management System,WMS)是根据仓储管理的建设实施经验推出的一款专业化智能系统。仓库管理在企业整个供应链中占据举足轻重的地位,能否有效进行进货、库存管理和发货直接关系到企业的竞争力。仓库管理系统具体包含功能设定模块、资料维护模块、采购管理模块、存储管理模块、销售管理模块、流通记录模块。传统的仓库管理大多是利用纸质文件以手工的方式完成,作业效率低且很容易出错。利用物联网、人工智能等技术对储位和物资进行数字化标识和智能感知,采集物资周转各节点详细信息,加快物资周转,提高各环节作业效率和质量,实现物资从信息管理到实物移动,甚至到财务记账的全周期管理,提高了仓库管理系统的智能化水平。利用条形码、射频识别(Radio Frequency Identification,RFID)等精准跟踪货物动态,确保信息流、物料流统一,货物无误无损进出库房。

7.6 AI+文娱

2025 年 3 月 25 日,1905 电影网公布了第 11 周全国电影周票房榜,如图 7-32 所示。其中,《哪吒之魔童闹海》(以简称《哪吒》)连续第八周蝉联周榜冠军,周票房 1.21 亿元。

2025 年,《哪吒 2》大获全胜,累计票房超 149.8 亿元,"哪吒之魔童"系列电影票房破 200 亿元。《哪吒 2》的成功,既是中国动画电影的胜利,也是 AI 技术在影视行业应用的一个缩影。至此,AI 电影时代来临。

在信息科技的驱动下,AI 正逐渐以其强大的智能和学习能力颠覆着文娱产业,人工智能不仅改变了文娱产业的生态结构,也带来了全新的艺术体验和创作方式。

图 7-32　全国电影周票房榜

7.6.1　AI 绘画

AI 绘画作为一个重要领域，在 2022 年再次吸引了大众的注意。与以前粗糙、刻板、无法代替人类的印象不同，AI 作画显现出了巨大的潜力，成为谷歌、微软、百度、阿里等互联网巨头纷纷涉足的领域。

图 7-33 所示为早期的 AI 作图，即用程序控制机械臂作画。

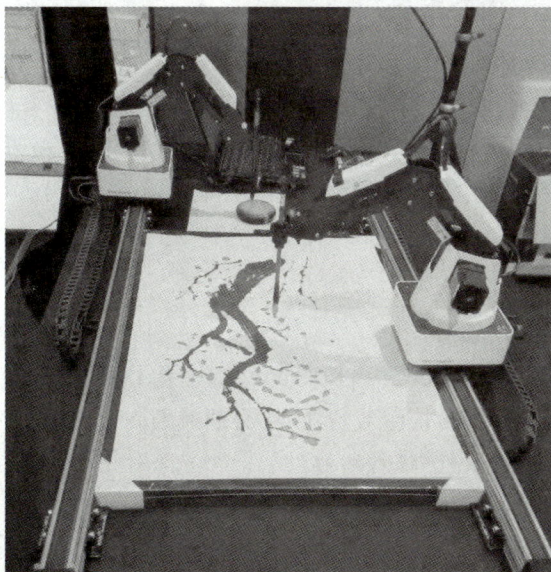

图 7-33　机械臂绘画

从早期的程序控制机械臂作画,到如今用算法进行整合数据,然后随机生成 AI 绘画作品的技术成为业内主要的模式。AI 作画在成本和速度方面展现了巨大的潜力。超级计算机,让 AI 实现了"艺术"。在这发展过程中,不乏一些好的作品出现。

图 7 - 34 为《太空歌剧院》,又译《空间歌剧院》,是游戏设计师杰森·艾伦(Jason Allen)的绘画作品,该幅画作是 Allen 使用 AI 绘图工具 Midjourney 生成,再经 Photoshop 润色而来。

让 AI 绘画完全取代传统艺术家,并不是一件简单的事情。虽然从技术层面上来说,AI 绘画已经取得了巨大的进步,但在艺术层面上,AI 还无法完全理解"绘画"这件事。并且在 AI 绘画中有很多的漏洞和问题存在,如版权纠纷问题。AI 绘画生成器需要大量素材库,但通常 AI 搜集图片的网站版权不明,侵犯原创者版权,而几秒钟一张图片的创作对于辛苦学习、钻研创作的画师来说无疑是一种冲击。

图 7 - 34　AI 绘画作品《太空歌剧院》

AI 的出现为文娱行业带来了前所未有的创新和颠覆,但也引发了诸多讨论和争议。我们必须认识到 AI 艺术与传统艺术之间的差异,并思考如何在 AI 与人类创造力之间找到平衡。尽管 AI 作画技术在有限的领域中已经取得了显著成果,但仍有待进一步发展和探索,以真正实现其在文娱行业中的潜能。

7.6.2　AI 游戏

一个常规的游戏开发团队主要有三种职位:策划、美工、程序。这三大工种之下可以细分出 20 多个职能。所以,对于传统游戏行业,在必须兼顾高效率与高质量的条件下,高成本也不可避免,而人工智能可以做到降本增效。

随着 AI 技术的不断成熟,游戏行业逐渐开始利用 AI 来解决游戏开发过程中的各种问题。AI 技术的优化作用涵盖了游戏制作的全流程,从策划到剧情、音频、图像、动画制作再到宣发等,有效提高开发人员创造效率,减少研发周期和人员规模,进一步降低游戏研发成本。

除此以外呢？在传统游戏中玩家与 NPC(non-player character，即非玩家角色，指的是电子游戏中不受真人玩家操纵的游戏角色)交互方式较为固定和单一，而 AI 将推动 NPC 的对话向智能化和多元化方向演进。网易旗下《逆水寒》手游就宣布装载了国内首个"游戏 GPT"，NPC 可以和玩家自由对话，并基于对话内容自主给出有逻辑的行为反馈。该方案来自网易成立于 2017 年底的伏羲实验室，底层是一套强化学习了大量武侠小说、历史书和诗词歌赋知识的专属模型。

7.6.3　AI 影视

电影《哪吒 2》凭借独特的制作方式和观影体验，成功登上动画电影历史票房冠军的宝座，也让大家开始关注其背后高超的制作技术。在此咱们就深入分析一下《哪吒 2》背后的 AI 技术，看看它是如何重塑动画电影的制作流程和观影体验的。

1. AI 大模型，打造电影工业流水线

在制作《哪吒 2》时，AI 大模型与动画技术紧密结合，创造出了一条前所未有的"AI 电影工业流水线"。这条流水线就像一个神奇的魔法工厂，不仅大幅缩短制作周期，还大大降低了预算支出，创造了低成本高回报的奇迹。

这条"AI 电影工业流水线"主要依靠三大核心技术：角色生成引擎、物理级渲染集群和动态分镜系统。角色生成引擎是基于多模态大模型系统打造的，它就像一个创意无限的设计师，能快速生成大量富有创意和个性的角色设计方案，让单角色设计效率提高了几十倍。物理级渲染集群更是厉害，它实现了光线追踪速度的大飞跃，把单帧渲染的耗时压缩了好几个数量级。而动态分镜系统则利用对剧本语义的理解，自动生成分镜脚本，让整体创作效率大大提升。

2. AI 技术，颠覆动画电影制作

在《哪吒 2》的制作过程中，AI 技术可不只是提高了效率，还在很多方面带来了颠覆性的改变。

以前制作角色面部表情，动画师需要手动调整面部肌肉控制器，现在借助 EMO 大模型系统，制作团队只要导入演员的表演数据，AI 就能自动生成上千种微表情变体。这些微表情丰富又生动，把角色在不同情境下的情感变化展现得淋漓尽致，让哪吒这个角色在银幕上活灵活现。

在海底大战场景的制作上，AI 技术更是大显身手，实现了流体力学领域的"降维打击"。制作团队借助云平台训练的大模型，把流体模拟效率提高了数千倍，同时还把能量守恒误差控制在几乎可以忽略不计的程度，保证了模拟效果既科学又真实。所以我们在电影里看到的海底大战场景，海水流动、法术特效都特别逼真，观众就像真的置身海底战场一样。

3. AI 编剧，为剧情创作添活力

AI 编剧的加入也为电影剧情创作注入了新活力。基于百万级影视数据库构建的知识图谱系统，能深入分析和挖掘海量影视数据。通过剧情推演，它还能准确预测特定桥段会引

发的观众情感共鸣程度。这既体现了 AI 编剧在把握观众情感需求方面的精准度,也为影片剧情创作提供了科学依据。

现在已经有不少编剧在使用 AI。编剧们可以用 AI 填充写作素材,丰富已有构思,帮助编剧构思某些桥段,此外,剧本创作过程中,编剧往往需要阅读大量文字资料,现在可以先让 AI 消化这些资料,编剧再向 AI 提问,这样就可以更便捷地梳理资料。

影视行业拥抱 AI 的速度远超出我们的想象。AI 编剧、AI 构图、AI 分镜、AI 选角、虚拟拍摄、AI 辅助制片管理,各种各样的 AI 产品正在渗入影视产业的各个环节。

网络上有一部名叫《神女杂货铺》短剧,图 7-35 为剧中片段。剧中引入了数字人演员,数字人"果果"完成了她的"出道"首秀。而且和以往的数字人相比,这一次,"果果"和人类演员"平等"地进入影视圈,不点破她的身份,观众甚至无从察觉。

图 7-35　微短剧《神女杂货铺》中的数字人"果果"(右)与真人演员一起演戏

随着 AI 技术的不断进步,AI 在文娱行业中的应用也将不断扩展和创新。不仅是影视、游戏、艺术,更多的文娱赛道也在被 AI 所影响和改变。然而,AI 技术在文娱行业的应用仍存在版权保护、作品的创作和表现、个人隐私和数据安全等各方面问题,还无法完全取代人类创作者和艺术家。但我们始终心存希望,AI 时代终会到来。让普通人拥有"三头六臂",这就是 AI 的魅力。

7.7　AI＋安全

随着科技的进步和社会的发展,安全与保护成为人们日常生活和社会运行中的重要问题。传统的安全防范手段在面对复杂多变的安全威胁和挑战时逐渐显露出局限性。人工智能作为一种新兴技术,提供了全新的解决思路和手段,正在广泛应用于安全领域。

7.7.1　人工智能安防

人工智能与安防的结合具有重要的研究意义和实际应用价值。人工智能技术的不断进步,传统的被动防御安防系统将升级成为主动判断和预警的智慧安防系统。安防从单一的安全领域向多行业应用、提升效率、提高智能化程度的方向发展，为更多的行业和人群提供可视化、智能化解决方案。

表 7－2　人工智能＋安防十大应用场景

排名	场景	具体事项
1	智慧要事安保	立体安防、要事安保
2	智慧城市综治	市容环境整治、隐患检测、施工场地监控
3	智慧港口	龙门吊、华卡远程操控、港口监控
4	智慧矿区	挖掘机、矿卡远程操控
5	智慧出行	智慧公交、智慧机场、路害监控
6	智慧环保	蓝天卫士、环保监控
7	智慧消防	视频巡检、告警联动、移动指挥
8	智益制造	远程监控、AO 检测、AGV 物流、巡检辅助
9	智慧配电房	配电房管理
10	智慧物流	车辆运输监控

随着人工智能在安防行业的渗透和深层次应用技术的研究开发，当前安防行业已经呈现"无 AI，不安防"的新趋势。安防行业的人工智能技术主要集中在人脸识别、车辆识别、行人识别、行为识别、图像检索、视频检索等方向。

1. 人脸识别应用

人脸识别身份确认目前已经得到较普遍的应用，图 7－36 是某单位刷脸打卡机。在单位出入口部署人脸抓拍设备，通过后端人脸识别服务器对抓拍到的人脸进行分析、识别，同时与名单库人脸进行比对。

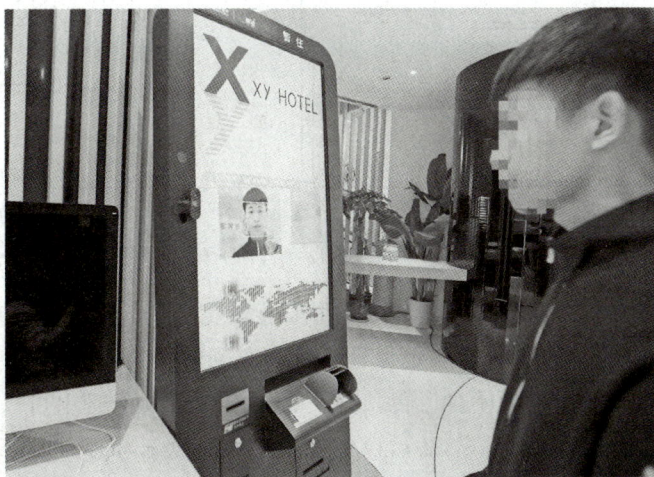

图 7－36　某单位的刷脸打卡机

以公安系统应用为例,人脸动态布控应用中主要利用人脸抓拍摄像机从高清视频画面中抓拍人脸照片,即时分析人脸特征,快速完成抓拍人脸与黑名单库人脸的比对并实现报警提示。经过人工研判后即可判定其是不是在逃的违法犯罪分子,通过指挥调度实现对犯罪分子的"围追堵截",直至抓捕归案。例如,2018 年的热搜"张学友演唱会",几个月内数十名逃犯先后被人脸识别应用发现踪迹并被抓捕归案。

另外,通过人脸识别系统的行人抓拍库,还可以查询人员行走轨迹,如借助人脸识别系统寻找走失老人、儿童等,实现便民服务。

2. 车辆识别应用

随着社会的发展,城市中的汽车越来越多。人们对车辆集中存放管理场所提出了一系列的要求,如车辆进出管理、车辆安全保障、停车计时收费等要求。于是,智能停车场管理系统应运而生,其系统结构如图 7 - 37 所示。停车场系统应用现代机械电子及通信科学技术,集控制硬件、软件于一体。随着科技的发展,停车场管理系统也日新月异,最为专业化的停车场系统为免取卡停车场。

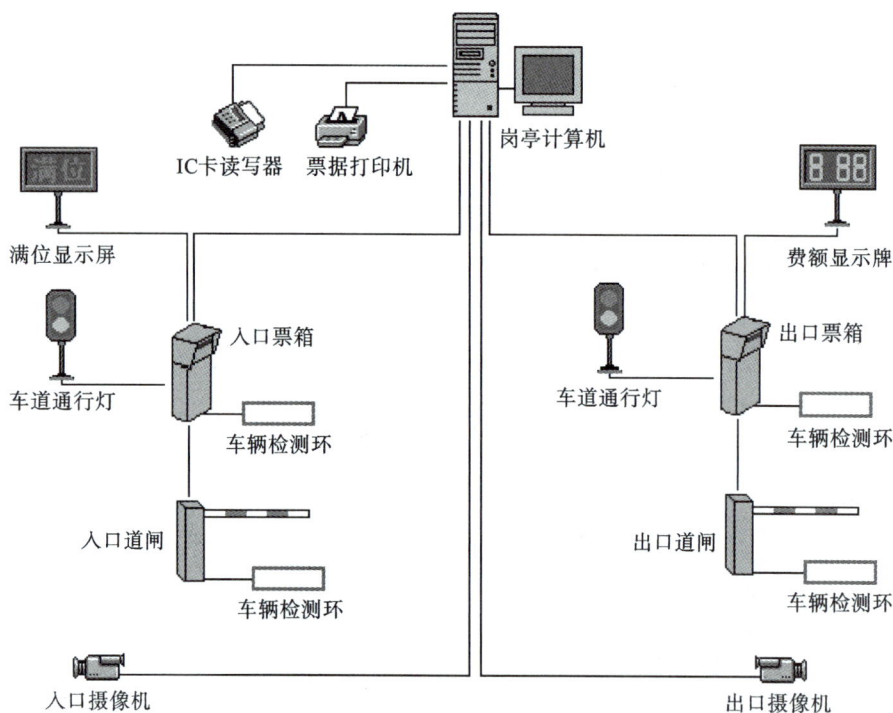

图 7 - 37 智能停车场管理系统结构

图 7 - 38 为某车库的俯视图,立体车库是用来最大量存取车辆的机械或机械设备系统。与地下车库相比立体车库可更加有效地保证人身和车辆的安全,人在车库内或者车在禁停位置,由电子控制的整个设备便不会运转。应该说,立体车库从管理上可以做到彻底的人车分流。在车库中采用智能控制存车,还可以免除采暖通风设施,因此,运行中的耗电量比人工管理的车库低得多。

另外,车辆识别技术在公安实战应用中已经成为非常成熟、效果非常明显的技术之一。借助遍布全国各地交通要道的车辆卡口,车牌识别使得"以车找人"成为现实,成功协助警方破获各类案件。车辆识别技术已经从初级基于车牌的车辆识别应用阶段,发展到车型识别、套牌车识别等精准的车辆识别应用阶段。

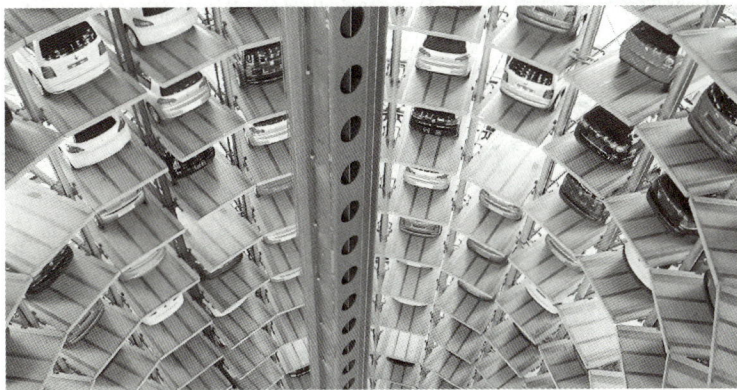

图 7 - 38　立体车库

现今的智能监控系统已经开始融合人工智能分析技术和物联网技术,以采集和提取更多有效的多维数据。人工智能技术能够对视频内容进行智能分析,将所有运动目标进行自动分离、自动分类,并自动提取目标多维度的结构化数据以及半结构化数据。通过对历史数据的分析、挖掘,可以挖掘事件的内在联系,识别出异常模式,而提供实时报警服务;利用知识图解技术,可以挖掘人与人、人与事、事件与事件间的关联关系,并进行尝试推理,进而为重大事件提供决策依据,提高预警的准确性和及时性。

7.7.2　AI 赋能网络安全

2024 年 5 月,第十二届西湖论剑·数字安全大会在杭州举行,大会以"智绘安全乘数而上"为主题,各界人士就如何应用人工智能技术赋能数字网络安全进行讨论和交流。与会人士认为,网络安全已进入人工智能阶段。

在使用 AI 助力网络防御方面,国内外都已经进行了很多探索,并已经取得成果。美国微软公司推出的网络安全助手给用户提供生成式、自动化网络安全人工智能服务。经过数年的运行,可以将安全事件响应、评估和防御时间从过去的数小时到数天压缩到几分钟。

国内网络安全防御能力与处置效率随着 AI 的应用得到了极大提升。据了解,安恒信息已将 AI 技术应用作为一级战略。2024 年 8 月,安恒信息发布的"恒脑·安全垂域大模型",实现了国内 AI 安全垂域大模型在国际大型赛事的首次应用。在杭州亚运会期间,基于这一模型和 MSS 安全运营平台的辅助支撑,有效解决了安全运营过程中复杂重复的工作。

在网络安全应用领域,威胁监测与相应的工作、恶意软件的检测、用户的行为分析、身份验证访问控制、网络钓鱼监测、自动化情报威胁、欺诈检测以及数据的泄密保护等方面,都是大模型应用的潜力领域。

7.7.3 机器人"警察"

随着 AI 技术与机械技术的尝试整合,在科幻影视中一再出现的"机械战警"已经来到现实。春节假期期间,深圳景区人流如织,人群中出现了一个特别的身影,一个人形机器人穿戴上警用装备,跟随民警走上街头巡逻,图 7-39 为网络流传新闻图片。

图 7-39 深圳巡逻机器人

深圳的巡逻机器人在某种程度上与电影中的"机械战警"有所不同。它们并没有感情和自主决策的能力,更多的是依靠人工智能算法和预警系统,辅助警察执行巡逻任务。这种"低配版"的"机械战警"没有直接对抗犯罪的能力,却可以精准识别异常情况,及时反馈警察,从而提高城市治安的整体效率。巡逻机器人和人类警察的结合,标志着科技和传统警务的深度融合。与传统的巡逻方式相比,机器人无疑能更快速、更精确地捕捉到可能的安全隐患。

据了解,跟着警察巡逻的人形机器人 PM01 身高 138 cm,体重约 40 kg,全身 24 个自由度,移动速度 2 m/s,腰部配备 320 度自由旋转电机,可完成大量高难度动作,具有机械式步态和类人自然步态两种行走模式。

7.8 AI+交通

随着社会经济的不断发展,交通运输和交通出行在人们的生产、生活中所占的比重越来越大,这对交通基础设施的通行能力也提出了更高要求。人口数量和汽车保有量的快速增长所带来的交通拥堵、交通事故、环境污染等负面效应也日益呈现,并且成为世界各国面临的一个共性问题。

近几年来,随着云计算、移动互联网、大数据、车路协同等技术的成熟,智能交通产业专业化分工日趋明确,增值服务运营成为新的发展目标。智能车辆控制方面,最典型的是百度无人驾驶车。项目于 2013 年起步,到 2015 年 12 月首次实现城市、环路及高速道路混合路况下的全自动驾驶,2018 年百度 Apollo 无人车亮相央视春晚,无人驾驶模式下在港珠澳大桥完成"8"字交叉跑的高难度动作。智能交通管理方面,2016 年杭州启动全国首个城市数据大脑建设项目,城市交通管理是其首要环节,通过 V1.0 时期的试点试验和 V2.0 时期的延伸发展,杭州在交通治堵方面取得了很大的成就。智能交通信息方面,在手机等移动终端飞速发展的带动下,各种成果百花齐放,比如高德地图等电子地图导航应用、滴滴出行等打车应用、中储智运等货运应用、菜鸟裹裹等物流应用……,中国智能交通系统将更广泛地应用于各行业和交通环节,从而创造相应的社会经济效益,具有广阔的发展前景。

智能交通系统(Inelligent Transportaion System,ITS),又称智慧交通系统,它是指在较完善的基础设施之上,将人工智能、大数据、通信、自动控制等先进的科学技术有效地集成运用于交通运输系统,使驾驶者、交通工具、交通基础设施及相关服务部门有机地结合起来,建立一种大范围、全方位、实时、准确、高效的综合运输体系,智能交通系统是解决目前交通问题的重要方法,是未来交通系统建设和发展的主要方向。

7.8.1　智能交通系统的组成结构

智能交通包含的范围很广,可以从不同的角度划分成很多的子系统来进行研究。目前,比较公认的智能交通研究和应用领域主要包括智能交通管理系统、智能交通信息服务系统、智能公共交通系统、智能车辆控制系统、商用车辆运营系统、电子不停车收费系统、紧急救援系统,表 7-3 是各个子系统及它们的主要功能。

智能交通系统的纽带是各个子系统之间的信息交换。根据信息系统的特点,可以将智能交通系统划分为四个层次,终端层、网络层、平台层及应用层,如图 7-40 所示。终端层,即基础设施层,是智慧交通的神经末梢,实现道路的全面感知与检测,同时实现感知数据的结构化处理。网络层,是基础设施层与平台应用层连接的管道,一方面将基础设施的结构化数据上传到平台层。另一方面,根据不同的业务需求提供隔离的网络资源。平台层,是智慧交通的大脑,实现车辆、路侧感知信息的采集与融合分析,面向不同应用场景提供联合决策和协同控制,实现业务管理及应用服务。应用层,实现路况监测、编队行驶、无人驾驶等智慧交通服务。通过"端-管-云"的架构,实现地面交通在云端的数字孪生映射,利用人工智能实现快速、高效的智慧交通业务应用。

表 7-3　智能交通子系统及主要功能

子系统	主要功能
智能交通管理系统	给交通管理者使用的,用于检测、控制和管理公路交通,在道路、车辆和驾驶员之间提供通讯联系
智能交通信息服务系统	建立在完善的信息网络基础上,为出行者提供准确的道路交通信息、公共交通信息、换乘信息、停车场信息以及与出行相关的其他信息

子系统	主要功能
智能公共交通系统	采用各种智能技术促进公共运输业的发展,使公交系统实现安全便捷、经济、运量大
智能车辆控制系统	利用各种先进的车载设备增强车辆行驶的安全性和高效性,包括视野扩展、车辆防撞、驾乘人员保护、车辆自动驾驶等
商用车辆运营系统	专为大型货运和远程客运开发的服务系统,对车辆进行监控管理,提高商业车辆的运营效率和安全性
电子不停车收费系统	是目前世界上最先进的路桥收费方式,车辆在经过路桥收费站时不需停车就能缴纳费用
紧急救援系统	利用现代科技手段及时发现紧急事件,发布事故相关信息,迅速提供车辆故障现场紧急处置、拖车、现场救护、排除事故车辆等服务

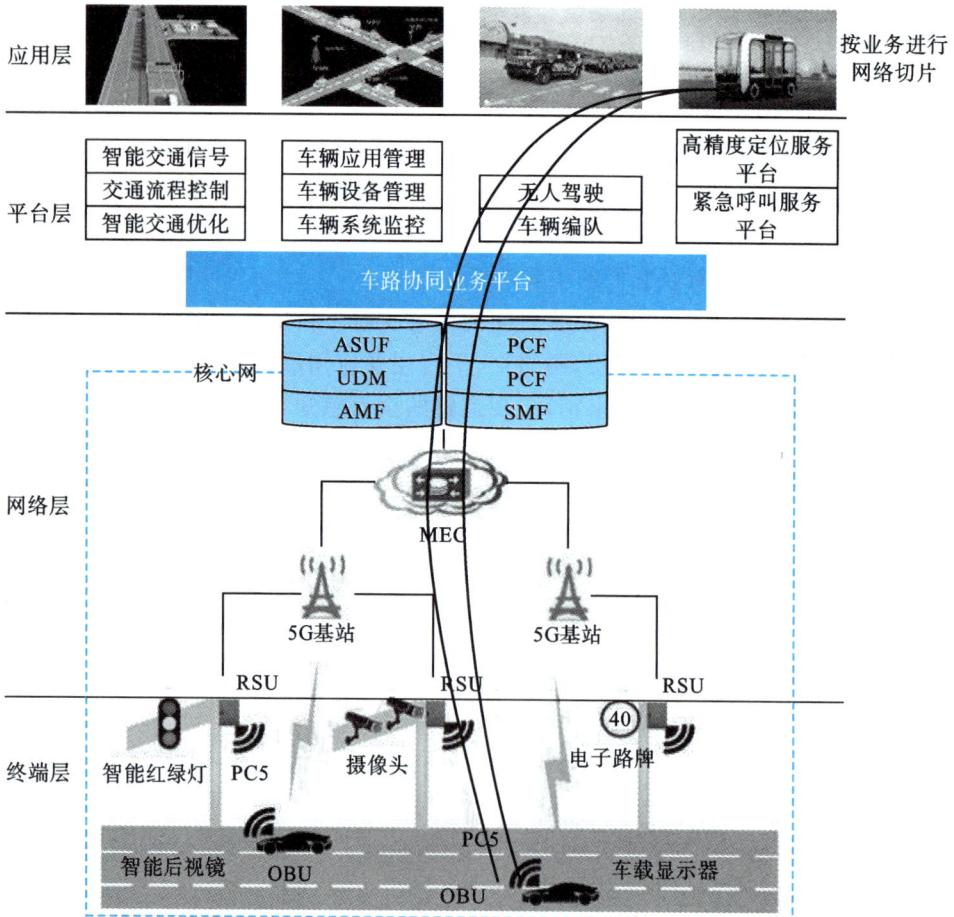

图 7-40 智能交通系统的组成结构

7.8.2　智能交通系统

杭州风景秀丽,素有"人间天堂"的美誉,古往今来文人骚客在此留下的佳作数不胜数。然而,受地理条件限制,杭州城市空间狭窄,城区景区叠加,加上机动车保有量逐年攀升,交通供需矛盾日益突出,传统治堵模式已不能完全适应新时代,亟须找到城市治堵的新路径。

2016 年 12 月,杭州市正式启动"城市大脑"项目,该项目的首要工作就是建立智能交通系统,解决城市拥堵问题。"城市大脑"可打通政府部门和企业之间的信息关卡,利用丰富的城市数据资源,对城市进行全局即时分析,有效调配公共资源,不断完善社会治理,最终改善人民的交通出行。

"城市大脑"由超大规模计算平台和"城市大脑"智能内核组成。"城市大脑"涉及的数据量巨大,数据计算平台采用飞天超大规模通用计算操作系统,可以将百万级的服务器连成一台超级计算机,提供源源不断的计算能力。"城市大脑"智能内核如图 7-41 所示。

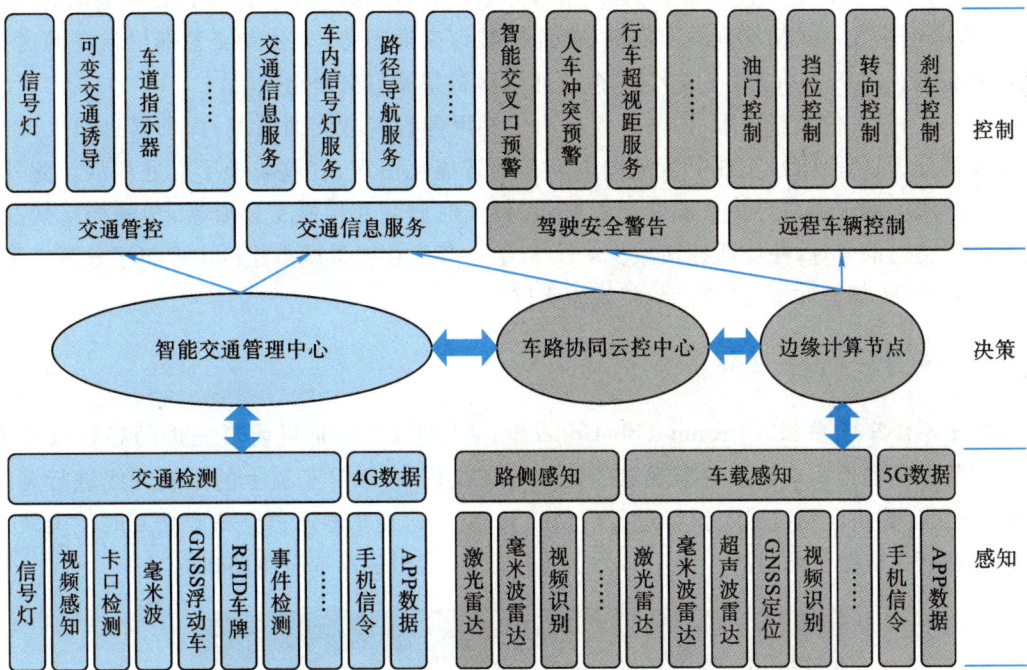

图 7-41　"城市大脑"人工智能内核

2017 年 7 月杭州"城市大脑交通 1.0"平台上线运行,在 10 月召开的 2017 云栖大会上正式对外发布。"城市大脑 1.0"阶段在杭州市选取了两个试点。第一个试点为曾经被高德地图评为全国最拥堵、高峰时间时速最低的快速路——中河—上塘高架和莫干山路;第二个试点为萧山区 5 平方公里区域。经过"城市大脑"半年的实践,中河—上塘高速平均延误降低 15.3%,出行时间节省了 4.6 分钟;莫干山路平均延误降低 8.5%,出行时间节省了 1 分钟;萧山区 5 平方公里的试点范围内平均通行速度提升超过 15%,平均节省出行时间 3 分钟。消防车、急救车等应急车辆可以实现一路护航,通行速度最高提升超过 50%、救援到达时间平均减少了 7 分钟。

2018年9月19日,备受关注的"城市大脑"又有新的突破。在2018杭州云栖大会上,杭州"城市大脑2.0"正式发布,杭州"城市大脑"管辖范围扩大了28倍。杭州主城限行区域全部接入大脑,此外还有余杭区临平、未来科技城两个试点区域及萧山城区,总计420平方公里。杭州市59个高架匝道交通信号灯已由人工智能算法技术接管,通过2分钟、4分钟、6分钟的不断学习、反馈和评价,不断优化配时方案,实现信号控制效果的"螺旋式"上升,有效提高了通行效率。3400路监控器参与智能巡检,每2分钟便对城市道路交通状况进行一次扫描,还实现了主动报警、主动处置的完整闭环。"城市大脑2.0"版本能自动发现套牌改装、乱停乱放等110种警情,并进行规律性分析,找出堵点、乱点、事故隐患点,日均自动发现警情3万余起,准确率高达95%以上。通过手持的移动终端,它甚至可以直接指挥杭州市的200多名交警,派交警机动队去现场处置交通事故。同时,"城市大脑2.0"版还支持杭州市各区、县的分域应用,在改善交通、服务民生方面,实现了包括掌握全局交通态势、警情闭环处置、实施人工智能配时、拓展民生服务渠道在内的四项新突破。通过多元数据智能融合,"城市大脑2.0"版提取了拥堵指数、延误指数等七项能够反映城市交通运行是否健康的核心数据,以数据量化形式精准刻画出实时、全局的城市交通态势,为公安交警部门指挥调度提供可靠支撑。2018年杭州"城市大脑"荣获亚太区智慧城市交通组大奖。

近年来,借助信息新技术,国内各大城市也相继建设智慧交通系统,深圳通过引入人工智能视觉分析管理平台,实现了区域内电动车的智能化治理,有效减少了交通事故。此外,深圳还建成了城市道路灯杆智能交通系统,能够实时监测和控制交通要素,预测拥堵情况,提前调控交通信号灯,使交通拥堵减少70%以上。基于在智慧城市建设中取得了显著成果,深圳荣获2024年全球智慧城市大会"城市大奖"。

7.8.3 电子不停车收费系统

电子不停车收费(Electronic Toll Collection,ETC)系统是目前最先进的路桥收费方式。安装在车辆挡风玻璃上的车载电子标签与在收费站ETC车道上的微波天线进行无线通信,利用计算机联网技术与银行进行后台结算,从而达到车辆通过路桥收费站时无须减速或停车就能完成缴费的目的。图7-42是拥有ETC通道的高速公路路口。

图 7-42 拥有 ETC 通道的高速公路路口

ETC 系统由前端系统和后台系统组成,如图 7 - 43 所示,主要利用车辆自动识别技术,通过路测单元与车载单元进行相互通信和信息交换,以达到对车辆自动识别,并自动从该用户的专用账户中扣除通行费,实现自动收费。

图 7 - 43　ETC 系统架构图

当车辆进入 ETC 车道有效通信范围后,感知器会感知到车辆,然后触发车道控制系统的射频读写器和射频天线,向车道的特定区域发出微波信号,唤醒电子标签。电子标签由休眠状态进入工作状态,发射车牌号码、车辆类型等车辆标识信息和入口收费站号、用户电子账户信息等收费数据。车道控制系统读写器接收电子标签发射的数据,对获取的车辆识别信息进行合法性验证,若通过验证则进行支付辅助信息验证,计算支付额并传输支付记录。对于未通过验证的非法车辆,车道控制系统会控制自动栏杆拒绝其通过,抓拍车辆图像传送给后台系统报警。整个 ETC 通过前端系统和后台系统的配合,实现了不停车收费管理。

ETC 允许车辆以高于 20 km/h 的速度通过,提高了公路的通行能力,从而可以相应缩小收费站的规模,节约基建费用和管理费用。另外,ETC 可以全天候无人监管不间断工作,车道过车和银行托收都由系统自动实现。公路收费走向电子化,可降低收费管理的成本,有利于提高车辆的运营效益。同时,也可以降低收费口的噪声水平和废气排放。截至 2024 年,全国 ETC 用户累计突破 3.85 亿,覆盖率达到 84.7%。

7.8.4　智能汽车

智能汽车是指依靠人工智能技术、控制技术和网络技术,实现车内信息采集系统、多传感器信息融合系统、智能驾驶系统的互联互通,辅助驾驶员,或在驾驶员辅助下,甚至无驾驶员的情况下,使汽车完成启动、导航、行驶、停靠、避让等行为中一个或多个操作。

智能汽车根据智能等级的不同,可以划分为 Level - 0、Level - 1、Level - 2、Level - 3、Level - 4、Level - 5 共六个级别,简称为 L0、L1、L2、L3、L4、L5。其中,L0 为最低级别,L5 为最高智能级别。这是汽车工程师学会(Societyof Automotive Engineers, SAE)在其发布的标准 J3016 文件中提出的,也是被汽车行业普遍采用的行业标准。另外,对于航空、航海等智能驾驶工具的等级分类也有一定的借鉴价值。

目前,智能汽车中比较成熟的智能辅助驾驶系统主要有前防撞预警系统、自动泊车系统、车道偏离预警系统、行人保护预警系统、盲区监测系统、自适应巡航系统、疲劳驾驶检测系统、智能灯光控制系统、交通标志识别系统、驾驶模式智能切换系统等。

前防撞预警系统主要用来预警车辆前方存在碰撞障碍物的可能性,而且预警的方向特指车体的前方。由于采用了雷达、激光、红外线、图像等传感器,可对车辆前方一定距离内的障碍物进行精准探测,并实时将探测结果传递给中央处理器,再根据危险级别实时向预警系统及制动系统下达报警指令和制动指令。当车体与前方障碍物距离小于安全距离时,系统会根据危险等级进行自动报警提醒,并对车辆进行自动减速、自动刹车,避免或减少对人、财、物的伤害。

智能泊车系统是一种可以实现车位自动识别,并自动完成停车入位动作的智能汽车辅助驾驶系统,主要由环境数据采集、智能策略优化和车辆策略控制等系统组成。其中,环境数据采集系统包括图像采集系统和车载距离探测系统,可采集图像数据及周围物体距车身的距离数据,并通过数据线传输给处理器。智能策略优化可将采集到的数据分析处理后,得出汽车的当前位置、目标位置以及周围的环境参数,依据上述参数优化,并做出自动泊车策略。车辆策略控制系统接收电信号后,依据指令做出汽车的行驶操控,如角度、方向及动力支援等。车辆周围的雷达探头不断测量自身与周围物体之间的距离和角度,然后通过处理器动态规划、制定出实时操作流程,并配合车速调整车辆的行驶,实现自动泊车功能。目前,一些生产商研发的智能泊车系统已经可以实现主动搜索车位、车内一键泊车功能。

车道偏离预警系统主要由图像摄像机、智能感知器、智能处理器、控制器、报警器等组成,可通过声、光、电、图像等方式进行预警,并可控制车辆或辅助驾驶员进行驾驶,使汽车保持正常行车路线,避免压线、跨线等危险驾驶情况,保证车辆在正确车道行驶,

行人保护预警系统是一种能够通过图像传感器或雷达等探测器感知前方区域,对路面上的行人进行探测识别,避免碰撞行人,及时为驾驶员预警,甚至可以自主制动。当系统检测到行人时,会通过视觉和声音向驾驶员发出预警,如果在一定探测距离内驾驶员没有及时回应,智能系统也会自主制动。作为一种安全辅助驾驶系统,行人保护预警系统可以有效辅助驾驶,减少交通事故的发生。目前,一些汽车生产商为新款车型配备了行人保护预警系统,能够检测车辆前方 120 m 处,水平方向检测角为 35° 范围内的行人存在状况。

自适应巡航系统主要由雷达测速传感器、图像传感器、处理器和智能控制模块组成,利用障碍物反射毫米波雷达电磁波确定距离、时间差、频率偏移及相对速度,自动调节当前行车速度,保持与前车的安全行驶距离。智能化的自适应巡航系统,可以在特定环境下代替驾驶员控制车速,设置一定的巡航速度,避免了长时间对油门的操作和控制,使驾驶人员完全可以将脚从踏板上移开,只要关注于车辆方向即可,能大幅降低长途、高速驾驶所带来的疲劳,提供了一种更轻松的驾驶方式。

疲劳和危险驾驶预警系统是一种基于驾驶员生理反应特征的驾驶人疲劳和危险驾驶行为监测预警系统,主要由图像传感器、智能处理器、预警和智能控制模块组成。系统通过识别驾驶员的面部特征、眼部信号、头部运动、肢体运动等特征来判断驾驶员的疲劳状态和驾

驶行为,并进行报警提示和采取相应措施。

除了传统的汽车生产商,像谷歌、苹果、百度、腾讯、华为、阿里巴巴等国际互联网和通信企业也都成立了独立的智能汽车业务部门,专门进行智能驾驶等业务的拓展。相信随着人工智能、网络、芯片技术的快速发展,智能驾驶功能会不断集成、提高和健全,在不久的将来会给人们带来更多、更好、更安全的智能体验。

参考文献

[1] 桂小林.大学计算与人工智能[M].北京:清华大学出版社,2024.

[2] 焦李成.人工智能通识基础[M].北京:人民邮电出版社,2024.

[3] 袁建军.机器学习经典算法与案例实战[M].北京:清华大学出版社,2024.

[4] 王方石,李翔宇,杨煜清.人工智能基础及应用[M].北京:清华大学出版社,2023.

[5] 陈怡然,廖宁,杨倩,等.机器学习从入门到精通[M].西安:西安电子科技大学出版社,2020.

[6] 文常保.人工智能概论[M].西安:西安电子科技大学出版社,2020.

[7] 鲁伟.机器学习公式推导与代码实现[M].北京:人民邮电出版社,2022.

[8] 林子雨.大数据导论[M].北京:人民邮电出版社.2020.

[9] 邱锡鹏.神经网络与深度学习[M].北京:机械工业出版社,2020.

[10] 付菊,孙连山,郭文强,等.计算思维与人工智能基础[M].北京:清华大学出版社出版,2022.